贵宾犬



迷[illegible]

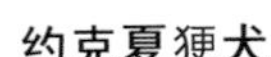

约克夏㹴犬

蝴蝶犬

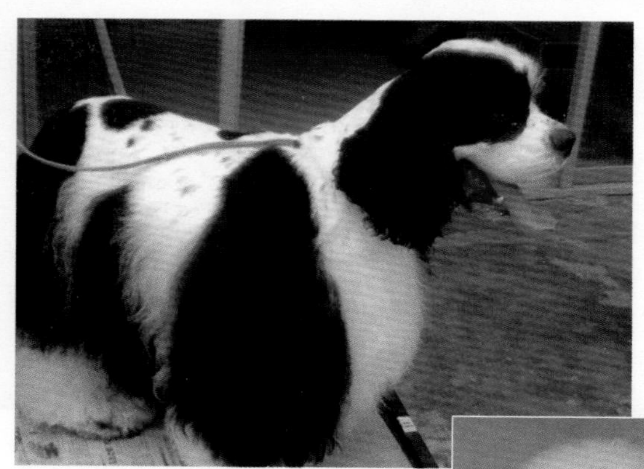

美国可卡犬

卷毛比熊犬

刚毛猎狐㹴

巴吉度犬

史宾格犬

边境牧羊犬

拉布拉多猎犬

金毛巡回猎犬

苏格兰牧羊犬

萨摩耶犬

西伯利亚雪橇犬

# 家庭养犬大全


主　编

贺生中　张　鸿　黄秀明

副主编

王锦锋　王丽华　陆　江

编著者

陆　江　卢　炜　傅宏庆

李锦强　刘　静　郝子悦

顾月琴　翟晓虎　刘忠慧

狄和双　袁华根　罗友文

王　洲　王　鉴　王传锋

张明珠　郑小亮　赵莎莎

主　审

刘　斌



金盾出版社

## 内 容 提 要

本书共分五篇，即品种概论、饲养管理、美容护理、调教训练和疾病防治等，系统地围绕宠物犬饲养的各个环节，详细地介绍了我国宠物行业的现状及发展对策、常见宠物犬品种、犬的生物学特性、犬的选购、犬的营养与饲料、犬的饲养管理、犬的美容护理、犬的调教训练以及犬的传染病、寄生虫病、外科病、内科病和产科病防治等方面。本书结构紧凑，图文并茂，理论和实践密切结合，通俗易懂，可供广大宠物犬爱好者、宠物养殖场饲养管理人员、宠物医院医护人员、宠物美容人员以及高等职业院校宠物专业的师生阅读参考。

**图书在版编目(CIP)数据**

家庭养犬大全/贺生中，张鸿，黄秀明主编. — 北京：金盾出版社，2013.2(2018.5 重印)
ISBN 978-7-5082-7859-9

Ⅰ.①家… Ⅱ.①贺…②张…③黄… Ⅲ.①犬—驯养 Ⅳ.①S829.2

中国版本图书馆 CIP 数据核字(2012)第 222313 号

**金盾出版社出版、总发行**
北京市太平路 5 号(地铁万寿路站往南)
邮政编码：100036 电话：68214039 83219215
传真：68276683 网址：www.jdcbs.cn
北京军迪印刷有限责任公司印刷、装订
各地新华书店经销
开本：850×1168 1/32 印张：10.75 彩页：4 字数：248 千字
2018 年 5 月第 1 版第 4 次印刷
印数：20 001～23 000 册 定价：26.00 元

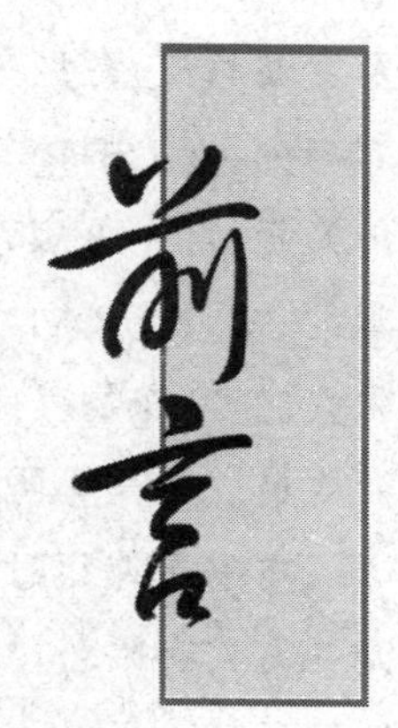


近十年来，随着人们生活水平的提高和观念的转变，越来越多的宠物作为一种“精神调节器”进入千家万户，在丰富人们的精神生活、陶冶人们的情操等方面扮演着越来越重要的角色。特别是随着我国工业化进程的加速、生活方式的变化、人口老龄化的到来以及生活压力的加大，人们对伴侣动物的需求也在急剧增加，宠物犬因其对人的顺从、亲密和忠诚理所当然地被人们所宠爱。

人们对宠物的钟爱有加，直接导致对宠物的需求不断增多，宠物经济也越来越受到人们的关注。宠物行业的兴盛，将在丰富人民精神文化生活、拓宽就业门路、引领人们致富、带动相关产业发展等方面做出其应有的贡献。目前宠物行业的从业人员日渐增多，但其职业能力等还需进一步提高。虽然目前关于宠物犬方面的各种出版物较多，但大多是针对某个技术环节编写，缺乏系统性。有鉴于此，本着科学性、先进性、知识性、广泛性和实用性的原则，我们参照了当前宠物犬饲养、管理、美容、训练以及疾病防治的最新理念和技术，编写了《家庭养犬大全》一书。

本书共分五篇，即品种概论、饲养管理、美容护理、调教训练和疾病防治等，系统地围绕宠物犬饲养的各个环节，详细介绍了我国宠物行业的现状

及发展对策、常见宠物犬品种、犬的生物学特性、犬的选购、犬的营养与饲料、犬的饲养管理、犬的美容护理、犬的调教训练以及犬的传染病、寄生虫病、外科病、内科病和产科病防治等方面，结构紧凑，图文并茂，融知识性和实用性于一体，通俗易懂，可供广大宠物犬爱好者、宠物养殖场饲养管理人员、宠物医院医护人员、宠物美容人员以及高等职业院校宠物专业的教师和学生参考。

本书在编写过程中得到了江苏畜牧兽医职业技术学院、上海宠儿宠物有限公司、金盾出版社的热忱关心和大力支持，在此表示感谢！

由于目前的宠物犬品种繁多，书中涉及内容尚不够全面，加之编者水平有限，疏漏和待商榷之处在所难免，敬请读者赐教。

编 著 者

# 目　录

## 第一篇　犬品种概论

## 第二篇　犬的饲养管理

## 第三篇　犬的护理与美容

## 第四篇　犬的调教训练

## 第五篇　犬的保健与疾病防治

# 第一篇　犬品种概论

# 第一章　犬的分类

据查证，目前世界公认的犬种有400多个品种。由于犬的品种较多，形态、血统较复杂，部分犬在用途上可兼用，尚无一种最为完善的分类方法。目前主要有以下几种分类方法。

## 一、按体型分类

### (一)超小型犬

超小型犬体重通常不超过4千克，身高不超过25厘米。由于体型特小，可放入袖内或口袋内，故有"袖犬"、"口袋犬"之称，代表犬种有吉娃娃犬、约克夏㹴犬、博美犬、玩具贵宾犬、马耳他犬等。

### (二)小 型 犬

小型犬体重不超过10千克，身高不超过40厘米。此类犬具有开朗的性格和悦目的外貌，但警戒心较强，吠声较大，代表犬种有西施犬、北京犬、巴哥犬、腊肠犬、迷你雪纳瑞犬、日本狐狸犬、喜乐蒂牧羊犬、美国可卡犬等。

### (三)中 型 犬

中型犬体重11～30千克，身高41～60厘米。由于个体稍大，活动范围相对较广，常用作家庭玩赏犬、猎犬，少数可作警犬、军犬，代表犬种有松狮犬、沙皮犬、惠比特犬、巴色特犬、史宾格犬等。

### (四)大 型 犬

大型犬体重31～40千克，身高61～70厘米。因个性较强，用途广泛，可用作军犬、警犬、猎犬、看家犬、导盲犬、牧羊犬等，代表犬种有德国牧羊犬、杜宾犬、拉布拉多猎犬、金毛巡回猎犬、大麦町犬等。

**(五)超大型犬**

超大型犬体重 41 千克以上，身高 71 厘米以上。此类犬拥有魁梧的身躯、威武的外貌，常做看家、护卫、狩猎、拖运等工作，代表犬种有圣伯纳犬、大丹犬、大白熊犬、中国藏獒、阿富汗猎犬等。

## 二、按用途分类

**(一)工 作 犬**

工作犬指从事狩猎以外各种劳动作业，如担任护卫、导盲、牧畜、侦破等工作，一般体型较大，比其他犬机敏、聪明，具有惊人的判断力和独立排除困难的能力。在当今社会，此类犬对人类贡献最大，主要有德国牧羊犬、拉布拉多猎犬、金毛巡回猎犬等。

**(二)狩 猎 犬**

狩猎犬主要用于狩猎作业的犬，又称为猎犬。这类犬体型大小不等，但都机警，视觉、嗅觉敏锐，善于发现猎物的踪迹，且具有温和、稳健的气质，主要品种有阿富汗猎犬、比格犬、灵猩等。

**(三)枪 猎 犬**

枪猎犬是用于猎鸟的犬，多数从狩猎犬演变而来，一般体型较小，性格机警、温顺、友善，能从隐蔽处追逐出鸟供猎人射击，有的可能通过头、身躯、尾巴的连线指示鸟的位置(此类犬又称为指示犬)，主要有波音特犬、金毛猎犬、笃宾犬等。

**(四)㹴 犬**

㹴犬善于挖掘地穴，猎取栖于土中或洞穴中的野兽，多用于捕獾、狐、水獭、兔、鼠等，因多数是捕鼠高手，故又称为“鼠犬”。㹴犬现已演变为漂亮的玩赏犬而遍布全球，比较著名的有约克夏㹴犬、猎狐㹴犬、波士顿㹴犬等。

**(五)玩 赏 犬**

玩赏犬指专门作为家庭用的小型室内犬，有“犬国中小孩”之称。此类犬体态娇小，容姿优美，举止优雅，被毛华美，可增加人们生活的情趣。代表品种有北京犬、蝴蝶犬、吉娃娃犬、玩具贵宾犬、博美犬等。

**(六)家 庭 犬**

家庭犬适于普通家庭饲养的一类犬，对主人忠心、热情，活泼好动，待人亲切，能给人们增添许多生活的乐趣，多适于独居者与老人饲养。主要品种有贵宾犬、日本狐狸犬、沙皮犬、松狮犬等。

## 三、AKC 分类

犬品种标准是指由该品种产地或被国家承认的某一品种专门为俱乐部制定，对某一特定品种的理想成员的典型特征的具体描述，且得到一致公认的文字。品种标准是犬展、犬赛的标尺，更是某个品种育种的方向和目标。世界上第一个养犬俱乐部 KC (Kennel Club)于 1874 年在英国成立，此后美国养犬俱乐部 AKC (American Kennel Club)、国际养犬联合会 FCI (Federation Cynologique International)等相继成立，规定了各种犬的品种标准，同时使犬种的分类统一化，但某些犬种 FCI 予以承认，而 KC 或 AKC 不一定认可。

目前，国际通用的是 AKC 分类，国内和国际的犬赛多按 AKC 体制进行，其内容主要包括整体外貌、体型比例、头部、颈部、背线、躯体、前躯、后躯、被毛、毛色、步态和性格等。AKC 将其承认的 147 种犬分为 7 个组别。

**(一)运动犬组(Sporting Group)**

运动犬善于帮助人们猎鸟，喜欢与人亲近，活泼而警觉，主要犬种有金毛巡回猎犬、拉布拉多猎犬等。

**(二)狩猎犬组(Hound Group)**

狩猎犬靠敏锐的嗅觉和听觉追赶捕猎，可爱且非常亲近人类，主要犬种有比格犬、腊肠犬等。

**(三)工作犬组(Working Group)**

工作犬体型较大，可以完成各种使命，如放牧、拉车载物、看家护院等，主要犬种有西伯利亚雪橇犬、沙摩耶犬等。

**(四)爹利犬组或㹴犬组(Terrier Group)**

㹴犬源于狩猎小型动物，性格坚韧、聪明、勇敢，主要犬种有约克夏㹴犬、雪纳瑞犬等。

**(五)玩赏犬组(Toy Group)**

玩赏犬体型娇小，喜欢与人相伴，一直被当作人类亲密的伙伴饲养，主要犬种有贵宾犬、博美犬等。

**(六)家庭犬组或非运动犬组(Non-Sporting Group)**

家庭犬与其他犬种的标准不同，不一定能完成本身犬种所具有的本领，但作为家庭伴侣是最优秀的，主要犬种有松狮犬、英国斗牛犬等。

**(七)牧畜犬组(Herding Group)**

该组于 1983 年从工作犬组中分出，牧畜犬承担放牧工作，有极高的智商，常需要大量的运动，主要犬种有德国牧羊犬、苏格兰牧羊犬等。

# 第二章　常见犬品种介绍

## 一、小型犬品种

### (一)吉娃娃犬(Chihuahua)

吉娃娃犬(图 1-2-1),原产于墨西哥,身高 16～22 厘米,体重 0.5～2.7 千克,AKC 分类属于玩赏犬组。该犬圆拱形的苹果头颅,头顶有囟门;眼圆而不突,间距大;耳大,直立,与头部中心线呈 45°开张;口吻短、略尖,双颊及下颌瘦削,鼻色与毛色相协调;牙齿呈剪状咬合。颈部稍呈拱形;前肢骨骼纤细,垂直;后肢大腿肌肉发达,伸展良好,稳固强健;趾小巧精致,卵圆形,脚垫发育良好。尾巴长度适中,形成镰刀状向上或向外,或在背上形成圈状,同时尾尖刚好触背。被毛有短毛与长毛之分,短毛型质地柔软,细致紧密,光滑而有光泽;长毛型质地柔软,平直或轻微卷曲,双耳有饰毛,尾部饰毛丰富呈羽状尾。毛色可认同任何颜色,单一色或间有斑块。

图 1-2-1　吉娃娃犬

### (二)博美犬(Pomeranian)

博美犬(图 1-2-2),原产于德国,身高 18～25 厘米,体重 1.3～3.5 千克,AKC 分类属于玩赏犬组。该犬面部酷似狐狸,呈楔形,

图 1-2-2　博美犬

头盖骨略圆；口吻短直，鼻镜呈黑色；眼睛色深、明亮、中等大小，杏仁状；牙齿呈剪状咬合。身躯紧凑，颈部短，背短，背线水平，肩胛的长度与上臂相等，肩靠后，使颈部和头高高昂起；肋骨扩张良好，胸深与肘部齐平；腰细而轻；腹部适当收缩。前腿直而且相互平行，腕部直且结实；后肢大腿肌肉适度发达，膝关节适度倾斜，飞节与地面垂直，两后腿相互平行；足爪呈拱形，紧凑。尾根高，翻卷在后背中间。双层被毛，外层毛长、直、光亮且质地粗硬，内层毛柔软而浓密，颈部、肩前和前胸被毛浓密，前肢饰毛延伸到腕部，尾巴上布满呈羽状的长而粗硬的被毛。毛色主要有红棕色、黑色和白色 3 种单一毛色，以红棕色最为多见。

**（三）北京犬（Pekingese）**

北京犬亦称京巴犬（图 1-2-3），原产于中国，身高 25～35 厘米，体重 3～6 千克，AKC 分类属于玩赏犬组。该犬头顶宽阔且平，面颊骨骼宽阔呈矩形，侧看时下巴、鼻镜和额部处于同一平面（下巴到额头略向后倾斜更多见）；鼻短，位于两眼中间；眼睛大、黑、圆，稍外突；止部（两眼连线与正中矢状面的交界面）有较深的皱纹；心形耳，位于头部两侧；牙齿下颌突出式咬合，闭唇时不可见舌。颈短而粗，与肩结合良好。身体呈梨形，紧凑；前躯重，肋骨扩张良好，

图 1-2-3　北京犬

胸宽，胸骨无明显突出；腰细而轻；背线平。前肢短且粗，肘部到脚腕之间的骨骼略弯；后膝和飞节角度柔和；足爪大、平，略向外翻。尾根高，翻卷在后背中间。被毛长、直，有丰厚柔软的底毛，脖子和肩部周围有显著的鬃毛，前腿和大腿后侧、耳朵、尾巴、脚趾上有长长的饰毛。毛色允许所有的颜色，但必须是单一色毛。

**(四)巴哥犬(Pug)**

巴哥犬(图 1-2-4)，原产于中国，身高 25～30 厘米，体重 6～8 千克，AKC 分类属于玩赏犬组。该犬头大、粗壮，苹果头，额部皱纹大而深；眼大，色深，稍突；耳薄、小、软，黑色，触感如天鹅绒，有玫瑰耳或纽扣耳两种耳形；口吻短、钝、宽，不上翘；咬合应是轻微的下颌突出式咬合。颈部呈轻微的拱形，粗壮，其长度足够使头高傲地昂起；身体短而胖，身高与体长相当，体躯呈正方形；胸宽，肋骨扩张良好；背短，背线水平；腹部稍收。前肢粗壮、平行、直，长度适中，腕部结实；后肢粗壮、平行，大腿和臀部丰满，膝关节角度适中，飞节垂直于地面；足爪椭圆形，脚趾适当分开，黑色趾甲。尾根高，尽可能卷在臀部以上，双重卷曲则更理想。被毛短、柔软、美观而平滑，有光泽；毛色有银色、杏黄色或黑色等，其中面部、口吻、耳朵的颜色应是黑色。

**图 1-2-4　巴 哥 犬**

**(五)西施犬(Shih Tzu)**

西施犬(图 1-2-5)，原产于中国，身高 25～30 厘米，体重 4～7 千克，AKC 分类属于玩赏犬组。该犬头部宽，呈圆拱形；眼大而圆，不外突，色深，眼间开阔；耳朵大而下垂，耳根低；口吻宽、短，无皱纹，上唇不能低于下眼角，鼻镜、嘴唇、眼圈黑色；牙齿呈下颌突出式咬合，闭唇时，不可见舌。颈部与肩的结合流畅平滑，与肩高和身长相称，背线平；身躯短而结实，体长略大于肩高；胸部宽而深，肋骨扩张良好，胸部的深度刚好达到肘部的位置，从肘部到马肩隆（肩胛的最高点）的高度略大于从肘部到地面的距离。前肢直，骨骼良好，肌肉发达，腕部强壮而垂直；后肢发达，与前肢成一线，膝关节适当弯曲，飞节低；脚垫发达，脚尖向前。尾根位置高，饰毛丰厚，呈菊花形翻卷在背后。被毛华丽，双层毛，浓密，毛长而平滑，允许有轻微波状起伏；毛色允许有任何颜色，但通常两耳、肩部、臀部的颜色稍深。

**图 1-2-5　西施犬**

**（六）贵宾犬（Poodle）**

贵宾犬（图 1-2-6），原产于法国，AKC 分类属于玩赏犬组。体型有 3 种，玩具型身高小于 28 厘米、体重小于 4 千克；迷你型身高小于 38 厘米、体重小于 12 千克；标准型身高大于 38 厘米、体重大于 12 千克。该犬头小而圆，颅骨呈圆形；吻长而不尖，直而纤细，吻长为头长的 1/2，鼻镜黑；眼睛椭圆形，色黑；耳朵下垂，紧贴头部，耳根位置稍低于眼睛的水平线，耳郭长而宽；牙齿呈剪状咬合。颈部比例匀称，结实、修长，显出其高贵、尊严的品质，喉

**图 1-2-6　贵宾犬**

部的皮毛很软。胸部宽阔舒展，肋骨富有弹性；腰短而宽、结实、健壮，肌肉匀称；背线水平，从肩胛骨的最高点到尾巴的根部不倾斜也不呈拱形，肩后有一个微小的凹陷。前肢直，位于肩的正下方，正看平行；后肢膝关节健壮、结实，曲度合适，股骨和胫骨长度相当，跗关节到脚跟距离较短，且垂直于地面；足较小，形状呈卵状，脚垫厚、结实。尾巴直，位置高并且向上翘，通常截尾后留 2～3 节尾椎。被毛呈羊毛状，有两种毛型，粗毛自然、质地粗糙，软毛紧凑、平滑，胸部、身体、头部和耳朵等部位的毛较长。毛色多为单色，毛色均匀，有纯白色、黑色、香槟色和红棕色，同一种颜色也会有不同的深浅，通常是耳朵和颈部的毛色深一些。

**（七）迷你雪纳瑞犬（Miniature Schauzer）**

迷你雪纳瑞犬（图 1-2-7），原产于德国，身高 30～35 厘米，体重 4～7 千克，AKC 分类属于㹴犬组。该犬头部结实，呈矩形，面颊部咬合肌发达；眼中等大小，深褐色，卵圆形，眉毛浓密；耳位置高，中等厚度，呈"V"形，向前折叠，内侧边缘贴近面颊，一般要做立耳手术；口吻结实，末端呈钝楔形，胡须浓密；鼻镜大，黑色，唇黑；牙齿呈剪状咬合。颈部结实，中等粗细和长度，呈优雅的弧线形，与肩部结合简洁。身躯紧凑，结实；胸部宽度适中，肋骨扩张良好，横断面呈卵形；背线从第一节脊椎到臀部略微向下倾，并略呈弧形；腰部发育良好，从最后一根肋骨到臀部的距离尽可能短；臀部丰满、略圆。前肢笔直无弯曲，垂直于地面，两腿适度分开；后肢大腿肌肉非常发达，后膝关节角度合适，飞节短；足爪小、紧凑而圆，脚垫厚实，趾甲黑色。尾根位置稍高，向上竖立，需断尾，保留 2 节尾椎。

图 1-2-7　迷你雪纳瑞犬

双层被毛，外层刚毛紧密、粗硬、浓密、不平滑，内层毛柔软、平顺。毛色有椒盐色或纯黑色两种，典型的椒盐色是灰色底毛中混合了黑色和白色毛发，椒盐色毛发在眉毛、胡须、面颊、喉咙下面、胸部、尾巴下面、腿下部、身体下面和腿的内侧淡至浅灰色或银白色；理想的黑色是真正的纯色，没有任何褪色、变色。

**(八)约克夏㹴犬(Yorkshire Terrier)**

约克夏㹴犬(图 1-2-8)，又称为约瑟犬、约克夏爹利犬，原产于英国东北部约克郡，体高为 20～23 厘米，体重为 1.8～2.3 千克，AKC 分类属于玩赏犬组。该犬头部小，顶部较平，头颅不突起或拱起；眼睛中等大小，呈杏仁形，不突出，颜色深而明亮，眼圈颜色深；耳朵小，“V”形，直立或半直立耳(耳端 1/4～1/3 折叠下垂，其余部分竖起)，耳间距适中；口吻部较短，由止部到鼻端渐细，鼻镜为黑色；牙齿结实，呈剪式咬合，钳式咬合也可以接受。颈部与肩部比例紧凑，肌肉适度发达，长度适中；背短而直，背线水平，长被毛从背中线自然分向两侧下垂；胸深度适中，与肘部齐平，肋骨圆；腰部肌肉丰满，发达；腹部微收，臀部小而紧凑。前腿直，有金黄色带褐色的长毛，肘部既不内翻也不能外展，前腿的狼爪可以切除；后肢长度适中，后腿直，后腿的狼爪必须切除；足爪圆、小，笔直向前，呈猫形足，脚垫厚实而有弹性，趾甲坚硬为黑色；尾梢翘起，尾部的毛色比身躯其他部位的颜色稍深，呈暗蓝色，断尾 2/3，留 2～3 节尾椎。被毛丰厚有光泽，直，长可触及地面，精致如丝绸般，不卷曲，也无任何波浪状。幼犬在初生时的颜色是黑色或棕色，在棕色中掺杂着黑色毛发；3～5 月龄毛根开

图 1-2-8　约克夏㹴犬

始发蓝，18 月龄时被毛变成铁青色，3 岁时变成暗蓝色或钢蓝色，带有明显的金属光泽；成年犬头部至尾根部的被毛丰密，呈暗蓝色，四肢部毛发呈深棕褐色（棕色中不可混合烟灰色或黑色毛发），在前腿的肘部以下和后腿的膝部以下呈明亮的棕色，尾巴深蓝色，尤其是尾尖；就每一根毛而言，毛根部分的颜色比中间部分深些，毛端的颜色稍浅些，使得从毛尖到毛根的颜色由浅入深、浓淡相映、柔和光亮。

**（九）蝴蝶犬（Papillon）**

蝴蝶犬（图 1-2-9），原产于西班牙，身高 20～25 厘米，体重 2.0～3.5 千克，AKC 分类属于玩赏犬组。该犬狐狸脸形，头颅宽度中等，略呈圆拱形；吻尖长为头长的 1/3 左右，鼻镜呈黑色；眼睛圆，中等大小，色暗，不外突；耳朵直立，耳饰毛丰富；唇紧、薄，牙齿为剪状咬合。颈部长度中等，较清秀，背线直而且平。胸深中等，肋骨扩张良好，腹部向上收。前肢直，骨骼纤细；后肢发达，有适当的角度；足爪细而长，呈野兔爪形。尾巴长，尾根位置高，反搭在背上，尾巴上长有长而飘逸的饰毛。毛量丰富，长而精致、飘逸，直而且有弹性。胸部长有丰富的饰毛，头部、口吻、前肢正面和后肢从足爪到飞节部分的毛发紧而短，前腿背面长有饰毛，至腕处减少，耳边缘长有漂亮的饰毛。理想的颜色是白色加其他颜色的斑纹，头部颜色必须是除白色外的其他颜色覆盖两耳，并且延伸到眼睛，中间不断开，鼻梁到额为白色。

**图 1-2-9　蝴蝶犬**

## (十)美国可卡犬(American Cooker Spaniel)

美国可卡犬(图 1-2-10),原产于美国,体高 34~39 厘米,体重 9~13 千克,AKC 分类属于运动犬组。该犬头盖圆,止部明显,面颊不突出;杏仁状眼,深褐色;颌部四方,口吻宽而深,上唇丰满;耳长,完全下垂,有大量羽状饰毛,位置不应高于眼睛内角水平线;鼻镜的颜色与眼圈的颜色一致(黑色、棕色、黑白花色犬的鼻镜为黑色,其他颜色犬的鼻镜可为褐色、肝色或黑色);牙齿呈剪状咬合。颈部肌肉发达,无下垂的赘肉,从肩部有力地升起,略微圆拱,逐渐变细与头部衔接;胸深,宽阔;背部结实,均匀地略向下倾斜;肋骨深,支撑良好;腹部微收;臀部宽,后体圆,肌肉发达;前肢垂直,平行,骨骼和肌肉强健;后肢膝关节结实、角度适中,大腿有力;足爪紧凑、大、圆而稳固,角质的脚垫既不向内弯,也不向外翻。尾巴在背线的延长线上或略高,通常截尾后留 2~3 节尾椎。丝状被毛,平坦或略微呈波浪状,头部毛短而纤细,耳朵、胸部、腹部、腿部有大量羽状饰毛。毛色有纯黑色、咖啡色、黑白花色等,纯黑色允许胸部和喉部有少量白色,咖啡色的颜色从浅奶酪色至暗红色均可,黑白花色要求明显,其中咖啡色、黑白花色的犬可能在两眼上方、口吻两侧和面颊有整洁的棕色斑点。

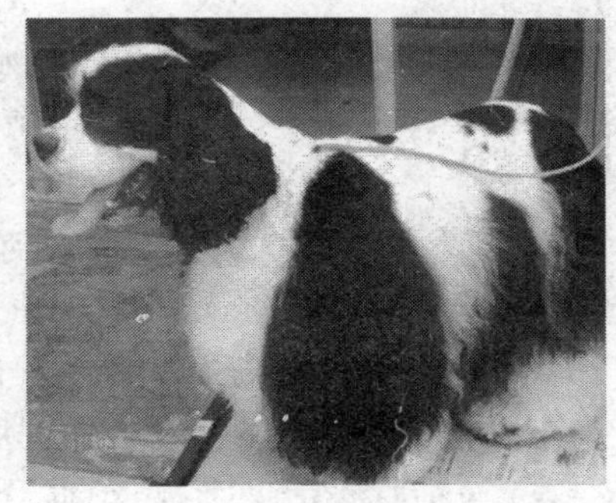

图 1-2-10　美国可卡犬

## (十一)卷毛比熊犬(Bichon Frise)

卷毛比熊犬(图 1-2-11),原产于地中海地区,身高 23~30 厘米,体重 3~6 千克,AKC 分类属于非运动犬组。该犬头盖略微圆拱,向眼睛方向呈圆弧形,止部略微清晰;面部表情柔和,眼神深

图 1-2-11　卷毛比熊犬

邃，眼睛圆，黑色或深褐色，眼周黑色；耳下垂，隐藏在长而流动的毛发中，耳郭的长度能延伸到口吻的中间，耳根位置略高于眼睛所在的水平线；口吻匀称，头部口吻与头长比例为 3∶4，经外眼角和鼻尖连成的虚线构成一个等边三角形；鼻镜突出，黑色；嘴唇黑，不下垂，下颌结实；牙齿呈剪状咬合。颈部长而骄傲地昂起，平滑地融入肩胛，长度约为从前胸到臀部距离的 1/3；肩胛骨与上臂骨长度大致相等，肩胛向后倾斜呈 45°角，上臂骨向后延伸，侧看肘部位于马肩隆下方；背线水平，胸部发达，最低点至少能延伸到肘部，前胸比肩关节略向前突出一点，下腹曲线适度上提；前肢骨量中等，骹骨（胫骨近脚处较细的部分）略显倾斜；后躯骨量中等，大腿角度恰当，肌肉发达，距离略宽。第一节大腿和第二节大腿长度大致相等，从飞节到足爪这部分后腿完全垂直于地面；脚掌紧而圆，脚垫黑色。尾巴的位置与背线齐平，温和地卷在背后。双层被毛，底毛柔软而浓厚，外层被毛粗硬且卷曲；颜色为白色，在耳朵周围或身躯上有浅黄色、奶酪色或杏色阴影。修剪被毛时，头部装饰、胡须、髭须、耳朵和尾巴保留较长的长度，头部毛发修剪成圆形，背线修剪成水平状，保留足够的长度。

**（十二）腊肠犬（Dachshund）**

腊肠犬（图 1-2-12），原产于德国，有标准型和迷你型两种，身高 12～25 厘米，体重小于 4 千克（迷你型），4～9 千克（标准型），AKC 分类属于狩猎犬组。该犬脑袋略微圆拱，逐渐倾斜，头部呈锥形（向鼻尖方向逐渐变细），鼻梁骨突出；眼睛中等大小，杏仁形，眼圈深色；耳朵位置非常接近头顶，不过分靠前，中等长度，耳端圆；嘴唇紧密延伸，覆盖下颌，鼻镜黑色；牙齿呈剪状咬合。颈部长，肌肉发达，无赘肉，略微圆拱，流畅地融入肩部；躯干长直，肌肉发达，腹部微上提。胸骨突出，呈卵形，向下延伸到前臂中间；肩胛骨长、宽，向后倾斜，肌肉坚硬而柔韧；上臂长度与肩胛骨相同，与肩胛骨呈直角，向后倾斜，紧贴肋骨，肘部靠近身体；前臂短，肌肉坚硬但柔韧，内侧和背面肌腱紧密延伸，略微向内弯曲；前脚掌丰满，脚垫厚实。大腿结实而有力，后足爪比前足爪小，呈球状；臀部长、圆而丰满；尾巴位于脊椎的延长线上，自然地稍上举。

**图 1-2-12 腊肠犬**

腊肠犬有短毛型、刚毛型和长毛型 3 种不同的被毛类型。

1. 短毛型　被毛短、平顺、光滑，既不太长，也不太薄；颜色有单一色、双色和斑纹色等。单一色常为红色（带有或不带深色、浅褐色的阴影散布）或奶油色，允许胸部有少量的白色；双色，包括黑色、巧克力色、野猪色、灰色（蓝色）、驼色（伊莎贝拉棕），各自带有褐色斑纹，在眼睛上方、颌部两侧、下唇、耳朵内边缘、胸部、前腿内侧和后面、脚掌和肛门周围，并在尾巴下侧向尾巴延伸 1/3～1/2 处。斑纹色有单一斑纹和双重斑纹，单一斑纹有明显的浅色斑纹范围，与非常深的底色交汇，可以是任何可能的颜色，既不能是浅的颜色也不能是深的颜色占主导地位，允许胸前有大面积的白色斑纹；双重斑纹是在斑纹色腊肠身体上出现不同数量的白色斑纹，允许局部或部分带有自身的颜色。

2. 刚毛型　除颌部、眉毛、耳朵等部位外，身体其他部位都覆盖着统一的紧密、短、厚重、粗糙、坚硬的外层披毛，有细腻、柔软、短的毛发（底毛）分布在粗糙的毛发中，耳朵的毛发比身体上毛发短，体侧的毛发呈波浪状；允许的毛发颜色有野猪色、黑色、褐色或带有不同深度的红色，可接受胸前有少量白色。

3. 长毛型　被毛圆滑、光亮，略呈波浪状，颈部以下、胸部、身体下方、耳朵和腿后面的毛发长；颜色与短毛腊肠犬类似。

**（十三）刚毛猎狐㹴（Wire Fox Terrier）**

刚毛猎狐㹴（图 1-2-13），又称为刚毛猎狐爹利犬，原产于英国，成年犬的理想身高为 35～39 厘米，体重为 6.5～8.5 千克，AKC 分类属于㹴犬组。头呈长方形，头颅平坦，脸部轮廓从眼睛到口吻逐渐变细，而且与前额连接处略显倾斜，宽度向眼睛方向渐收；眼睛较小，略呈圆形，位置深，不突出，眼色深，眼间距适中；耳朵呈“V”形，较小，中等厚度，呈半下垂（距耳端的 1/3～1/2 下垂）地向前垂在面颊边，耳朵的折叠线略高于头顶；口吻部粗壮，长度适中，颌部骨骼发育良好，颌部结实且肌肉发达，使面部显得结实有力，鼻镜颜色为黑色；牙齿洁白、结实，呈剪式咬合。颈部整洁，肌肉发达，长度适中，喉部没有赘肉，从侧面看，轮廓清晰，线条优美；背部短而平直，结实，肩部后的脊背不向下陷；胸部深，不宽而显稍窄，肌肉发达；前半部肋骨适度圆拱，后半部肋骨扩张良好；腰部非常有力，肌肉发达，呈轻微的上拱；腹部肌肉发达，距离较短，呈向上的微收；臀部宽大，粗壮。肩部长，较陡的向下倾斜，骨骼强壮；后躯结实，肌肉发达，大腿长而有力，膝关节角度恰当，不内翻也不外翻，飞节与大腿呈适当角度，飞节低，从后面看后肢与地面垂直且彼此平行；足爪圆而紧凑，大小适中，脚垫坚硬有弹性，足尖呈适度

**图 1-2-13　刚毛猎狐㹴**

的拱形，不内翻也不外翻，趾甲黑，狼爪可切除。尾根较高，通常需要断尾 1/4 左右，断尾后属于上扬的半直立尾，尾向背前方伸展，直立的尾端与眼的水平线齐平。双层被毛，外层毛发弯曲呈卷缩状或略带波纹，浓密且粗壮，金属丝质地；内层毛短细、柔软，在刚毛的底部；毛色以白色为底色，带有黄褐色或黑褐色斑块，通常从枕骨向前的整个头部为黄褐色斑块，双侧肩胛部各有一小的黄褐色斑块，从肩胛向后到腰荐的背部和体侧为一大的黑褐色斑块，且与肩胛部的黄褐色斑块相连，尾根到尾梢部分为黑褐色斑块，且尾的背面斑块颜色稍深于尾的腹面，体躯其他部位为纯白的底色，颊须与体色一致。

## 二、中型犬品种

### （一）比格犬(Beagle)

比格犬(图 1-2-14)，原产于英国，身高 33～38 厘米，体重 9～14 千克，AKC 分类属于狩猎犬组，现多用作实验用犬。该犬头部相对较长，后枕骨略微圆拱，头盖骨宽而丰满；耳朵位置略低、长，耳大呈“U”形下垂，质地细腻，耳端圆；眼大，眼间距宽，颜色为榛色或褐色；口吻长度适中、直，略呈清晰的正方形，唇线无下垂，鼻孔大；牙齿呈剪状咬合。颈部轻巧、结实，长度适中无皱褶；背线水平。肩部倾斜，整洁，肌肉发达；胸深而宽；背部短，肌肉发达而结实；腰部宽而略微圆拱，肋骨支撑良好，给胸腔足够的空间。前腿直，骨量

图 1-2-14　比格犬

充足，骹骨短而直；足爪紧凑、圆而稳固，脚垫丰满、坚硬。臀部和大腿结实，肌肉发达，能提供强大的推动力；膝关节结实，位置低，飞节稳固，匀称而适度倾斜；足爪紧凑而稳固。尾根位置略高，略向前弯曲，呈较粗的剑状尾，与整体尺寸相比显得略短。被毛紧贴身体，坚硬、中等长度；颜色浓密而杂色，有黑黄色、白色、茶色等，其中嘴周、喉部、胸部、前肢、下体、飞节向下、后肢前侧面、尾尖等部位为白色。

**(二)巴吉度犬(Basset)**

巴吉度犬(图 1-2-15)，又称巴色特犬，原产于法国，该犬身高 33～35 厘米，体重 18～23 千克，AKC 分类属于狩猎犬组。该犬脑袋略呈拱形，后枕骨突出；脑袋与口吻彼此平行，止部适度明显；鼻镜与止部的距离几乎等于止部与后枕骨的距离。口吻深而沉重，不长也不纤细；长长的耳朵位于头部两侧较低的位置，呈“U”形下垂，质地细腻，耳端圆，若向前拉，则能够延伸至鼻尖；鼻镜呈暗黑色；上唇下垂明显，嘴唇为暗黑色，下唇松弛，喉咙部有十分明显的赘肉；牙齿呈剪状或钳状咬合。颈部长而有力，略呈圆拱，背线下塌。胸部深而圆润，胸骨突出，越过前肢；肩胛角度适中且有力，成年犬的胸底与地面间的距离小于肩高的 1/3；肋骨充分扩张。前肢短而有力，腕部带有明显的皱纹；脚掌厚实而沉重，脚垫结实而坚硬，足爪圆拱，向外倾斜，与肩部宽度相当。后躯丰满，后躯宽度与肩部大致相同，站立时，后腿的膝关节位置低，后看后腿互相平行，飞节不向内弯曲，也不向外翻转；尾巴位于脊椎的延伸的位置，略微卷曲。被毛短密而平滑，毛色以白色为底

**图 1-2-15　巴吉度犬**

色，间有茶色、黑色或黄褐色。

**(三)史宾格犬(Springer Spaniel)**

史宾格犬(图 1-2-16)，又称英国激飞猎犬，原产于英国，公犬身高 48～53 厘米、体重 17～23 千克，母犬身高 43～48 厘米、体重 14～20 千克，AKC 分类属于运动犬组，现多用作工作犬。该犬头部长度适中，略微圆拱，止部清晰；眼中等大小，呈卵形，色深；耳位置与眼睛在同一水平线，完全下垂，耳郭有的能延伸到鼻尖；口吻笔直，无肉下垂，鼻镜为黑色或深褐色；牙齿呈剪状咬合。颈部长而略微圆拱，融入长而倾斜的肩胛；胸部发达，前胸突出明显；肋骨支撑良好，延伸到肘部；背线水平，腰部略微圆拱，肌肉发达，结合紧凑；臀部呈轻微圆弧形。前肢长度适中，骨量充足；后肢非常强健，肌肉发达，跗骨短；足爪圆，紧凑而圆拱，脚垫厚实。尾巴几乎水平，兴奋时略上翘，通常需要断尾，留 1～2 节尾椎。双层被毛，外层毛中等长度直或略呈波浪状，内层毛触感柔软，前肢后面、后肢飞节以上部位、胸部、下腹、耳朵和尾巴部有适量羽状饰毛；毛色以黑色或肝色带有白色斑块、或白底带有黑色或肝色斑块居多。

**图 1-2-16　史宾格犬**

**(四)松狮犬(Chow Chow)**

松狮犬(图 1-2-17)，原产于中国，身高 45～51 厘米，体重 18～22 千克，AKC 分类属于非运动犬组。头颅骨宽阔平坦，眉间多皱纹；口吻短宽，无皱纹；眼深褐色、深陷，眼距离宽，中等大小，杏仁状；耳小，三角形竖耳，略微前倾，耳尖稍圆，耳间距宽；鼻大、宽，黑鼻(蓝色松狮犬的鼻子可为蓝色或暗蓝灰色);舌的表面和边缘为深蓝色,颜色越深越好;牙齿呈剪状咬合。颈部强壮有力、饱满,肌肉发达,颈部呈优美的弧拱;胸宽深,肌肉发达,肋骨闭合紧密,弧度优美;背线平直,强壮,从马肩隆到尾根保持水平;腰部短宽深,肌肉发达强壮;臀部短而宽,尾部和大腿肌肉强壮,与臀部齐平;前肢笔直,骨骼粗壮,两腿平行,分得较开,与宽阔的前胸相称;后肢笔直,膝关节几乎没有角度,结合紧密稳定,尖端正指向后方,飞节强壮,结合紧密结实;足爪圆、紧凑,为标准猫爪,脚垫厚。尾根高,卷起紧贴背部。双层被毛,外层毛杂乱粗糙、平直,内层毛柔软丰富、浓密,特别是头和脖子周围形成了一圈浓密的鬃毛;毛色有红色(淡金黄色至红褐色)、黑色、蓝色、肉桂色(浅黄色至深肉桂色)和奶油色五种。

图 1-2-17　松狮犬

**(五)英国斗牛犬(English Bulldog)**

英国斗牛犬(图 1-2-18),原产于英国,身高 40～45 厘米,体重 22～25 千克,AKC 分类属于非运动犬组。该犬脑袋大,正方形,头部周长(耳朵前面)至少与肩高相当,前观从下颌最低的角落到脑袋顶点的距离相当长,侧观从鼻镜到后枕骨的距离相当短,前额平;面颊圆,向两侧突出,超过眼睛的范围;止部清晰,在眼睛中间形成凹槽。

图 1-2-18　英国斗牛犬

眼睛位于脑袋上比较低的位置,眼角间的连线与止部呈直角,眼圆,中等大小;耳位高,耳小而薄,典型的"玫瑰耳"(玫瑰耳是指后面下端边缘向内折叠,前面上端边缘越过去,有部分内耳和边缘显示出来);鼻镜大而宽,黑色,鼻尖靠后,位于眼睛中间;上唇厚、宽,下垂,位于下颌两侧,在前面与下唇结合,刚好能盖住牙齿;牙齿呈下颌突出式咬合。颈部短粗,颈背深而结实呈圆拱;肩胛后方略微塌陷,紧随在肩胛之后;身躯宽,侧面丰满,肋骨圆;胸部宽而深,丰满;背部短而结实,肩胛处宽,腰部略窄。尾巴直或呈"螺旋"状(但不弯曲或卷曲),直尾呈圆柱状,锥度统一;"螺旋尾"的纠结处弯曲清晰,略显生硬。肩胛肌肉发达,向外倾斜;前肢腿短、结实,肌肉发达,位置分得较开,腓骨发达,足爪位置间距较大;肘部位置低,向外展;足爪中等大小,紧凑而稳固,趾关节高。后腿结实,肌肉发达,比前肢略长,使得腰部高于肩胛;飞节略微弯曲,位置低;下半部后腿短、直而结实,膝关节略向外弯曲,离身躯略远;后足爪向外翻,足爪中等大小,紧凑而稳固。被毛直、短,平坦而紧密,质地细腻;皮肤柔软而松弛,尤其是头部、颈部和肩胛,头部和脸部覆盖有沉重的皱纹,从下颌到胸部有两层松弛而下垂皱褶形成的赘肉。被毛颜色有红色虎斑(其他颜色虎斑或花斑色)、纯白色、纯红色、驼色或浅褐色,但应注意的是:纯正的花斑色比污浊的虎斑色或有缺陷的纯色更可取,不允许纯黑色,允许在花斑色中出现一定量的黑色斑块,虎斑色的理想情况是组成虎斑的颜色精美、连贯、分布均匀,允许虎斑色或纯色在胸部有少量白色,花斑色要求色块明确、清晰,颜色纯净,分布对称。

**(六)边境牧羊犬(Border Collie)**

边境牧羊犬(图 1-2-19),原产于以色列,该犬身高 45～50 厘米,体重 14～20 千克,AKC 分类属于玩赏犬组。该犬头盖宽阔,止部清晰;眼睛中等大小,间距宽,褐色,卵圆形;耳朵中等大小,间距宽,耳朵半立;口吻略短端略细,鼻镜色与身体主要颜色相协调;

图 1-2-19 边境牧羊犬

牙齿呈剪状咬合。颈部长度恰当，结实且肌肉发达，略拱，向肩部方向逐渐放宽；胸深，宽度适中，肋骨扩张良好；腰部深度适中，肌肉发达，略拱；背线平，腰部后方略拱；臀部向后逐渐倾斜。前肢骨骼发达，彼此平行，脚腕略微倾斜；后肢宽阔，肌肉发达，飞节结实、位置低；足卵形，脚垫深且结实，脚趾适度圆拱紧凑。尾根位置低，中等长度，延伸至飞节，末端有向上的旋涡。被毛有粗毛和短毛两种，其中粗毛型毛发长度中等，质地平坦，略呈波浪状；毛色多，有各种式样和斑纹，多以黑色为主，白色集中在额头、脖领、腹下、四肢下部和尾尖，有时还杂有褐色斑点。

## 三、大型犬品种

### (一)拉布拉多猎犬(Labrador Retriever)

拉布拉多猎犬(图 1-2-20)，原产于加拿大纽芬兰岛，身高 55～60 厘米，体重 25～30 千克，AKC 分类属于玩赏犬组。该犬头骨宽阔，额段适中；眼中等大小，眼色与毛色相协调(黑色和黄色犬的眼睛是褐色，巧克力色犬的眼睛呈褐色或淡褐色)；耳朵紧贴头部，稍低于头骨而高于眼水平线上；口吻部

图 1-2-20 拉布拉多猎犬

长短、宽窄适中，鼻色与毛色相协调（黑色或黄色犬的鼻子为黑色，巧克力色犬的鼻子为褐色）；牙齿呈剪状咬合。颈部长度适中，肌肉发达，活动灵活，从双肩处强劲升起，呈拱形；胸部宽窄适中，背部强壮、水平，腰部短宽而健壮；臀部宽阔，肌肉发达。前肢发育良好，骨骼强壮，呈垂直状态；后肢垂直平行，大腿部强壮有力；趾强健而紧凑，适当拱起，脚垫发育良好。形似水獭的圆形身体，根部粗，朝着尖端渐细，长度中等，不超过跗关节。被毛短而直，非常致密，手感粗硬，有柔软、抵抗恶劣天气的下层被毛，可以防水、防冷和抵挡各种类型的荆棘等破坏物，允许背部被毛呈轻微波纹状。被毛颜色有黑色、黄色和巧克力色等单色，黑色必须是单一黑色；黄色可从淡红色至淡奶油色，颜色变化部分一般在犬的双耳、背部和体下部；巧克力色可以从浅巧克力色至深巧克力色。

### （二）金毛巡回猎犬（Golden Retriever）

金毛巡回猎犬（图 1-2-21），原产于英国，身高 55～60 厘米，体重 25～35 千克，AKC 分类属于玩赏犬组。该犬头骨宽，呈轻微拱形；眼中等大小，色深，间距大；耳根高，耳小、下垂，紧贴面颊，耳尖刚好盖住眼睛；鼻黑色或棕黑色；牙齿呈剪状咬合。颈中等长，逐渐融入充分靠后的肩部，显得强健、肌肉发达。胸深，胸骨延伸至肘部；背线强壮，水平，从马肩隆至微倾的臀部；肋骨长、曲度良好，很好地延伸至后躯；腰短、强健，宽而深，轻微收缩；臀部丰满，略下斜。前肢直，骨量充足，不太粗壮，掌部短而强健、略倾；后肢宽，肌肉发达，膝关节充分弯曲，踝关节贴近地面；足爪中等大小，圆而紧凑，脚垫

图 1-2-21　金毛巡回猎犬

厚。尾根高，尾基部厚实，尾长垂过跗关节，呈水平或适度的上扬曲线。双层被毛，外层被毛硬、有弹性，既不粗糙也不过分柔软，毛直或略呈波浪状；内层毛浓密、柔软，有防水功能；前腿后部和身体下有适度的羽状饰毛，颈前部、大腿后部和尾下侧的羽状饰毛丰厚。毛色呈有光泽的金黄色，羽状饰毛可比其他部位色泽略淡。

**(三)苏格兰牧羊犬(Scots Collie Dog)**

苏格兰牧羊犬(图 1-2-22)，原产于苏格兰，身高 56～66 厘米，体重 24～34 千克，AKC 分类属于玩赏犬组。该犬呈倾斜的楔形，侧看，从耳朵到鼻镜方向渐细，两个眼内角的中点(止部的中点)正好是整个头部长度的中点；眉骨和枕骨稍突；杏仁形眼，中等大小，呈暗黑(毛色为芸石色的犬眼为深褐色最理想)；耳根位置高，自然状态下，耳朵向前折叠，呈半立(警惕时 3/4 部分直立，1/4 耳尖向前折叠)；牙齿呈剪状咬合。颈部长度恰当，竖直上举，颈背稍呈圆拱形，肌肉发达，有大量饰毛；身躯肌肉发达，背部水平，臀部倾斜呈圆弧形；前肢直，后肢肌肉发达且非常有力，足爪小呈卵形，脚垫厚实而坚韧。尾巴能延伸到飞节或更低，休息时尾巴下垂，尾巴尖向上扭曲呈旋涡；兴奋时，不过背线。外层被毛直、粗硬，底毛柔软、浓厚，鬃毛和臀部饰毛丰富。毛色有 3 种，黄白色(二色)是以黄色或驼色(深浅程度从浅金色至暗桃木色不等)为主，带白色斑纹，白色斑纹主要出现在胸部、颈部、腿、足爪、尾巴尖等位置；三色是以黑色为主要色调，与黄白色一样带有白色斑纹，在头部和腿部有茶褐色阴影；芸石色是以白色为主

**图 1-2-22　苏格兰牧羊犬**

要色调,斑块为芸石色。

**(四)德国牧羊犬(German Shepherd Dog)**

德国牧羊犬(图 1-2-23),原产于德国,身高 56～66 厘米,体重 30～40 千克,AKC 分类属于玩赏犬组。该犬头部高贵,线条简洁,结实而不粗笨;眼睛中等大小,杏仁形,位置略微倾斜,不突,色深;耳朵略尖,向前直立,理想的姿势是从前面观察,耳朵的中心线相互平行,且垂直于地面;口吻长而结实,牙齿呈剪状咬合。颈部结实,肌肉发达,轮廓鲜明且相对较长,与头部比例协调;身高与体长比的理想比例为 8.5∶10,由肩部向后倾斜形成自然的流线形;胸深而宽,稍向前突出,肋骨长而扩张良好;腹部稳固,适度上提;臀部长且逐渐倾斜。前肢直,后肢肌肉非常宽且发达有力,后肢狼爪必须切除,足爪短,脚趾紧凑且圆拱,脚垫厚实而稳固,正常站立时后肢飞节向下必须与地面垂直。尾根低,尾毛浓密,尾椎至少延伸到飞节,休息时尾巴笔直下垂,略微弯曲,呈马刀状;兴奋时或运动中,尾巴突起,曲线加强,但不超过背线。中等长度的双层毛,外层毛直而粗硬略呈波浪状,内层毛浓密而柔软,头部被毛较短,颈部毛长而浓密。毛色多变,大多数毛色都是允许的,多为黄褐色底黑背。

**图 1-2-23　德国牧羊犬**

**(五)萨摩耶犬(Samoyed)**

萨摩耶犬(图 1-2-24),原产于俄罗斯,身高 55～60 厘米,体重 25～35 千克,AKC 分类属于玩赏犬组。该犬头部呈楔形,顶略凸;口吻中等长度,向鼻镜方向略呈锥形,鼻镜黑色;唇黑,嘴角略向上翘，形成具有特色的“萨摩式微笑”；耳朵直立，三角形，尖端略圆；眼色深，杏仁状，位置较开；牙齿呈剪状咬合。颈部结实、肌肉发达，骄傲地昂起，立正时在倾斜的肩上支撑着高贵的头部，与肩结合形成优美的拱形。胸深，肋骨从脊柱向外扩张，到两侧变平；腰部结实而略拱，背直；腹部肌肉紧绷，形状良好，与后胸连成优美的曲线（收腹）；臀部略斜，丰满。前肢直，彼此平行，脚腕结实而柔韧；后肢发达，膝关节角度恰当（约与地面呈 45°角），不内弯外翻；足爪长而大、稍平，脚趾圆拱，脚垫厚实。尾长度适中，能延伸到飞节，警惕时会卷到后背上或卷向一侧，休息时尾巴自然下垂。双层被毛，内层毛为短、浓密、柔软、絮状、紧贴皮肤的底毛；外层毛为较粗较长的毛发，闪烁着银光，直立在身体表面，不卷曲，颈部和肩部的被毛形成“围脖”。毛色纯白色最为多见，或白色带较浅的浅棕色、奶酪色。

图 1-2-24　萨摩耶犬

**（六）西伯利亚雪橇犬（Siberian Husky）**

西伯利亚雪橇犬（图 1-2-25），原产于西伯利亚地区，又称哈士奇，身高 51～60 厘米，体重 20～26 千克，AKC 分类属于工作犬组。该犬头顶稍圆，往眼处渐细，额段明显；眼杏仁状、稍斜，眼色为棕色或蓝色或两眼颜色不同；耳大小适中，直立三角形，相距较近；口吻宽度适中，逐渐变细，鼻镜与体色相协调（灰色、棕褐色或黑色犬的鼻镜为黑色，古铜色犬的鼻镜为肝色，纯白色犬的鼻镜颜色可能会鲜嫩）；牙齿呈剪状咬合。颈长度适中、拱形，犬站立时直立昂起，小跑时颈部伸展，头略微向前伸；胸深，强壮，最深点与肘部齐平；肋骨充分扩张，侧面扁平；背直而强壮，略微呈拱形；腰部收紧，倾斜；臀部以一定的角度从脊椎处倾斜。前肢平行、笔直，肘部接近身体，不向里翻，也不向外翻；后肢距离适中，上半部肌肉发达、有力，膝关节充分弯曲，踝关节距地的位置较低；椭圆形趾、紧密，脚垫紧密、厚实。尾巴像狐狸尾巴，位于背线之下，犬站立时尾巴以优美的镰刀形曲线背在背上，举尾时不卷在身体的任何一侧，也不平放在背上。双层被毛，中等长度，浓密，内层毛柔软，浓密；外层毛稍粗糙平直，光滑。毛色从黑色至纯白色的所有颜色都可以接受，头部有一些其他色斑是允许的。

图 1-2-25　西伯利亚雪橇犬

**(七)阿拉斯加雪橇犬(Alaskan Malamute)**

阿拉斯加雪橇犬(图 1-2-26)原产于西伯利亚地区，公犬身高 61～66 厘米、体重 36～40 千克，母犬身高 56～61 厘米、体重 32～36 千克，AKC 分类属于工作犬组。该犬头部宽且深，与身体的比例恰当；眼睛在头部的位置略斜，褐色，杏仁状，中等大小；耳大小适中，与头部相比显得略小，三角形，耳尖稍圆，耳间距宽，与外眼角成一直线；口吻长而大，从与脑袋结合的位置向鼻镜的方向的宽度和

图 1-2-26　阿拉斯加雪橇犬

深度逐渐变小，鼻镜黑色；牙齿呈剪状咬合。颈部结实，略呈弧形；胸部相当发达；身躯结构简洁，后背很直，略向臀部倾斜；腰部硬实，肌肉发达；尾位置高，卷于后背上。肩膀适度倾斜；前肢骨骼粗壮且肌肉发达，前观肩部到腕部都很直，侧观腕部短而结实，略有倾斜；脚垫厚实、坚韧，趾甲短而结实。后腿宽，大腿肌肉发达；膝关节适度倾斜，飞节适度倾斜，且适当向下；从背后观察，不论是站立时还是行走中，后腿都与相应的前腿处于同一直线。被毛浓密、粗硬，底毛浓厚，体侧被毛较短，向前延伸至肩部和脖子的时候，颈部被毛逐渐较长。颜色从浅灰色至黑色及不同程度的红色都有，只有一种纯白色可以接受；白色是下半部身体的主要颜色，主要分布于腿、足爪和脸上的斑纹中。

**(八)罗威纳犬(Rottweiler)**

罗威纳犬(图 1-2-27)，原产于德国，公犬身高 61～69 厘米、体重 35～45 千克，母犬身高 56～64 厘米、体重 29～39 千克，AKC 分类属于工作犬组。该犬前额呈拱形，警觉时有皱纹；眼中等大小，杏仁形，黑棕色；耳中等大小，向前垂，三角形，耳距大；鼻梁直，根部宽，鼻镜黑色；口腔黏膜黑色最理想，牙齿呈剪状咬合。颈部肌肉发达有力，相当长，没有皮赘。身高与体长理想比为 9∶10；胸部宽，深达肘关节，肋部伸展；背部直而有力，腰部肌肉丰满，腹部向上稍收；臀部宽，中等长度。前肢直而强健，脚跟结实而有弹性；后肢长而宽，肌肉发达，膝关节屈曲；足爪紧凑，趾间拱起，脚垫厚而硬，趾甲黑色。尾部长度适中，镰刀状向上形成半圈状，截尾时通常留 1 节尾椎。双层被毛，外层毛硬直，密而平滑，中等长度；内层

**图 1-2-27　罗威纳犬**

毛直,柔软致密。毛色以黑色为底色,黑色被毛间有铁锈色斑块,斑块轮廓清晰,斑块主要位于两眼上方、面颊部、吻部两侧、喉部、前胸、腕关节以下、后肢内侧、跗关节、尾下等部位,总面积不得超过身体面积的10%。

**(九)藏獒(Tibetan Mastiff)**

藏獒(图1-2-28),原产于中国,公犬身高69~88厘米、体重55~70千克,母犬身高65~80厘米、体重45~60千克,AKC分类属于工作犬组。该犬面部宽阔,头骨宽大呈正方形,有狮头形、虎头形和小狮头形3种;眼中等大小,深邃,呈杏仁状,稍斜;耳中等大小,"V"形,自然下垂,紧贴面部靠前;鼻宽且大,色黑(白色犬鼻镜为深肉红色);唇突出、厚实,上唇两侧适度下垂;牙齿呈剪状咬合。颈部肌肉丰满,呈拱形,公犬头后颈部围绕着厚厚的直立鬃毛。胸深、粗壮,低于上肘部,身躯长度略大于高度;背部挺直宽阔,肌肉发达,柔韧性好,有稍微下蹲的感觉;背线直,脊背到尾骨呈水平。前肢直立,骨骼肌肉粗大;后肢强壮有力,肌肉发达,后腿和膝盖平行,跗关节强壮,前足猫足,大而健壮结实,趾间有毛,趾甲为黑色或白色。尾巴中等长度,不超过踝关节,与背部呈一条直线,自然卷起,警觉时尾巴翘起朝向任何一边。被毛毛型有长毛、中长毛、短毛3种,双层被毛,外层毛相当浓密坚韧,内层毛柔软致密。毛色有铁包金、杏黄、金黄、纯白、纯黑、狼青色6种,以铁包金色和黄色最为多见,铁包金色的铁锈色饰斑可能出现在眼睛上方、眼周、咽喉、前腿下及内侧的延伸部位、后腿内侧及后腿膝关节的前方和腿前宽阔的部位、尾下等,总面积

**图1-2-28 藏獒(雪獒)**

不得超过身体面积的10%。

### (十)圣伯纳犬(Saint Bernard)

圣伯纳犬(图1-2-29),原产于瑞士,公犬身高70～78厘米、体重58～82千克;母犬身高65～74厘米、体重44～68千克,AKC分类属于工作犬组。该犬头宽阔,头部侧面线条从外眼角开始分岔;口吻短宽,上唇发达略显下垂,鼻镜黑色;眼中等大小、深褐色,眼睑常内翻;耳中等大小、下垂,耳端稍圆;牙齿呈剪状咬合或钳状咬合。颈位置高、上举,与头部结合处有明显凹痕,肌肉发达且圆,从侧面看显短。肩部宽阔倾斜,肌肉发达;胸部呈良好的圆拱,深度适中,背部宽直;腹部轻微的上提,臀部略斜。前肢有力而肌肉发达,腕关节处弯曲大;后肢发育充分,大腿部肌肉非常发达;足爪宽,脚趾结实,略紧。尾长,宽阔有力,自然垂悬时尾端1/3部分略向上卷弯。被毛中等长度,浓密而平滑,毛质硬,触感不粗糙,颜色以白色间有黄棕褐色或黄棕褐色间有白色居多,其中胸部、脚、尾尖和鼻梁为白色,颈背部有少许白斑。

图1-2-29 圣伯纳犬

### (十一)大白熊犬(Great Pyrenees)

大白熊犬(图1-2-30),原产于瑞士,公犬身高69～81厘米、体重45～55千克,母犬身高63～74厘米、体重38～48千克,AKC分类属于工作犬组。该犬头部呈楔形,顶部略圆,面颊平坦,无明显的止部;眼睛中等大小、杏仁形,色深;"V"形耳下垂,尖端略圆,耳根与眼睛齐平;鼻镜和嘴唇为黑色,牙齿呈剪状咬合。颈部中等长度,配合坚硬的肌肉,赘肉少。肩向后倾斜;胸部宽度适中,肋骨

图 1-2-30　大白熊犬

支撑良好，卵形；背和腰宽阔，连接结实，略有褶皱，背线略下塌；臀部略向下倾斜。前肢有充足的骨量和肌肉，位于马肩隆以下位置，垂直于地面；后肢大腿肌肉坚实，平行，飞节角度适中；足爪圆形，紧凑，脚垫厚实，脚趾圆拱。尾根低，长度延伸到飞节以下，休息时尾巴下垂，兴奋时可卷到后背，行走时可卷到后背。双层被毛，外层毛长而平坦，厚实，毛发粗硬，直或略呈波浪形；内层毛浓密、纤细，叶棉絮状；雄性颈部和肩部的毛发尤其浓密形成围脖或鬃毛，尾巴上较长的毛发形成羽状饰毛。颜色纯白色，可在耳朵、头部、尾巴等处带有灰色、红褐色或不同深浅的茶色斑纹，但斑纹不得超过身体的 1/3。

### (十二)古代牧羊犬(Old English Sheepdog)

古代牧羊犬(图 1-2-31)原产于英国，身高 54～64 厘米，体重 28～38 千克，AKC 分类属于牧畜犬组。该犬头宽大且呈正方形，被浓密的毛发所覆盖，面颊圆，向两侧突出，超过眼睛的范围；眼睛圆，中等大小，既不凹陷，也不突出，色深，呈褐色、蓝色或鸳鸯眼；耳根位置高，耳间距宽，耳小且薄，垂耳，平贴在头部两侧；止部较长而清晰，止部底端(两眼中间)到鼻尖的距离尽可能短，不超过从鼻尖至下

图 1-2-31　古代牧羊犬

唇边缘的距离；上唇厚宽，完全悬垂在下颌两侧；鼻镜黑色，大且宽阔；牙齿呈剪状咬合。颈部短粗，颈背深、结实而圆拱；肩胛后方略微塌陷，紧随在肩胛之后（最低的部位）；肩部比腰部略低是英国古代牧羊犬特有的、区别于其他品种的特征。身躯短而紧凑，肋骨支撑良好，胸部深而宽，腰部非常结实，且略微圆拱。前肢绝对笔直，且骨量充足，从马肩隆到肘部的距离与从肘部到地面的距离相等；后肢圆且肌肉发达，飞节位置低，跖骨垂直于地面；足爪小而圆，脚趾圆拱，脚垫厚实而坚硬。需断尾，尾巴在贴近身体处切断。全身被毛非常丰厚，外层毛质地较硬呈波浪状弯曲，内层毛柔软具有防水能力，大腿和臀部的毛发比其他部位的毛更浓厚、更长，毛色主要为白底黑斑或灰斑，斑可对称或不对称。

**（十三）大麦町犬（Dalmatian）**

大麦町犬（图 1-2-32）原产于南斯拉夫地区，身高 48～58 厘米，体重 22～25 千克，AKC 分类属于非运动犬组。该犬头顶平坦，中间有轻微的纵向凹痕；眼睛中等大小、圆形，褐色或蓝色（通常黑色斑点的品种的眼睛颜色要比肝色斑点的品种深）；耳中等大小，耳根高，基部略宽，尖端略圆，贴着头盖；鼻镜的色素充足（黑色斑点的犬，鼻镜颜色为黑色；肝色斑点的犬，鼻镜颜色为褐色）；牙齿呈剪状咬合。颈部呈优美的圆弧形，相当长，没有赘肉，平滑地融入肩胛；肩向后倾斜；胸深，宽度适中，肋骨支撑良好；背线水平，平滑而结实；腰部短而发达，略微圆拱，腰窝窄；臀部水平。前肢直，结实，骨骼强健，上臂骨的长度与肩胛骨的长度相当；后肢有力，膝关节弯曲良好，飞节位置低；前足爪和后足爪圆而紧凑，脚垫厚实而有弹

图 1-2-32　大麦町犬

性，脚趾圆拱，黑色斑点的趾甲颜色为黑色或白色，肝色斑点的趾甲颜色为褐色或白色。尾根位置高，尾根部粗壮，向末端逐渐变细，尾长可延伸到飞节，呈略微向上弯曲的曲线。被毛短，浓厚，细腻，紧贴着身体。被毛底色是纯白色，斑点圆而清晰，但头部、腿部、尾巴上的斑点比身躯的斑点小；斑点有两种，黑色斑点的犬，斑点是浓重的黑色；肝色斑点的犬，斑点是肝褐色。

# 第二篇　犬的饲养管理

# 第一章　犬的生物学特性

## 一、犬的行为特征

犬的生物学特性是犬在长期的自然进化和人为驯养过程中形成的其他动物所没有的内在习性，而犬对于自身所感受到的一切刺激所做出的各种应答性动作，称为犬的行为。犬在不断变化的环境作用下能表现出不同的行为，只有真正了解犬的行为，才能与犬进行正确的沟通，从而对之进行科学的饲养管理。

**（一）捕食行为**

犬在动物学分类上属于食肉性动物，远古时代的犬以捕食小动物为主，如追捕和杀死兔、狐、猫、鸡、鸟、羊等，甚至追咬人类。人们可充分利用犬这种特性，训练犬牧畜，驱赶羊群、牛群，看家护院和狩猎。目前在家养条件下，小型纯种犬的捕食行为已大大减退，基本靠人为提供食物。

**（二）排泄行为**

排泄不仅是犬一种排除代谢废物的方法，也是与其他犬只交流的一种手段。犬的排泄物中含有特殊的性外激素，在其与外界交流的过程中发挥着重要作用。当两只犬在相遇之时，双方互嗅对方身体、轻轻触碰口鼻，并在相互了解的基础上对对方的外生殖器进行程序性的检查，彼此双方相互传递信息，而尿、粪便、唾液、阴道分泌物以及身体中其他腺体的气味等是这些信息传播的载体。

排泄行为中，最重要的是犬的排尿行为，常表现为不定时不定量排泄。犬的排尿多发生在犬采食后或睡醒后的0.5～1小时内，此时排尿相对较多；犬在户外玩耍或游散时，排尿则表现为不定时，每次排出的尿液相对较少。犬常认定第一次排便的地方，应注意防止犬随地排便，以防养成不良的排泄习惯。在家养犬只较少的情况下，应从小进行犬的定点排便训练。

**(三)嫉妒行为**

犬忠诚于主人，但有时也有嫉妒心，对主人关心和爱抚除自己外的其他犬或动物会表现出不满，甚至愤怒。当饲养多条犬时，如果犬主人在感情上有所偏重，有时会引起受冷淡者对受宠者的妒忌，从而消极对待主人的指令，伺机对受宠者施行攻击。因此，如一人饲养多只犬时，应平等地对待每只犬。

**(四)母性行为**

犬的母性行为是指母犬在繁殖的特殊阶段表现出来的行为，包括分娩、哺乳等行为。母犬在妊娠后，性情变得极其温顺，行动小心，临产前能自行咬掉乳房旁的腹毛，以利于仔犬的吮乳；母犬分娩时能咬破胎膜，舔干仔犬身上的黏液，以利于仔犬的呼吸。母犬分娩后母性表现得更强，为了保护其仔犬，常常带有明显的神经质，对陌生人过度谨慎，甚至对平时与母犬很接近的人也会持有戒备心理；如果此时随意去抚摸和接近仔犬，母犬会误以为要去伤害仔犬，从而会为保护仔犬而发起对人的攻击，或为仔犬挪位，甚至会将仔犬吃掉。因此，母犬分娩后，不宜经常抓摸仔犬，以免被母犬抓伤或导致仔犬遭到伤害。随着仔犬独立生活能力的增强，母犬的母性行为也会逐渐减弱。

少数母犬分娩后出现的食仔癖是其畸形母爱的残留，多数是因母犬产后缺水、人为产仔检查不当、母犬过度溺爱仔犬等原因。

**(五)性 行 为**

公犬阴茎里有特殊的阴茎骨，交配时不需勃起便可插入母犬阴道。当阴茎插入阴道后，尿道海绵体和阴茎海绵体迅速膨胀，阴道壁括约肌强烈收缩，阴茎头被母犬耻骨前缘卡住，形成“栓”，以至阴茎无法退出，即出现“臀对臀”的锁配现象。犬交配后出现锁配时，不可用木棍等硬物强行将公、母犬拆开，因为锁配时公犬正在射精，如强行拆开，一方面会导致公犬的精液损失，性器官受伤，另一方面强行拆开会导致公犬的性欲丧失，多次以后很难再激发其性欲。经 10～30 分钟锁配后，公犬阴茎海绵体因充血减少而缩小，阴道壁括约肌舒张，阴茎会自行从阴道里退出。

### （六）防御行为

犬的防御行为是指犬为了维护自身安全，表现出对陌生人的警惕，并进而采取扑咬或躲避的行为，这是犬对自身生存的自卫表现，也是培养犬只扑咬、守候、看守等能力的生理基础。表现为扑咬的是主动防御，表现为躲避的是被动防御。在饲养过程中，应积极防止犬只主动防御行为的发生；在训练过程中，可根据训练科目能力培养的要求，采取相应的机械刺激手段，迫使犬产生适度的被动防御反射而做出相应的动作，如助训员采取足以激发犬产生仇视性的方法，有利于培养犬的凶猛、机警的素质，从而产生攻击、扑咬等主动防御能力。

### （七）表情行为

犬的表情变化很丰富，犬常用自己身体的动作、姿势或吠叫声来表达自己的喜、怒、哀、乐，最具有表现力的部位是头部、嘴部、眼睛、耳朵、尾巴和四肢等。

1. *头部*　犬有前突的鼻、嘴，其构造使得牙齿向前延伸，加之发达的嘴部肌肉，这种构造一定程度上限制了犬可能表达表情的丰富程度。犬面部放松、嘴微张，舌头有时可见，或微微伸出覆在下齿上，表示高兴放松；犬嘴闭合，不见舌头或牙齿，稍前倾，表示注意或兴趣；犬嘴仍闭合，唇缘曲卷，暴露几颗牙齿，表示示威、警告;犬嘴张开,唇缘曲卷,暴露犬齿和前臼齿,鼻子上出现皱褶,表示欲主动进攻;犬唇缘曲卷暴露,露出所有牙齿,同时还暴露前排牙齿上部的牙龈,明显可见鼻镜上的皱褶,表示主动进攻性升级至最高程度。

2. 嘴部　嘴部表情的一般规律是:牙齿和齿龈暴露越多,威胁信号的程度越强。嘴张大并呈C形,是统治性的主动威胁;嘴张开,但嘴角后缘后拖,是被动防御性的害怕。犬嘴部表情常见的还有以下几种情形:打哈欠是压力和焦虑的简单信号;舔人或者犬的脸是主动屈从的姿势,表示愿意接受对方的优势地位,也用于乞求食物;舔空气是一个极端的屈从姿势,表示很害怕。

3. 眼睛　犬眼神的变化,往往真实地反映了犬的心态变化。犬愤怒惊恐时,瞳孔张大,眼睛上吊,眼神显得凶狠可怕;犬悲伤寂寞时,眼睛湿润,眼神如诉如泣;犬高兴淘气时,眼睛晶莹,目光闪烁;犬自信或渴望得到信任时,目光沉着而坚定;犬犯错心虚时,转移视线,眼睛上翻;犬不适或消沉时,眼睛半张半合,眼神慵懒;犬眼紧盯对方且上翻时,表示挑战;犬眼睛扫来扫去,就是感到了不安,想避开争斗。

4. 耳朵　如犬精神集中时,耳朵强有力地向前扬起;犬打探四周动静时,耳朵会随着声音来回转动;犬情绪紧张准备进攻时,耳朵会有力地向后背;犬高兴、撒娇或犯错心虚时,耳朵会柔软地贴向脑后;犬较惬意而屈服时,耳朵会向两耳的连线处折倒。

5. 尾巴　犬尾是全身情感表达最丰富的部位,可以从尾巴的活动情况准确地看出它的精神状态。尾巴高翘并随着屁股来回摆动,表示非常高兴;尾巴缓慢摇动,表示亲昵;尾巴充满力量向上竖起,轻轻摇动,表示挑衅;尾巴笔直地向上竖立,表示自信;尾巴自然下垂而不动,表示懒散;尾巴下垂或夹在两肢之间,表示害怕;尾巴卷在腹下,表示非常害怕。

6. 其他身体动作　犬通过肢体可以准确表现出态度和企图,

常利用身体的姿势、爪子的放置、移动的方式等来传递出它们情绪状态和社会群体关系的信号。犬肢体语言的一般规律是:企图表达自身更高或更大时显示统治信号,将身体、头部或眼睛朝向另外一只犬;试图使自己显得更小时显露屈从或平息信号,将身体、头部或眼睛移开是平息和屈从信号。

犬的表情变化与人类相比略显简单、贫乏,而且有时表现非常相似,必须仔细观察才能准确地加以鉴别,可借助于犬的叫声、眼神及身体其他部分的状况来综合判断。

(1)高兴　抬起前腿拥抱主人,或舔主人的手和脸,眼睛微闭,目光温柔,耳朵向后伸,鼻内发出明快的哼哼声,身体柔和地扭曲,全身被毛平滑,尾巴自然地轻摆。

(2)愉快　当犬心情愉快、对人友善时,常表现为尾巴懒散地下垂或轻摆动尾巴,身体轻松地站立,两耳同时向后方扭动,目光温柔,身体柔和地扭曲,全身被毛平滑。

(3)期待　犬摆动尾巴,身体平静地站立,耳朵竖起,有时呈现高兴或鞠躬状,伸出前爪,前腿交叉向上抬,两眼直视主人,多是期望主人与之嬉玩或做游戏。

(4)亲热　当犬舔人脸,尤其是舔人嘴(一般不提倡这种做法),或犬将前腿弯曲,肩部下落,脖子上抬或身体蹲下,将低垂的尾巴左右摇摆,耳朵向后伸时,表示与人亲热,要求玩耍。

(5)服从　犬身体侧卧,后腿上举,露出腹部,尾巴夹入两后肢之间,耳朵向后倒,眼睛眯成细缝,视线避开对方;或姿势向下低趴,低到几乎接触地面,将头伸给对方,耳朵向后倒,眼睛眯成细缝,都表示犬被动服从的动作。

(6)愤怒　当犬愤怒时,其尾巴陡伸或直伸,与人保持一定距离,全身被毛竖起,耳朵直立,两眼圆睁,目光锐利,耳朵向斜后方向伸直,全副牙齿裸露,身体僵硬,四肢用力踏地,并不断发出“呜——呜——”的威胁声。犬前肢下伏,身体后坐,头部保持高抬，则可能是即将发动进攻的最后信号。

(7)恐惧　当犬受到惊吓而感到恐惧时，犬尾巴下垂或夹在两后肢之间，耳朵向后扭动，全身被毛直竖，两眼圆睁，脸部呈现僵硬状，浑身颤抖，呆立不动或四肢不安地移动，或者后退；少数犬全身紧缩成一团，嘴巴埋在两前肢下，呈睡眠状。

(8)哀伤　当犬感到悲伤时，低头，两眼无光，不思饮食，尾巴自然下垂而不动，主动向主人靠拢，并用祈求的目光望着主人，或摩擦主人的身体；有时则会蜷卧于某一角落，变得极为安静。

(9)警觉　当犬处于警觉状态时，其身体常挺直地坐着，头部高举转向有声音或气味的方向，耳朵竖起，全神贯注，不放过一点动静，有时会对着声源吠叫。

**(八)修饰行为**

犬的修饰行为常表现为爱洁性。犬在休息时通常喜爱用很多时间去整理和保养其体表，以清除体表的皮屑、污垢以及其他刺激，如用舌头舔被毛、阴部或伤口，用牙啃咬皮肤，用肢爪搔痒等。对于犬的这些行为，一般不予制止，但对于长毛犬而言，在换毛季节应进行被毛梳刷，防止脱落的毛发被吃进胃中引起毛球病。有些长毛犬因被毛被剃光而不愿出来与人相伴，常表现为独自躲在某一角落，有人称这为犬的害羞行为，可看作是犬修饰行为的延续。

**(九)结群行为**

从犬的进化过程来看，由于犬类是中型动物，为了保护自己免遭不幸，它们必须靠群体合作才能捕杀比自身大得多的动物，尤其是在冬季猎物较少时，经常集结成群进行狩猎，形成一股连猛兽都难以逃避的巨大力量。因此，很早之前犬的祖先都是成群结队地生活，犬通过一定的声音、视觉等信号相互联系，不仅能聚集，而且可以有共同的行动。在家畜化后，犬的结群行为仍较明显，常喜爱结群玩耍、作业。犬的结群行为在军犬的集体科目（如搜索科目）或牧羊犬的牧畜训练过程中可较好地运用，能起到明显效果，在犬的吠叫科目中也可适当加以运用。

**（十）优胜序列行为**

犬的优胜序列行为是指犬群中某一成员较其他成员在群体行为中表现出更为优先的地位，这种等级优势的确立，消除了犬群的敌对状态，增强了犬群的和睦、稳定、防御和战斗等能力。犬的群体位次很明显，常会在墙角、树干、电线杆、草垛边撒尿或涂擦趾间汗腺分泌的汗液作为标志，划定自己的“势力范围”，不容许外来犬只的侵扰。此外，犬的优胜序列行为还表现出对主人及与其接触的一些物品、用品的占有等方面，视主人、食具、水盆、玩具等为“势力范围”的一部分，一旦主人、食具、水盆、玩具受到侵害时，犬会做出积极防御反应进行保护。

## 二、犬的生活习性

犬在长期的自然进化过程中，在自然和人为选择的双重作用下，逐渐形成了适于本物种生存繁衍的生活习性。认识犬的生活习性，有助于做好犬的常规饲养管理工作，更重要的是合理地加以运用和引导，纠正一些不良行为，培养良好习惯。

**（一）共　性**

1. **野性**　虽经过几千年的驯养，犬的野性（如性情凶残）还有所保留，会在某些特殊情况下表现出来，从而出现咬人、伤人等事件，目前大型、超大型烈性犬伤人事件时有发生，各地政府纷纷出台相关政策，限制超大型、烈性犬的饲养。避免犬只伤人事件的发生，最好是从养犬人的素质提高和规范犬的行为着手。

2. **排汗习性**　犬较耐寒，不甚耐热。犬体表无汗腺，只有舌头和脚垫上有少量汗腺。在炎热的季节，犬常常张嘴伸舌，粗重地喘气，这是犬依靠唾液中水分蒸发散热，借以调节体温的最简捷有效的方法。此外，炎热天气犬可舔脚垫散热，也可通过脚垫与地面的接触完成排汗。

3. 清洁习性　犬具有保持犬体清洁的本能习性，如犬会经常地用舌头舔身体，还会用打滚、抖动身体的方式去掉犬体的不洁之物。犬的肛门腺易发炎，其分泌物有一种难闻的气味，容易导致犬体的异味，犬常会自舔或摩擦肛门。因此，家庭养犬应经常洗澡，除去犬体上的不洁物、异味等。

4. 吠叫　吠叫是犬继承狼的一种行为习性，原是联系同伴的一种手段，现多成为与人联系的一种方式。当主人不在场或犬被置于一个陌生的环境中，多数犬会叫个不停，其目的就是希望能引起主人关注，或来陪伴它。在饲养管理过程中，可充分利用犬的这一习性，培养与犬的亲和力，也可用来进行犬的吠叫科目训练。

5. 智商高　犬的智商较高，反应灵敏，神经系统发达，具有典型的发达的大脑半球，被公认为是世界上最聪明的动物之一。犬的智能表现在对于特定信息的联系、记忆速度及自我控制与解决问题的能力，主要是依靠其感觉器官的灵敏性，对于曾经和它有过亲密接触的人，犬会较长时间地记住他的气味、容貌、声音等。工作犬的作业多是利用犬的这种特质进行训练的。

**(二)适应性强，归向性好**

犬的适应性强主要体现在两个方面。犬对外界环境的适应能力很强，能承受较热和寒冷的气候，尤其对寒冷的耐受能力强，但如果气候变化太剧烈，忽冷忽热，犬容易患病，尤其是一些娇小的玩赏犬品种。犬的适应性强还体现在犬对饲料的适应性上，犬属于以食肉为主的杂食性动物，动物性饲料在10%～60%时犬都能很好地适应。

犬的归向性很好，有惊人的归家本领。据报道，美国西部俄勒冈州的西巴尔顿的一对夫妇饲养一只名叫博比的苏格兰牧羊犬，在一次随主人到东部旅行途中，当到达印第安纳州奥尔那特时走失，半年后，博比却伤痕累累、奇迹般地出现在主人的面前。

### (三)合群性强

犬是结群的动物，合群性比较明显。仔犬在出生后 20 天就会经常与同窝其他仔犬游戏，30～50 天后会走出自己的窝结交新伙伴，此时也是更换新主人和分群的最佳时机。成年公犬爱打架，并有合群欺弱的特点，在犬群中可产生主从关系，使得它们能比较和平地成群生活，减少或避免相互为食物、生存空间等竞争所引起的打斗。

### (四)忠 性 强

“犬不嫌主贫”，这是对犬忠性最直接、最好的褒奖。犬与主人相处一定时间后，会对主人建立起深厚纯真的感情，从而表现出极强的忠心和较强的依赖性。但如有人对之不敬，常对之进行训斥或体罚，则犬也会对其敬而远之。犬与人相处的时间越长，其忠性越强，因此养犬最宜从小时候开始饲养，饲养过程中要善待犬只，且要善始善终。

### (五)嗜眠性强

野生时期的犬是夜行性动物，白天睡觉，晚上活动。在被人类驯养后，其昼伏夜出的习性已基本消失，现已完全适应了人类的起居生活。与人类不同的是，犬每天的睡眠时间为 14～15 小时，分成若干段，每段最短为 3～5 分钟，最长为 1～2 小时，比较集中的睡眠时间多是在中午前后和凌晨。犬的睡眠时间因年龄的差异而有所不同，通常是老年犬和幼犬的睡眠时间较长，而青年犬则较短。

### (六)杂 食 性

犬的祖先以捕食小动物为主，偶尔也用块茎类植物充饥。在被人类驯养后，食性发生了变化，变成以肉食为主的杂食动物。虽然单一的素食也可以维持犬的生命，但会严重影响到犬身体的营养状况。

1. 采食速度快　犬的采食属“狼吞虎咽”式，速度很快。犬的臼齿咀嚼面不发达，但牙齿坚硬，特别是上、下颌各有1对尖锐的犬齿，同时门齿也比较尖锐，易切断、撕咬食物。当采食大块肉时，犬能很快将肉撕开，经简单咀嚼立即咽下，体现了肉食动物善于撕咬但不善咀嚼的特点；当犬采食流质食物时，能用舌卷起，很快吃完。

2. 对动物性饲料的消化能力强　犬能较好地消化动物性蛋白质和脂肪，但如果用全鱼肉型的饲料饲喂犬时，常会导致“全鱼肉综合征”的发生。目前，一般在犬的日粮中添加30％～40％的动物性饲料，能满足犬对动物性饲料的需求。

犬喜欢啃咬骨头，啃咬骨头对锻炼犬的牙齿和咀嚼肌有益，但不是所有的骨头都对犬有益。成年犬通常供应大的股骨、肱骨、肩胛骨、蹄骨（不切碎）、软肋骨，而鸡骨、鱼骨等带刺小骨不可供给犬食用，以防发生意外；幼犬不宜饲喂骨头。

### （七）食粪性

犬具有食粪性，其原因可能有3个：一是源于古代犬类为避免踪迹、被其他动物发现和跟踪捕食；二是因长期找不到食物而以粪便充饥；三是因患有胃肠疾病，或缺乏维生素所致。犬的食粪性是一种不正常的行为，应予取缔。在日常的饲养及训练过程中，发现粪便要及时清理，努力减少粪源，使犬“无从下口”。

### （八）换毛的季节性

犬季节性换毛主要指春季脱去厚实的冬毛、长出夏毛，秋季脱去夏毛、长出冬毛的过程。室内养犬一年四季通常都有被毛的脱落，尤其是春季和秋季，此时会有大量的被毛脱落。脱落的被毛不但影响犬的美观，甚至被犬舔食后在胃肠内形成毛球，影响犬的消化。因此，在春、秋两季饲养长毛犬时，应经常给犬梳理被毛。

**（九）繁殖的季节性**

母犬的繁殖具有明显季节性，通常在一年中的春季和秋季发情、配种，公犬的发情无明显规律。随着犬的家畜化进程不断推进以及犬生活条件的改善，犬的繁殖季节性已不很明显。少数母犬出现常年不发情，多数情况下是由于饲料中缺乏某些对繁殖影响极大的营养因子（如蛋白质含量过低、缺维生素 A、缺维生素 E、缺硒等）、年龄偏大而导致繁殖功能停止或患有繁殖疾病等原因所致。

# 第二章　犬的选购

宠物犬的品种繁多，外形也各不相同，对每个饲养者来说，各自有不同的鉴赏标准。正确选择一只自己喜爱并适合自己的性格、生活方式和饮食习惯的宠物犬并不是一件容易的事，必须在对各品种的性格、体型大小及自己的饲养目的等方面进行权衡考虑后，才能做出准确的判断。

## 一、养犬前需考虑的常见问题

### (一)犬的体型选择

犬的体型主要以身高(肩高)和体长来衡量(图 2-2-1)。身高(也称肩高)指从肩部最高点(鬐甲的最高点)到地面的垂直距离，体长为肩胛的最前缘到坐骨结节后缘的水平距离。多数犬的体型呈正方形。

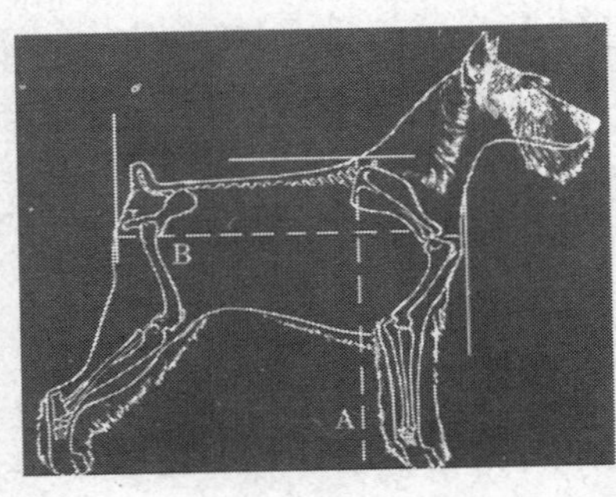


**图 2-2-1　犬的体尺测量示意图**

(A 代表身高，B 代表体长)

不论选购大型犬还是小型犬，都要根据饲养者的爱好、养犬目的和饲养的空间来确定。如有较大的饲养空间，并且准备用做看家护卫和工作犬时，即可饲养如德国牧羊犬、松狮犬、金毛巡回猎犬等大中型犬；如饲养空间较小，可饲养如北京犬、博美犬等小型犬。大型犬对入侵者有较大的威慑力，选择时要注意考虑到大型犬的饲养空间、更多的运动，但大型犬的寿命比小型犬要短些。

此外，养大型犬还是小型犬，还应与各地政府的具体规定相一致。目前我国很多城市都出台了相关限养大型犬、禁养烈性犬的法规、政策，少数省、市对大型犬的限养主要通过提高办理“宠物准养证”的费用来实现。

**(二)幼犬、成犬的选择**

一般情况下，幼犬能很快适应新环境，与主人建立良好的关系和感情，忠于主人，依恋于家庭中的每一个成员，主人可看到犬生长发育的全过程，本身也是一种享受。不足之处是幼犬独立生活能力差，体质较差，抗病能力较弱，极易感染各种疾病而死亡，需细心照料和花费较多的时间。相反，成年犬生活能力强，省心省力，特别是经过良好训练的犬，不需要主人过多的细心照顾。但成年犬适应新环境的能力较差，而且已形成的习惯一般很难改变，不容易与新主人很快建立良好关系，要赢得它的信任需花很大的力气。

不论饲养什么品种的犬，在购买时一般不选成年犬，以选 2～3 月龄的犬较为合适。一方面，幼犬的哺乳期通常为 35～45 天，2 月龄的犬已经断奶并能自由采食，在得到母乳的充分养育后，幼犬的发育情况较好，同时疫苗已接种完成，幼犬有一定的独立生活能力；另一方面，这一阶段的幼犬的智力和情绪也相对较发达，学习和认知的速度也较快，此时极容易受到环境和主人的影响，是幼犬一生中最适合饲养的阶段。

**(三)长毛犬、短毛犬的选择**

长毛犬或短毛犬的选择，应根据养犬者的爱好而定。通常人们认为长毛犬如梳理干净，会给人一种优雅漂亮、雍容华贵的感觉，惹人喜欢，但主人需要每天花较多时间给它梳洗、刷毛、整理，否则被毛就会缠结成团、污秽不堪，反而适得其反。许多中短毛犬则很有特色，无须花费很多时间去为它梳理，也受到许多人的青睐。因此，如果工作较忙、空闲时间较少，不宜选择长毛犬饲养；相反，则可选择中短毛漂亮的玩赏犬。

许多长毛犬如贵宾犬、卷毛比熊犬等需要精心的美容和护理，请专业的宠物美容师给犬美容会花费不小的开支；少数短毛犬如沙皮犬因体表皱褶过多容易藏污纳垢而导致体臭，腊肠犬则由于自身体躯过长易出现关节脱臼或截瘫等。因此，在选择长毛犬或短毛犬时，不能片面追求时尚，而应讲求实际，才能真正获得养犬带来的欢乐。

**(四)公、母犬的选择**

公犬和母犬都有各自的优点和缺点，一般而言，犬与主人的感情、对主人的忠心、性情的好坏、聪明与否，都与犬的性别无关，主要取决于其品种。就性格而言，公犬的性格刚毅，勇敢威武，好斗性较强，争强好胜，活泼好动而难于控制，自主独立性强。如不准备利用公犬进行繁殖，可对公犬进行去势手术，但去势后的公犬体重增加较快，特别是到了中年后更明显，应通过控制采食量和加强运动等方式来防止公犬的体重过大而导致体躯变形。

从经济角度考虑，养母犬比养公犬经济，母犬因温顺易调教而受到更多人的喜爱。但母犬 1 年 2 次发情，发情期间从外阴部流出的分泌物较脏，需经常清理，同时因意外配种而导致妊娠、分娩等诸多事情会增加很多麻烦。为了减少母犬因繁殖而带来的诸多不便，或防止母犬因繁殖而导致犬的体型发生改变，也可以给母犬做绝育手术，但手术应在母犬发情 1 次后进行，过早地摘除卵巢，一方面可能因激素分泌不足而影响母犬后期的体型生长，另一方面可能会使母犬出现大小便失禁现象。

因此，养公犬还是母犬，主要还是根据养犬者的目的、性格、爱好而定。一般情况下，喜欢户外运动或养犬目的是为了看家护院者宜选择公犬，喜欢安静或养犬是为了从繁殖中受益者宜选择母犬。

### (五)纯种犬、杂交犬、杂种犬的选择

养犬前应考虑纯种犬、杂交犬和杂种犬的选择。纯种犬是指由相同品种繁殖的后代,其父母的品种特征都符合该品种标准之规定;杂交犬的父母都是纯种,但不是同一品种;杂种犬的父母有一方或双方都是杂交犬或杂种犬。

一般情况下,应尽量选择纯种犬,而不选杂交犬或杂种犬。杂交犬或杂种犬往往外形不雅,毛色不纯正,容易变异,较少具有卓越的才能和突出的特性及外貌,而且杂种犬繁殖的幼犬价值不高,杂种犬和杂交犬也不能参加犬展、犬赛,但杂种犬和杂交犬具有价格低廉、抗病力强、容易饲养等优点。纯种犬是经过很长时间的精心选种选育培育而成,其外貌特征符合该品种标准的规定,是参加各类犬展、犬赛的先决条件。因此,如果经济基础较好,计划参加犬的各类比赛,应选择纯种犬;如只是为了从养犬中获得乐趣,饲养杂交犬与杂种犬均可。

### (六)家人态度

家庭饲养宠物犬是为了给家庭带来欢乐,保证人和犬的和谐,应把犬真正当作家庭的一分子。家庭饲养宠物犬并不是一件简单的事,除了每天要为犬调制好日粮,给犬定期进行常规的护理,如被毛梳理、洗浴、口腔的保洁、耳道和眼睛的清洁、趾甲的修剪外,还应经常带犬外出散步,如犬生病时更需要对犬加倍呵护。因此,饲养一只宠物犬需要花费很多时间和一定的开销,必须得到家庭中所有人的认同。如家庭中有人不同意养犬,则不可养犬,否则将会带来很多的家庭矛盾,这就与饲养宠物犬的宗旨相悖。

## 二、购犬途径的选择

目前就国内而言,购买宠物犬主要有犬繁殖场、宠物市场、朋

友家、流浪犬收容所和网上购买几个途径，各有利弊，可权衡考虑。

**(一)犬繁殖场**

在犬繁殖场购买的犬，一方面能保证犬的纯度，另一方面也能保证犬的健康，因为犬繁殖场有较为严格的兽医卫生防疫制度，离场前的宠物犬已注射过疫苗。此外，正规的犬繁殖场都有较好的信誉，一旦出了意外，也可以找场方协商解决，但犬的价格相对较高。对于比较名贵的犬，最好从正规的繁殖场购买。目前我国较好的宠物繁殖场还较少，主要集中在北京、上海、广东、四川、浙江等经济发达的城市或地区。

**(二)宠物市场或宠物医院**

这是目前宠物犬最主要的选购途径。在现有条件下，宠物市场的卫生、防疫、消毒和疾病控制措施离科学的要求还相差甚远。从宠物市场购买的犬，较难保证犬已注射过疫苗，也较难保证犬的健康，一旦出了问题，无法有足够的证据要求销售者负责，在传染病的高发季节常出现新购犬在1周内生病现象，多数人称之为“星期犬”。此外，宠物市场上买的犬也无法得知该犬的父母代是否优良，只能靠外观来判断幼犬的品质优劣。犬的价格相对便宜是宠物市场购犬的最大优势。

越来越多的宠物医院(附有宠物美容院)都进行宠物的买卖。宠物医院在进行宠物的买卖时有一定的优势，一些宠物医院的新老客户因对宠物医生的信任而更愿意从宠物医院购买宠物。但应注意购犬时应直接将犬放在犬笼中，提笼于手，不宜让犬在宠物医院的地面上走动，以防感染病菌或病毒，减少一些不必要的麻烦。

**(三)个人繁殖者**

到朋友家买犬，可知道幼犬父母代的情况，知道幼犬是否注射过疫苗，能保证所买犬只的健康，而且不会上当受骗，即使出现问题，也可以及时得到解决。此外，犬的价格也容易商量。因此，如果是熟人,到朋友家购犬是一个较好的购犬途径。

目前很多家庭饲养主在自家进行犬的繁殖,并对外销售,在做好对母犬和幼犬正常护理和防疫的情况下,能保证幼犬极高的成活率,购买这种幼犬已成为越来越多人新购犬的首选途径。

**(四)流浪犬收容所**

目前,流浪犬的处置已引起各地政府部门的高度重视,各地也相继成立了流浪犬的救护中心、救助站或收容所,但大多是民间组织或个人创办,极少有政府行为。我国台湾省关于流浪犬的保护体制最为健全,已相继成立了30多家流浪犬收容所。办理流浪犬在被领养前必须经过严格的评估,确认领养者是否能够胜任领养,评估时会重点考察领养者在经济能力、饲养空间、领养目的及其家人的态度。领养程序:犬主向受政府委托的动物医院提出领养申请,并提供本人身份证、家庭成员、经济情况说明、宠物犬登记证,在经过严格的评估后办理相关手续即可。

**(五)网上购买**

目前,我国关于宠物犬的网站较多,很多专业的宠物繁殖场(犬舍)都建有相应的网站,求购者在网上可进行具体品种的搜索、求购。网上购犬的最大特点是品种繁多,可供选择的余地较大,缺点是网上图片有时不能反映犬的真实品质,常常与实物不相吻合,上当受骗的机会更大,求购者应谨慎。

## 三、购犬时应索取的相关文件

目前,国内购买宠物犬时一般不附带相关文件,但如从国外进口或国内少数专业纯种繁育场购买纯种犬时,应索取以下几个文件。

**(一)血统证明书**

正规的宠物繁殖场大多具有犬的血统证书。血统证书相当于犬的户口本,它是该犬及其祖先三代的健康状况、训练成绩等的记录。血统证书上一般应有犬种名、犬名、犬舍号、出生时间、性别、毛色、繁殖者、同胎犬名、比赛和训练成绩、登记编号、登记者、登记日期等内容(国外有冠军登录制度,血统证明书上通常还有冠军登录数量和名犬数量)。目前国内尚无此方面的健全机构,真正建立犬血统证书档案的犬舍还很少,但直接从国外进口的名贵犬多数应具有血统证书。

**(二)预防接种和驱虫证明书(卡)**

购犬者须索取疫苗预防接种和驱虫证明材料,如未进行过疫苗预防接种或驱虫,购回后应尽快到当地兽医部门进行预防接种和驱虫,并索取预防接种和驱虫证明书(卡)。在索回预防接种和驱虫证明书(卡)后,应按时进行防疫接种和驱虫,每次接种和驱虫后都应在预防接种和驱虫证明书(卡)上做好登记。

**(三)食　谱**

在购买犬时,最好索取一份犬原先的食谱,以便在购得后逐渐改变食物,让犬适应新的饲料配方,防止因突然改变食谱而引起消化不良。我国绝大多数宠物市场的商贩一般只是口头告知购犬者,尚未形成正规的书面材料,国外引进的犬通常都配有原始的食谱。

**(四)饲养手册**

不同品种类型犬的常规饲养管理措施基本相似,少数犬的饲养管理可能有特殊要求。饲养手册中应包含犬的常规饲养管理措施以及一些特殊要求,甚至犬的美容护理、调教训练、疾病防治等方面的技术要求也应列入其中,以便主人能做到有的放矢。目前在犬只买卖中,多数情况下没有提供饲养手册,购犬者可进行相关资料的查询。

**(五)纯种犬转让证明**

为了防止出现犬所有权归属的矛盾纠纷,在购买纯种犬特别是名贵犬时一定要向犬的原主人索取纯种犬转让证明。国外在名贵犬只的转让时都附带相应的转让证明,我国养犬者急需进一步提高此方面的法律意识。

## 四、纯种犬与杂种犬的鉴别

一般来说,目前血统非常纯正的纯种犬较少,大多数犬都或多或少地有了血统的混杂,我国少数专业繁殖场、警犬研究所有纯种犬出售(此类犬可进行血统的查询)。购买纯种犬时应索取相应的血统证明书、预防接种证明书、纯种犬转让证明等。纯种犬通常毛色较纯正,发育匀称,姿势端正,活泼敏捷,气度良好,步态端正,所有的指标都符合本品种特征要求(可参照美国 AKC 品种标准)。杂种犬毛色不纯,常在品种特征之外的部位出现异色毛、异色斑块等,斑块较多的毛色是黄褐色、黑色、白色等,或由几种不同颜色的斑块相混杂,斑块的交界面通常非常清晰。

## 五、宠物用犬应具备的特点

**(一)体型外貌要求**

目前家庭饲养的宠物犬大多不需要很大的活动空间,能长期生活在室内陪伴主人,主人外出时带上也不麻烦,所以多数人要求宠物犬体型要小(体重小于 10 千克,身高小于 40 厘米),一般为小型犬或超小型犬。而且此类犬通常有过人的体态容貌、优雅的姿态和华美的被毛,个性活泼且温文尔雅,处处散发着玩赏犬的巨大魅力，给人们的生活和工作增添了无穷的情趣。但随着人们欣赏水平的不断提高，很多大中型犬也被越来越多的人看作宠物犬。

**(二)气质性格要求**

宠物犬一般要求性情温顺、友善、机灵、活泼可爱。幼犬应愿意接近人，喜欢和人在一起玩耍，运动机灵，反应迅速。如在一窝小犬附近站住或蹲下时，若有一只或几只小犬主动而有信心地走来时，其眼睛明亮、目光有神，摇头摆尾，以示友善；当用手将其提起仔细审查时，它并不惊恐挣扎，也不乱吠乱咬，而是依据动作的大小有一定的反应，这类幼犬便是理想性情之犬。当接近一只犬时，它如惊弓之鸟，畏缩、躲藏、乱咬乱叫，这可能是一只性情孤单之犬。如对一只犬无论怎样轻柔地抚摸，它依旧想法逃走或吠叫不止，这可能是一只劣犬。此外，对一些外向型、暴力倾向明显、时常乱咬其他幼犬的犬一般不宜作为宠物犬来饲养。

**(三)神经活动类型要求**

根据犬大脑皮层兴奋和抑制过程的强度、均衡性及灵活性等特点，犬的神经活动类型可分为兴奋型、活泼型、安静型和孱弱型4类。

1. *兴奋型*　又称胆汁质型、强而不均衡型。这种犬的特点是兴奋过程相对比抑制过程强，因而两者不均衡。其行为特征是急躁、暴烈、不易受约束，带有明显的攻击情绪，总是不断地处于活动状态，形成阳性条件反射比较容易，形成阴性条件反射则比较困难。

2. *活泼型*　又称多血质型、强而均衡活泼型。这种犬的兴奋和抑制过程都很强，而且均衡，同时灵活性也很好。这种犬的行为特征是行动很活泼，对一切刺激反应很快，动作迅速敏捷，即使对周围发生的微小变化也能迅速做出反应。在条件反射活动方面，不论是阳性还是阴性条件反射都容易形成。

3. *安静型* 又称黏液质型、强而均衡安静型。这种犬的特点是兴奋和抑制过程都很强，而且均衡，具有较强的忍受性，但灵活性不好，兴奋和抑制过程相互转化较困难且缓慢。其行为特征与活泼型完全相反，表现极为安静、细致、温顺、有节制，对周围的变化反应冷淡。在条件反射活动方面，不论是阳性还是阴性条件反射的形成都比较慢，但形成后都很巩固。

4. *孱弱型* 又称忧郁质型或抑制型。这种犬的特点是兴奋和抑制过程都很弱，因而大脑皮层细胞工作能力的限度很低，很易产生超限抑制。其行为特征表现为胆怯而不好动，易疲劳，常畏缩不前和带有防御性。

除上述4种典型神经活动类型外，还有很多混合型神经活动的犬。

不同用途的犬，要求的神经活动类型不尽相同。军用、警用或护卫用犬通常以兴奋型和活泼型为宜；就宠物犬而言，一般以活泼型、安静型为好。犬的神经活动类型可以在自然条件下或训练过程中通过观察和研究犬对不同刺激的反应来粗略判定。

判定犬兴奋过程强弱的方法通常有两种。一是采用较强的声音来刺激，当犬在吃食时，突然用急响器（如闹钟、摇铃等）由远而近在食盆旁发声，此时可见有的犬无反应而继续吃食，此类犬的神经类型为安静型；如犬听到声响就停止吃食，但不离开食盆，片刻后继续吃食，此类犬的神经类型为活泼型；有的犬听到声响就离开食盆，并表现出攻击行为，然后又走近食盆照常吃食，此类犬的神经类型为兴奋型；有的犬听到声响就不再吃食，走到远离食盆的地方静卧，此类犬的神经类型为抑制型。另一种方法是观察犬对威胁口令刺激的反应。兴奋过程强的犬不会被大声所抑制，兴奋过程弱的犬常表现极度抑制，甚至停止活动。

### (四)健康状况要求

健康是对宠物犬最起码的要求。犬健康状况的检查应着重注意以下几方面：

1. 精神状态　健康犬活泼好动,反应敏捷,体力充沛,情绪稳定,喜欢亲近人,愿与人玩耍,而且机灵,警觉性高。胆小畏缩而怕人,精神不振,低头呆立,对外界刺激反应迟钝,甚至不予理睬,或对周围事物过于敏感,表现惊恐不安,对人充满敌意,喜欢攻击人,不断狂吠或盲目活动、狂奔乱跑等均属于精神状态不良犬,不可作为训练用犬。

2. 眼睛　从犬的眼睛即可分辨犬的健康状况。健康犬眼睛形状应与该品种标准一致,眼结膜呈粉红色,眼睫毛干净、整洁,眼睛明亮不流泪,无任何分泌物,两眼大小、颜色一致,犬目澄清,黑白分明,无外伤或瘢痕。病犬常见眼结膜充血,甚至呈蓝紫色,眼角附有眼眵,眼睫毛凌乱粗糙、不整洁,两眼无光、流泪,患贫血病的犬可视黏膜苍白。

3. 犬鼻　健康犬鼻端湿润、发凉,富有光泽感,无浆液性或脓性分泌物。如犬鼻端干燥,甚至干裂,多皱纹,有浆液性或脓性分泌物,则表明犬可能患有热性传染病。极少数情况下,有些犬将鼻着地休息时鼻端也会干燥,可结合其他方面来判定犬的健康状况。

4. 口腔及牙齿　健康犬口腔清洁、湿润,黏膜呈鲜明的桃红色,舌呈鲜红色或具有某些品种的特征性颜色(如我国的沙皮犬、松狮犬、冠毛犬的舌都为蓝色或蓝紫色),无舌苔,无口臭,无流涎。

犬牙有钳式咬合、剪式咬合、下颌突出式咬合、上颌突出式咬合 4 种形式(图 2-2-2)。钳式咬合指上门齿齿尖接触下门齿齿尖；剪式咬合指上门齿与下门齿对齐,下门齿的齿表面微触上门齿的齿背,一般间隙小于 0.1 厘米,是绝大多数犬牙齿的咬合方式;下颌突出式咬合指下门齿超出上门齿，一般间隙小于0.5厘米；上颌突出式咬合指上门齿超出下门齿，一般间隙大于0.5厘米。牙齿咬合形式不正确是一种先天性缺陷，往往是品种退化的表现，健康犬的牙齿咬合形式必须符合本品种特征要求，且无缺齿现象（蝴蝶犬、吉娃娃犬等常有缺齿现象除外）。此外，健康犬的牙齿呈乳白或略带黄色，如犬齿黄色明显，表明犬患病或已老龄化。

**图2-2-2　犬齿咬合形式示意图**

A. 钳式咬合　B. 剪式咬合　C. 下颌突出式咬合　D. 上颌突出式咬合

（引自美国养犬俱乐部主编．世界名犬大全．沈阳：辽宁科学技术出版社，2003）

5. *耳朵*　健康犬的耳温适中，无异味，外耳道清洁无过多的分泌物。病犬的耳温较凉或较热，外耳道污秽不堪，异味较浓，有较多的褐色或黄绿色分泌物，且分泌物较黏稠，病犬常表现为摇头、抖身等多余动作。

6. *皮肤及被毛*　健康犬皮肤柔软而有弹性，皮温不凉不热，手感温和，被毛蓬松有光泽。病犬皮肤干燥，弹性差，被毛粗硬杂乱，手触体侧时可触摸到肋骨，如有体表寄生虫病，还可见皮肤上有皮屑、斑秃、结痂和溃烂等，病犬有痒感，常抓搔。

7. *四肢及步态*　健康犬的肢型与趾型应符合本品种特征要求。除少数犬（如英国斗牛犬、巴吉渡犬、北京犬等）的四肢形状特殊外，出现前肢呈内足形、斗牛犬形，后肢呈X形、O形狭膝形、外开形，甚至有跛行现象的，大多是四肢疾病的缘故。犬趾有猫形和兔形两种，必须符合本品种特征要求。开阔型犬趾不美观，趾间易夹带异物，易孳生病菌；低跖犬趾多是因犬爪尖发育不良所致，难以支撑犬体重量。

犬只的步态主要考察小跑中的步态，要求步态正常，不可呈高踏步或划桨式。

(1)前肢　见图 2-2-3。

**图 2-2-3　犬前肢类型示意图**

A. 正常前肢　B. 前肢间距太窄　C. 腕关节内窄　D. 前肢间距太宽　E. 笔直的前肢　F. 趾关节异常　G. 平脚低趾

(引自美国养犬俱乐部主编．世界名犬大全．沈阳：辽宁科学技术出版社，2003)

(2)后肢　见图 2-2-4。

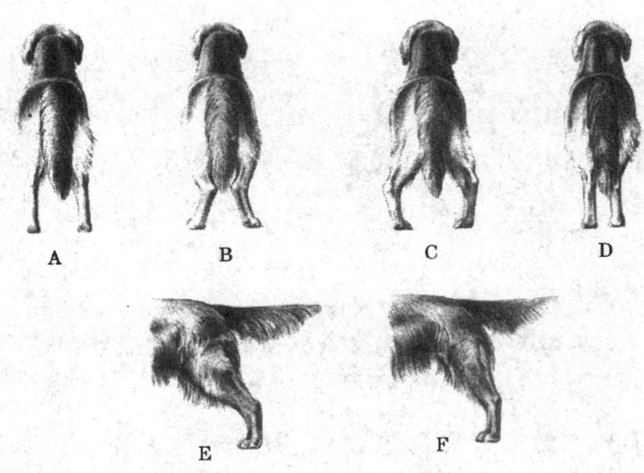


**图 2-2-4　犬后肢类型示意图**

A. 正常后肢　B. 牛样趾关节　C. 后肢间距太宽

D. 后肢间距太窄　E. 正常后躯角度　F. 笔直的关节

(引自美国养犬俱乐部主编．世界名犬大全．沈阳:辽宁科学技术出版社,2003)

(3)趾部　见图 2-2-5。

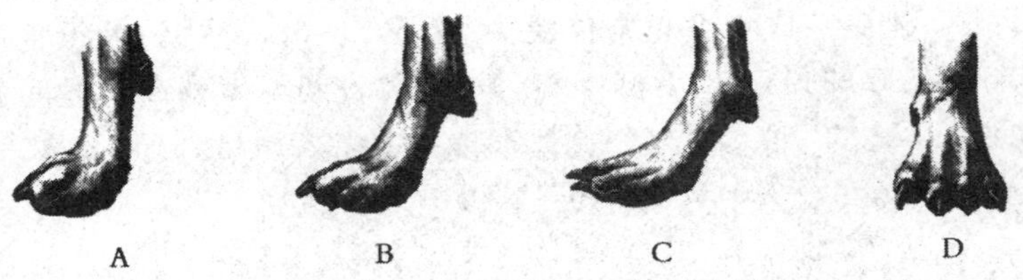


**图 2-2-5　犬趾部类型示意图**

A. 猫形趾(圆形)　B. 兔形趾(椭圆形)　C. 平脚(低跖)　D. 外展脚(叉趾)

(引自美国养犬俱乐部主编．世界名犬大全．

沈阳:辽宁科学技术出版社,2003)

(4)步态　见图 2-2-6。

**图 2-2-6　犬步态类型示意图**

A. 后肢(close)　B. 前肢(swimming)　C. 前肢高踏步

D. 背线弓起　E. 正常步态

8. 肛门　健康犬肛门应紧缩,周围清洁无异物。如肛门松弛,周围污秽不洁,甚至有炎症和溃疡,则表明犬患有腹泻等消化道疾病。

9. 尾巴　犬的尾巴形状因品种的不同而有所差异,犬尾除了增加美观外,还可以显现犬的表情、精神状况。健康犬的尾巴除应符合本品种特征外,还要经常使劲地摇摆尾巴,很有生气与活力;不健康的犬则经常懒散地下垂或轻摆动尾巴,显得有气无力。

10. 体温　成年犬正常体温为 37.5℃～38.5℃,幼犬正常体温为 38.5℃～39℃,通常晚上高,早晨低,直肠温度稍高于股间温度,日差 0.2℃～0.5℃。如犬体温度达 38.5℃～39℃为低热,达 39.5℃～40.5℃为中热,达 40.5℃以上为高热。

## 六、犬的年龄鉴定

目前多数人在购犬时选择幼犬,少数人更倾向于成年犬,因此必须对犬的年龄进行准确的判断。犬的年龄主要根据牙齿的更替、生长情况、磨损程度、外形、颜色以及体态、皮肤、肌肉松弛度、被毛、颜面和趾甲颜色等进行综合判定。

**(一)体态外貌**

一般来说,犬出生后3个月左右开始换毛,6～8月龄时接近成犬。成犬被毛光滑,富有光泽;6～7岁时,嘴、唇四周开始出现白发般的老年毛,被毛粗糙;10岁以上的犬的面部、下颌、背部开始出现白毛,被毛变得暗淡无光泽。

青年犬两眼光亮有神,行动灵活敏捷,充满活力,皮肤紧而有弹性;老龄犬眼睛无光,行动迟缓,灵活性差,听力和视力下降,皮肤变干,口、耳、皮肤常发出难闻的气味。

此外,幼犬的趾甲色浅,没有磨损,有时可见到血管或神经;青年犬趾甲较坚硬,磨损适度;老龄犬的趾甲磨损现象较为严重,有时在趾甲的磨损面可见到空而干瘪的血管。

通过体态只能大致判断出幼年犬、成年犬和老年犬,不能准确判断出犬的年龄。

**(二)牙齿生长和磨损情况**

准确地判断犬的年龄,应根据牙齿生长和磨损情况进行。

成年犬(恒齿)齿式:2×[上颌(3门齿)(1犬齿)(4前臼齿)(2后臼齿)/下颌(3门齿)(1犬齿)(4前臼齿)(3后臼齿)],共计42枚。

幼犬(乳齿)齿式:2×[上颌(3门齿)(1犬齿)(3前臼齿)/下颌(3门齿)(1犬齿)(3前臼齿)],共计28枚。

犬牙齿全部是短齿冠形,上颌的第一与第二门齿齿冠为三尖峰形(中央齿为大尖峰,两侧齿为小尖峰),下颌门齿各有大、小两个尖峰,犬齿呈尖端锋利且弯曲的圆锥形,前臼齿为三峰形,后臼齿为多峰形。

根据犬的牙齿生长和磨损情况来判断年龄的参数指标如下:

20天左右开始长牙;

4～6周龄,乳门牙长齐;

2月龄，乳齿全部长齐，白而细亮；

3～4月龄，更换第一切齿；

8月龄后，全部乳牙脱落，换恒齿；

1岁时，恒齿长齐，齿尖突未磨损；

1.5岁时下颌第一切齿大尖峰磨损至与小尖峰平齐；

3.5岁时上颌第一切齿尖峰磨灭；

5岁时上颌第三门齿尖峰稍磨损，下颌第一、第二门齿磨灭面为矩形；

6岁时下颌第三门齿尖峰磨灭，犬齿钝圆；

7岁时下颌第一切齿磨损至齿根部，磨灭面呈椭圆形；

8岁时下颌第一切齿磨灭面向前方倾斜；

10岁时下颌第二切齿、上颌第一切齿的磨灭面呈椭圆形；

16岁时切齿脱落；

20岁时犬齿脱落。

## 七、犬的抓抱与运输

### (一)犬的抓抱

抓抱玩赏犬动作一定要轻，不要用力太猛，以防犬感到不舒服而挣扎或引起犬惊慌而反抗。抓小型犬时，一般用一只手抓住犬的头颈部上方皮肤，另一只手则托住犬的后躯，这样即可避免犬咬人，也防犬摇摆不定；也可一只手从犬胸的下面绕过犬的胸部，用手臂托住犬胸，另一只手从犬的腰荐上方绕过犬的腰部，用手稳住犬腰。对于大型犬，在保证安全的同时，可以采取抱起四肢或直接将两手臂分别从犬的前胸部和后腹部呈抱姿将犬托起。如要将犬引出犬舍，则可事先将准备好的脖圈或牵引带给犬套好，用食物逗引走出即可。

### (二)犬的运输

从外地购犬、外出旅行、参赛或参展,犬的携带和运输是首先遇到的问题。运输前要做好充分的准备工作,途中同样需进行精心的护理。

运输前应对犬只进行一次全面的健康检查,并到当地兽医防疫部门进行检疫,确认免疫注射的时效,办理检疫手续和健康证明并随身携带,只有健康的犬只方可通过车、船、飞机等进行运输。

运输前,先让犬小便后适当饮水,途中不可饲喂食物,只需适当添加水即可。到达目的地后,不宜马上给犬食物,可先让犬饮些温水,稍作休息,排出粪便,再给予少量食物。

犬在刚上车、船时,可能十分恐惧,应在其身边轻轻抚摸,并备有犬常用的一些镇静药、晕车药、止吐药、止泻药等。

运输中应注意车、船内的温度和湿度,防止犬中暑或着凉。

汽车运输时,应将犬放在车的后部,并用旅行包或航空箱装犬,防止犬乱动而造成司机分神,同时应保证车厢内通风良好,最好能做到及时给车厢补充一些新鲜空气(适当开窗)。

在炎热的夏季,不能长时间滞留犬在密闭的车厢中,以防犬在短时间内中暑死亡。如不得已,则应选择可遮阴的地方停车,并微开窗户。

## 八、养犬需要的设施与用具

与人类一样,犬也需要衣食住行。在养犬之前,必须准备好养犬的各种用具。养犬的基本用具和设施主要有犬窝(包括被褥)、食具、出行用品、梳洗工具、玩具与食品及其他训练用具等。

### (一)犬　窝

犬窝是供犬休息和睡眠的场所,主要有柳条床、塑料床、布床,目前使用较多的是用铁丝编制的犬笼。

1. *柳条犬窝* 用植物藤条编织成的长篮(图 2-2-7),一侧较低以方便犬的出入,底部内侧加有衬垫,四面透风。但易被犬啃咬,且缝隙间易藏污纳垢而不易清洗,主要适合于小型犬。

2. *犬屋* 以棉布和海绵为基本材质,做成圆顶或三角顶的屋形(图 2-2-8),有底,保温性能较好,适合于冬季使用,但易脏,且不便清洗,适合于小型犬使用。

犬屋的大小要适宜,以便冬季的保温。通常犬屋的入口檐高不低于犬只体高的 3/4,长度和宽度不低于体长的 25%,高度应大于从头到脚高度(自然站立时)的 50%。

3. *犬笼* 用铁丝制成一定规格大小、呈立方状的笼舍(图 2-2-9),多数对铁丝进行浸塑或喷漆处理,以保证犬笼不易因生锈而腐蚀。笼顶或笼的一侧面设有供犬只的进出或取放犬只的通道,笼底离地面有 5～10 厘米的高度,笼底铁丝下方有塑料材质做成的承粪板。使用时,可在犬笼的一侧壁上挂自动饮水器,对犬体和犬笼都较卫生,目前被广泛使用,适用于各种类型的犬。

**图 2-2-7 柳条犬窝**

**图 2-2-8 犬 屋**

**图 2-2-9 犬 笼**

在某些情况下,犬笼是唯一的选择。如参加藏獒展示会时,盛装藏獒只能用浸塑的犬笼,笼体规格通常为 120 厘米×80 厘米×90 厘米。

## (二)食　具

食具(图 2-2-10)是犬的重要生活用品，一般要满足以下几个重要条件。首先应选择底盘较低、重量较大的食具，不易被打翻。其次，食具的材料应该耐用、无毒性、不易潮湿腐烂。犬的食具有塑料、陶瓷或不锈钢制成，塑料盆质轻易打翻，价格相对较便宜；陶瓷盆美观卫生且易清洗，但容易破碎；不锈钢食盆经久耐用，底座加重后可防止打翻，但价格较高。食盆和水盆可以分开，也可以合用，目前市场上有两联用食盆。带有乳头式水嘴的水壶(图 2-2-11)是犬的饮水用具，挂在犬笼的外侧，可防止饮水被犬污染，保持犬笼的清洁卫生。

**图 2-2-10　犬食具示意图**

**图 2-2-11　犬饮水用具示意图**

犬的食具形状和口径应根据犬的品种特征来选择。大型、立耳、嘴筒较长的犬，如德国牧羊犬应选择口径较宽大、深浅适度的食具，能保证犬的正常采食；嘴筒较短、耳朵较小的犬，如巴哥犬、北京犬等应选择口径较大、底部较浅的食具，一方面能保证犬吃食，另一方面清洗食具也较方便；嘴筒较粗、耳朵较长的犬，如腊肠犬、巴色特犬等，应选择口径较小、底部较深的食具，以保证犬在采食时耳朵不至于垂到食具中而污染耳朵。

此外，在给体型较大的犬如大白熊犬、圣伯纳犬等喂食时，可将食具垫高些，一方面方便犬的采食，更重要的是犬在长期抬头采食的过程中会养成抬头挺胸的良好习惯。

**(三)出行用品**

犬的出行用品主要有项圈、犬链(牵引带)、口罩、外套、身份牌、旅行包或航空箱等。

项圈和犬链或伸缩式牵引带(图 2-2-12)便于犬外出时对犬只的控制,材质有金属、尼龙和皮革等。

为了防止犬外出时在公共场所吠叫、咬人或乱捡食杂食,有必要给犬戴一个大小合适的专用口罩,口罩的材质有塑料或皮革。

身份牌上有犬主人的家庭住址和联系电话,系在项圈上,以便犬走失后的找寻,部分省、市开始采用电子身份证(皮下植入芯片)。

在冬季外出时,可给犬配一件外套,不仅有一定的御寒作用,也可使犬只更加靓丽。有些犬主为了防止自己的犬只外出时被其他犬乱配、误配,会给犬穿一件阻止犬只相互交配的外套。

带犬长途外出、参赛或参展特别是坐乘飞机时,还需配有旅行包或航空箱等(图 2-2-13)。宠物用旅行包或航空箱多采用高强度优质材料制成,无气味、无毒、不易软化,对宠物无任何伤害,能给宠物提供充足的活动空间,宠物在内可以转身、站立,长时间飞行或旅途也不会有压迫感。

**图 2-2-12　犬出行用品**

**图 2-2-13　犬用航空箱**

### (四)梳洗工具

适当的日常梳洗能保持犬的清洁卫生，也能减少犬只的美容或洗浴费用。犬的梳洗工具主要有梳理用具和沐浴用具两部分。

1. 梳理用具　梳理用具(图 2-2-14)有硬毛刷、软毛刷、猎犬手套、金属梳、钢丝刷、剪刀和指甲钳等。硬毛刷、猎犬手套、金属梳分别适用于短毛犬、中长毛犬和长毛犬，可根据犬的被毛长短来选择，钢丝刷对所有毛型的犬都适用。剪刀有直剪和弯剪两种，用于犬体多余饰毛或较长被毛的修剪。指甲钳用于犬趾甲的修剪，有时还需配有锉刀，以磨平修剪后的切口。

2. 沐浴用具　沐浴用具主要有浴盆、犬专用香波(图 2-2-15)、吸水毛巾、吹风机等。犬的洗浴液是犬专用的浴液，不能与人用浴液混用，因为犬用浴液略呈酸性，而人用浴液呈中性。犬用浴液要求对犬的皮肤和眼睛无刺激、泡沫适量、清洗效果好、带有淡淡清香味，主要有各种毛色专用浴液、除蚤除虱浴液、除臭浴液、赛级犬的专用浴液等类型。目前市场上犬用浴液的品牌较多，价格相差也较大，在选择时应考虑犬的毛色、年龄、生长情况等。

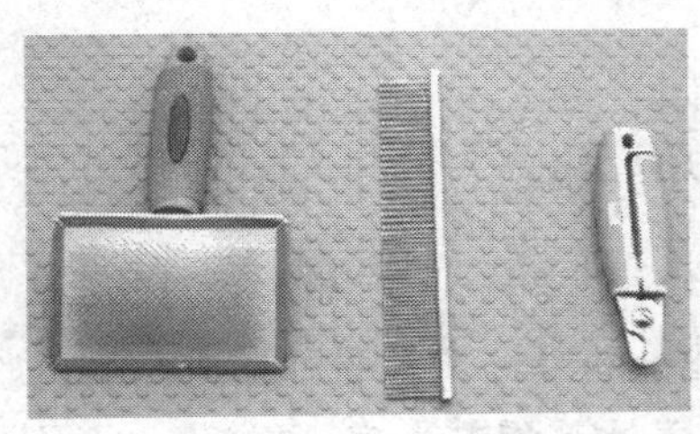

图 2-2-14　犬梳理用具

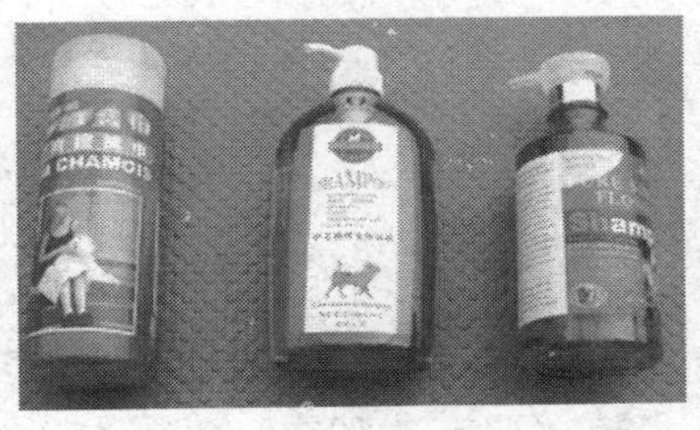

图 2-2-15　犬用洗浴液

### (五)玩具与食品

幼犬常爱啃咬物品以减轻牙齿生长时的不适感，为防止犬在长牙期对家具、衣物的啃咬，可提供给犬各种玩具(图 2-2-16)。犬的玩具应不易破损、经久耐用、大小适中，并能较好地防止被犬误食。玩具的形状多种多样，通常与犬喜爱玩耍的物品形状相似，有骨头形、球形、条形、饼形、鞋形、帽形等，但大多数是用动物的碎肉、碎骨压制而成，一方面犬在玩耍过程中慢慢吃掉，补充钙质，另一方面犬在啃咬过程中锻炼了牙齿。对成年犬而言，也许飞碟更合适，不但可以锻炼犬的身体，更可进一步增进犬与人之间的感情。

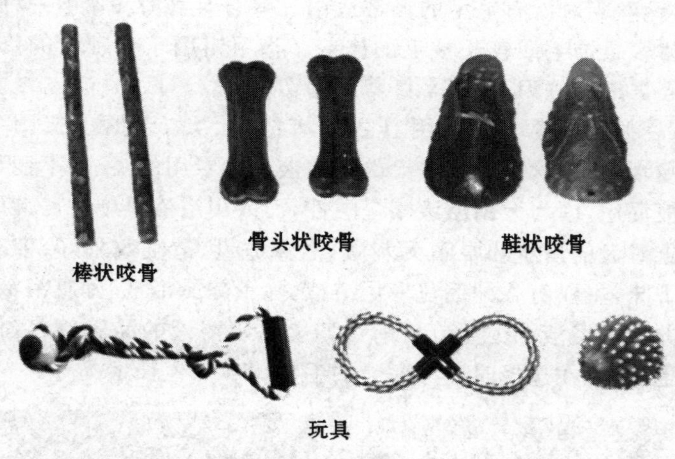


图 2-2-16　犬用玩具

目前，市场上的犬粮已形成规格化、系列化，品种繁多，因营养较全面，且饲喂方便，已越来越多被犬的爱好者接受。国内品牌的犬粮主要有比瑞吉、宝路、统一等，国外品牌有皇家、冠能等，各品牌犬粮的价格差异较大，选择时应从犬粮的颗粒大小、硬度、营养、口味等方面权衡。

# 第三章　犬的营养与饲料

## 一、犬的营养需要

犬的营养需要是指每只犬每天对能量、蛋白质、矿物质和维生素等营养物质的需要量，不同品种、年龄、性别、体重及生理阶段的犬，其营养需要有所差别。犬的营养由饲料提供，饲料中主要包括水分、蛋白质、脂肪、碳水化合物、矿物质和维生素等六大营养素。

### (一)水　分

犬体内所有的生理活动和各种物质的新陈代谢都必须有水的参与才能进行，水分使构成机体的细胞和组织具有一定的形态、硬度和弹性，体内营养物质吸收与运输必须依靠水分完成，同时水分具有调节体温的作用。

犬体水分的含量随着年龄的增长而下降，幼犬体内的水分含量约为 80%，成年犬 60%左右。犬体内没有特殊的贮水能力，当犬体内水分减少 8%时，会出现严重的干渴感觉，引起食欲减少、消化减缓，并因黏膜的干燥而降低对疾病的抵抗力。长期的饮水不足，将导致血液黏稠，造成循环障碍，因此必须给犬提供充足的饮水。在正常情况下，成年犬每日每千克体重约需要 100 毫升水，幼犬每日每千克体重约需要 150 毫升水。高温季节、运动后或饲喂较干的饲料时，应适当增加饮水量。在实际饲养中，一般采用全天供应饮水，自由饮用。

### (二)蛋 白 质

蛋白质是犬生命活动的基础，体内的各种组织器官、参与物质代谢的各种酶、使机体免于患病的抗体等都是由蛋白质组成的，在机体修复创伤、更替衰老与破坏的细胞组织时都需要蛋白质的参与。

构成蛋白质的基本物质是氨基酸，约有 20 多种，可分为必需氨基酸和非必需氨基酸。饲料中的蛋白质降解成氨基酸后才能被机体吸收利用。蛋白质或某些必需氨基酸供给不足，会使犬体内蛋白质代谢变为负平衡，引起食欲下降、生长缓慢、体重减轻等，使机体免疫力下降，严重的可能造成犬的不孕、不育。过量的蛋白质摄入，不但会造成浪费，也会引起体内代谢紊乱，使心脏、肝脏、消化道、中枢神经系统功能失调，性功能下降，严重的会发生酸中毒。一般情况下，维持状态下的成年犬每日每千克体重约需 4.8 克蛋白质，处在生长发育时期的幼犬每日每千克体重约需 9.6 克蛋白质。

**(三)脂　肪**

脂肪是机体能量的重要来源之一，犬体内脂肪的含量为其体重的 10%～20%。脂肪既是构成细胞、组织的主要成分，又是脂溶性维生素的溶剂，可以促进维生素的吸收利用，贮于皮下的脂肪层具有保温作用。

脂肪在体内降解为脂肪酸后被吸收利用，大部分的脂肪酸在体内可以合成，但少部分脂肪酸不能在机体内合成或合成量不足，必须从日粮中补充，这些脂肪酸被称为必需脂肪酸，如亚油酸、花生四烯酸等。饲料中脂肪酸尤其是必需脂肪酸缺乏时，可引起严重的消化系统及神经系统的功能障碍，出现倦怠无力、被毛粗乱、性欲缺乏、睾丸发育不良或母犬发情异常等现象。脂肪酸摄入过高，会引起犬发胖，生理功能异常，尤其是对生殖影响最大。维持状态下的成年犬每日每千克体重需要脂肪量约 1.1 克，生长发育时期的幼犬每日每千克体重约需 2.2 克。

**(四)碳水化合物**

碳水化合物在体内主要用来供给热量、维持体温以及各种器官活动和运动时能量的来源,多余的碳水化合物在体内可转变为脂肪而贮存起来。当碳水化合物不足时,就会动用体内脂肪,甚至蛋白质来供应能量,此时犬会消瘦,不能进行正常的生长和繁殖。一般而言,碳水化合物提供的能量占饲粮总能量的5%～15%比较合适。研究证明,碳水化合物、高脂肪食物,能增强犬的活动能力。犬对饲粮中碳水化合物占总能量40%～50%时仍可耐受,但高碳水化合物饲粮,不能维持犬的体型和毛色。

**(五)矿 物 质**

矿物质是犬机体组织细胞、骨骼和牙齿的主要成分,是维持酸碱平衡和正常渗透压的基础物质,也是许多酶、激素和维生素的主要成分,在促进新陈代谢、血液凝固、神经调节和维持心脏的正常活动中都具有重要作用。犬所需要的矿物质主要有钙、磷、铁、铜、钾、钠、氯、碘、钴、锌、镁、锰、硒、氟等14种。按照各种元素在机体内含量的不同,可分为常量元素和微量元素,常量元素是指占机体体重0.01%以上的元素,微量元素是占机体体重0.01%以下的元素。

对于常量元素,犬的饲喂量要适量,过多或不足对犬体危害严重。如钙缺乏,幼犬会患佝偻病,成年犬患骨软症,缺磷时异嗜癖表现明显;钙、磷过量则会出现生长减慢,脂肪消化率下降,特别是磷过多时,使血钙降低,甚至会出现甲状腺功能亢进,致使骨中磷大量分解,易发生跛行或长骨骨折。对于微量元素,如镁缺乏可引起犬的肌肉萎缩,严重时发生痉挛;铜过量会使红细胞溶解,犬只出现贫血、血尿或黄疸症状,组织坏死,甚至死亡。因此,在犬的日粮中应注意钙、磷、镁、铜等矿物质元素的平衡。

犬对矿物质元素的需要量见表2-3-1。

表 2-3-1　犬对矿物质元素的需要量　（按每日每千克体重计算）

| 矿物质 | 单　位 | 维持需要量 | 生长发育需要量 |
|---|---|---|---|
| 钙(Ca) | 毫克 | 240 | 480 |
| 磷(P) | 毫克 | 200 | 400 |
| 钾(K) | 毫克 | 130 | 260 |
| 铁(Fe) | 毫克 | 1.32 | 2.64 |
| 铜(Cu) | 毫克 | 0.16 | 0.32 |
| 锰(Mn) | 毫克 | 0.11 | 0.22 |
| 锌(Zn) | 毫克 | 1.1 | 2.2 |
| 氯化钠(NaCl) | 毫克 | 240 | 480 |
| 镁(Mg) | 毫克 | 9 | 18 |
| 碘(I) | 毫克 | 0.034 | 0.068 |
| 硒(Se) | 微克 | 2.42 | 4.84 |

### (六)维 生 素

维生素是犬生长和保持健康所不可缺少的营养物质，其用量虽极微，却担负着调节生理功能的重要作用，如增强神经系统、血管、肌肉及其他系统功能，参与酶系统的组成。维生素可分为脂溶性维生素(包括维生素 A、维生素 D、维生素 E 和维生素 K)和水溶性维生素(包括 B 族维生素和维生素 C)。

对犬来说，除维生素 C 和维生素 K 可在体内合成外，大多数维生素都必须从饲料中获得，但维生素过多时，同样可产生过多症。如长期或突然摄入过量维生素 A 可引起犬中毒，表现为骨质疏松、跛行、齿龈炎、牙齿脱落、皮肤干燥与脱毛、神经过敏等，母犬可能出现流产。维生素 D 供应过量时，会使早期骨骼钙化加速，后期钙从骨组织中转移出来，导致骨骼中钙的沉积不均，易造成骨质疏松、血钙过高，致使动脉管壁、心脏、肾小管等软组织钙化，出现钙化灶，严重时会出现尿毒症。

犬对维生素的需要量见表 2-3-2。

**表 2-3-2　犬对维生素的需要量**　（按每日每千克体重计算）

| 维生素 | 单　位 | 维持需要量 | 生长发育需要量 |
| --- | --- | --- | --- |
| 维生素 A | 单位 | 110 | 220 |
| 维生素 D | 单位 | 11 | 22 |
| 维生素 E | 单位 | 1.1 | 2.2 |
| 硫胺素 | 微克 | 22 | 44 |
| 核黄素 | 微克 | 48 | 96 |
| 泛　酸 | 微克 | 220 | 440 |
| 烟　酸 | 微克 | 250 | 500 |
| 维生素 $B_6$ | 微克 | 22 | 44 |
| 叶　酸 | 微克 | 4 | 8 |
| 生物素 | 微克 | 2.2 | 4.4 |
| 维生素 $B_{12}$ | 微克 | 0.5 | 1.0 |
| 胆　碱 | 毫克 | 26 | 52 |

## 二、犬 饲 料

犬饲料是犬生命活动和繁衍后代的物质基础。按其来源和特点，可分为动物性饲料、植物性饲料和饲料添加剂 3 大类。

### （一）动物性饲料

指来源于动物机体的一类饲料，主要包括鱼粉、血粉、骨粉、畜禽的肉、内脏、乳汁等。这类饲料的蛋白质和矿物质含量丰富，钙、磷比例适宜，营养价值全面，易消化吸收，是犬最优良的蛋白质和钙、磷补充饲料。动物性饲料与植物性饲料配合使用时，能改善植物性饲料中蛋白质的品质，弥补其中某些氨基酸的不足，从而提高其营养价值。

犬的饲料中必须要有一定数量的动物性饲料，才能满足犬对蛋白质的需要。一般而言，犬较喜爱马肉、牛肉、鸡肉，大多数犬的商品粮都做成这些肉类的味道。用肉类喂犬成本费用较高，为了降低饲养成本，可利用动物的内脏或屠宰场的下脚料，如肝、肺、脾、碎肉、鸡架、兔头等副产品。鱼几乎能全部被犬利用，也是比较理想的动物性饲料，但鱼肉容易变质，有些鱼(如鲤科鱼)内还含有影响 B 族维生素的硫胺素酶。因此，鱼肉一定要新鲜，并且应煮熟以破坏硫胺素酶的活性。蛋、奶类饲料的消化吸收较全面，一般需熟制。

**(二)植物性饲料**

植物性饲料是饲料中种类最多的一类，主要包括农作物的子实、农作物加工后的副产品、蔬菜等，种类繁多，来源方便，价格低廉，内含丰富的淀粉类和纤维素，是犬的主要饲料。纤维素虽不影响消化，营养价值不大，但可刺激肠壁，有助于肠管的蠕动，对粪便的形成有良好的作用，并可减少腹泻和便秘的发生。

小麦、大米、玉米和高粱等谷物中含有大量的碳水化合物，提供能量，是主要的基础饲料，缺点是蛋白质含量低，氨基酸的种类少，矿物质和维生素的含量不高。

大豆、豆饼、花生饼、芝麻饼、葵花饼等含有较高的蛋白质，氨基酸组成比较全面，可弥补谷物饲料中蛋白质不足的缺点，但氨基酸含量低，若与谷物配合使用，可相互补充。

青菜、瓜果、根茎类饲料中，富含多种维生素，水分含量高，干物质营养价值高，但饲喂时不可生喂，也不可以煮得太久，防止维生素被破坏。

**(三)饲料添加剂**

饲料添加剂是指为了改善或保证饲料质量,加入对犬具有一定功能的某些微量成分,可分为矿物质添加剂、维生素氨基酸添加剂、抗生素驱虫保健剂等。一般而言,饲料添加剂主要用于促进生长发育,完善日粮的全价性,提高饲料转化率,防治疾病等。因此,应根据不同的目的添加不同的添加剂。

自制的食物中添加一些添加剂类的饲料,可保证营养的全面性。在使用时,应根据日粮的组成、环境、饲料卫生、犬的健康水平等,选择适当的添加剂种类和使用剂量。如饲料中的矿物质和维生素不能满足犬的需要时,应在犬的日粮中补充适量的骨粉、贝壳粉、食盐和铁盐等。

添加剂在使用时必须目的明确,应本着"缺什么补什么"的原则,选择相应的添加剂,同时要注意掌握剂量和使用时间,添加时应搅拌均匀,以保证使用效果。长期使用同一种抗生素添加剂时,一方面容易破坏犬体内(特别是肠道内)的正常菌群分布,另一方面容易引起抗药性。

## 三、犬饲料的调制

饲料调制的目的就是改善饲料的适口性,保存或提高其营养价值。饲料调制的总体要求是讲究卫生、保证营养、便于消化、降低成本。

**(一)保证营养全面**

调制犬饲料,需根据各种饲料的营养成分及犬的营养需要,合理搭配。首先要满足蛋白质、脂肪和碳水化合物的需要,然后再适当补充维生素和矿物质;先考虑质量,后考虑数量。调制时,应在注意其营养价值和满足犬体需要的基础上，充分利用现有的饲料种类特点，加以合理调配。

饲料配比应根据犬不同生长发育阶段进行合理搭配，并根据饲料来源、饲喂效果等情况做适当的调整。下面列举几种常见的日粮参考配方：

幼犬配方：玉米粉、碎米、小麦粉共40%、豆饼15%、麸皮5%、薯类15%、蔬菜5%、鱼粉、鱼杂、动物内脏共20%、微量元素、维生素适量。

青年犬配方：麦粉、玉米粉共50%、麸皮15%、米糠5%、豆饼15%、鱼粉及动物下脚料8%、骨粉3%、食盐0.5%、生长素0.5%、叶菜类3%。

肥育犬配方：玉米粉、碎米、小麦粉共50%、麸皮20%、米糠10%、豆饼10%、动物油脂及血粉1%、鱼粉4%、骨粉2%、食盐0.5%、生长素0.5%，青饲料2%。

**(二)提高消化率**

植物性饲料在喂前须进行熟化处理，以增加适口性，刺激犬的食欲，提高饲料消化率，防止有害物质对犬造成伤害。植物性饲料和动物性饲料中的营养不能全部被犬利用，因此在调制饲料时，各种营养物质含量应稍高于犬的营养需要。

**(三)注意饲料营养的互补**

长期饲喂单一饲料，会引起犬厌食，应适当调整日粮配方。在动物性饲料的选择上，宜多选择鸡肉、牛肉、鱼类、蛋类和奶类饲料，但鸡骨头易损坏犬的口腔和胃。选择植物性饲料时，应注意大葱、洋葱等葱类饲料不宜喂饲，因为这类饲料会影响犬血液的血红蛋白含量，长期饲喂对犬有一定的危险。

在保证犬饲料多样化、满足犬的营养需要的同时，应尽可能降低饲料成本。

**(四)讲究清洁卫生**

在饲料调制过程中,要注意卫生,保持饲料新鲜、清洁,要防止蝇、蚊、鼠等污染饲料,变质的饲料不能喂犬,以免引发传染病或食物中毒。除商品型犬粮外,犬食以现配现用为宜。煮熟的饭菜在饲喂前应以布或窗纱遮盖,以防尘土和苍蝇污染,同时还要做好防鼠工作。

**(五)注意调制方法,减少营养损失**

饲料调制方法不当,会使某些营养损失。调制方法如下。

生肉首先要用凉水洗净,浸泡片刻,以防蛋白质损耗,然后切碎,加温水煮沸 5～10 分钟即可;少数内脏如心、肾等不必煮熟,可直接生喂。蒸煮达到杀菌、肉熟的程度即可,不宜焖烂。含有硫胺素酶的鲤科鱼类,可利用水浸烫或煮沸法来破坏硫胺素酶。

粮食只需用清水将沙土淘洗干净,淘洗次数不可过多,以减少营养成分的损耗。如果需要浸泡,则在浸泡后,将浸泡水和粮食一起倒入锅内煮熟。

蔬菜应该先洗净后切碎(长度通常不超过 2 厘米),然后放入肉汤中煮熟,不可过烂,防止蔬菜中的维生素损失;也可单煮,然后与肉、鱼粉、骨粉、食盐等一起拌制饲料饲喂。块根类植物(如胡萝卜、甘薯等)可不去皮,洗净后切成块,单独或与肉汤一起煮至不烂程度。

植物性饲料多制成窝头,可有效地防止犬挑食,避免了每餐都要烧煮的麻烦,特别是饲养量相当大时,省时省力。如果给犬饲喂残羹剩饭(俗称泔水型饲料,主要从城市饭馆、餐厅取得)时,应注意适当处理,应剔除其中的小碎骨,再加水煮熟以降低其食盐浓度,防止食盐中毒,夏季应注意不能过夜,以防腐败变质而导致肉毒梭菌中毒。

## 四、犬的商品型饲料

犬的商品型饲料，又称犬粮、宠物食品，是根据犬营养需要，经科学配比、工业合成的全价平衡食品，能够满足不同生长发育阶段犬对各种营养物质的需要。此类饲料的主要特点是适口性好，营养全面，容易被消化吸收，饲喂方便。一般分为干燥型食品、半湿型食品、罐装食品和处方食品 4 种类型。

### （一）干燥型食品

多指膨化颗粒饲料或块状饲料，含水量 10%～15%，每千克饲料含热量 12.55 兆焦（3 兆卡）以上。此类食品可作为犬的主食，能满足不同体重、不同生长阶段、不同年龄段犬的需要。干燥型食品都经过防腐处理，不需要冷藏，可较长时间保存，而且营养全价，十分卫生，使用方便。

### （二）半湿型食品

半湿食品做成饼状、汉堡包状等，外观似肉。此类食品营养十分平衡，能量较低，含水量 25%左右，在室温下即可保存。一般情况下，由于半湿食品的气味比罐装食品小，独立包装也更加方便，价格介于干燥型食品和罐装食品之间。

### （三）罐装食品

罐装食品的主要原料是动物性产品、水产品、谷类及其副产品、豆制品、脂肪或油类、矿物质及维生素等，有完全饲料型和纯肉型两种。此类食品的含水量为 75%～80%，粗蛋白质含量为 35%～40%，粗脂肪含量为 9%～18%。罐装食品通常用作辅食，应在冷藏条件下保存，以保持其新鲜，防止变质。

### （四）处方食品

处方食品也称为特殊配方食品，也有称处方粮、“专业处方”产品或保健食品。这类食品是针对不同疾病的犬、不同年龄犬的生理需要和不同病因等情况配制而成的,多以小型包装常见。这类食品应在兽医师的指导下应用。

## 五、犬饲料的选择方法

市面上多见的是干燥型犬粮。干燥型犬粮的种类较多,价格相差也较大,在选择时应主要对犬粮的营养、颗粒大小、硬度、口味、包装等方面综合考虑。相比较而言,国外品牌的犬粮在营养配制、生产工艺等方面均较为成熟,而且国外少数宠物食品生产商已设计出单犬种的专用犬粮。因此,在条件许可时,多数人首选国外品牌的犬粮。

### (一)看营养成分

目前犬粮多为鸡肉口味,但原料可能是鸡肉、鸡肉粉或鸡内脏粉,因此选购犬粮时应考察犬粮包装的具体说明。抓一小把散装犬粮,感受其重量,重量往往反映制造工艺上的不同。如手上残留颜料,表明犬粮在制作过程中增加了色素。优质犬粮应在手上留有一定的油脂和少许小的残渣,闻起来隐约有肉和谷物的味道,腥味不宜过浓。

### (二)看颗粒大小

颗粒大于中指指甲的犬粮不适合吻部较短的犬种,颗粒小于小拇指指甲的犬粮不能满足大犬的口味需要,因此在选择犬粮时,应遵循犬只的个体需要,小型犬或幼年犬宜选择小颗粒犬粮,大型犬宜选择大颗粒犬粮。

### (三)看 硬 度

先用手指捏压犬粮,感觉力度,通常犬粮轻捏的硬度与未沾过水的肥皂相似,用力捏时比肥皂的硬度稍硬。抓过犬粮的手上,如残渣较多，表明犬粮较脆，膨化程度高，密度低；如果手感较黏，可能犬粮的用料上有问题。通常小型犬或幼年犬宜选择硬度较小的犬粮，大型犬宜选择硬度稍大的犬粮。

**（四）闻 口 味**

犬粮的口味有鸡肉、牛肉等口味，不同类型的犬只对犬粮口味的要求也不尽相同。对于皮肤敏感程度差、消化功能不强的幼犬以及胃肠功能不佳的老年犬，宜选择鸡肉口味的犬粮；对于运动量大、体型大的犬，宜选择牛肉品味的犬粮，有助于补充能量、强健肌肉；对于较挑剔的犬，则可选择口感上较浓厚的动物内脏类（猪肉）口味的犬粮，且应该与其他口味的犬粮搭配使用，以防犬只变得越来越挑剔。

**（五）看 包 装**

目前市场上犬粮包装规格较多，多是商家为消费者提供方便而设计，包装上通常有品牌、规格、主要原料比例、厂商等内容，选购犬粮时应仔细考察。饲养大犬，宜选择 3 千克或 5 千克的中型包装犬粮，实惠，方便，易于保存；饲养小型犬或幼年犬，宜选择 1 千克的小型包装，随买随吃，避免浪费。

不论选用何种类型犬粮，必须通过实践来验证，可通过饲喂后犬体重变化、健壮程度、食欲及成活率等方面来验证。一般而言，犬的所谓最佳饲粮标准为：粗蛋白质含量为 20%～25%，脂肪含量为 5%～8%，碳水化合物含量为 60%～70%。总体来说，饲喂最适合的犬粮后，犬有“食欲旺盛，生长发育好，健康活泼，被毛有光泽，体格健壮，成活率高”等表现。

# 第四章　犬的常规饲养管理

合理的饲养和科学的管理是为了使犬保持良好体魄，从而保证各项工作顺利的开展。犬的常规饲养管理主要包括常规饲喂和常规管理两方面。

## 一、犬的常规饲喂

### （一）保证饲料营养全价、多样搭配、新鲜卫生

根据犬的生理阶段及体况和具体表现，按饲养标准，拟定合理的饲喂方案，保证营养均衡供给。饲料营养要全面、适口性好、多样搭配。长期饲喂单一的饲料容易引起犬厌食、偏食，此时应改变饲料配方，调剂饲喂。自配饲料应现配现用，不宜过夜，发霉变质的饲料不能喂犬。饮用水应来自清洁的自来水，不能用泔水和地表水，以免引起食物中毒、寄生虫的侵袭和消化道疾病。

### （二）坚持"六定"原则

根据犬的习性，做到"六定"原则，即定时、定量、定温、定质、定食具、定场所，养成犬良好、稳定的生活习惯。

1. 定时　指每天饲喂的时间要固定，不能超前或拖后。定时饲喂能使犬形成条件反射，促进消化腺定时活动，有利于提高饲料的利用率。饲喂不定时，不能形成良好的条件反射，不但影响采食和消化，还易患消化道疾病。

2. 定量　指每天饲喂的饲料量要相对稳定，不可时多时少，防止犬吃不饱或暴饮暴食。喂得过多，引起消化不良；喂得过少，使犬感到饥饿而不能安静休息。一般情况下，不同体重的犬每天

的饲喂量通常按每千克体重 20～25 克，喂后观察，及时调整。对吃不完的剩余饲料，应及时取走。

3. *定温*　根据不同季节气温的变化，调节饲料及饮水的温度，做到“冬暖、夏凉、春秋温”，不可过高或过低，否则易影响犬的食欲及引起消化道等疾病。例如，食物超过 50℃时，犬可能拒食；低于 15℃时，影响其采食量，最适宜的饲料温度为 40℃左右。

4. *定质*　指日粮配方不宜变动过大，喂给的饲料质量一定要保持清洁、新鲜。对新购犬，应实施饲料过渡，以防突然改变饲料而引起犬的胃肠功能紊乱，影响其消化吸收，严重的可能导致犬的消化道疾病。

5. *定食具*　犬常把食具作为自己的“私有财产”，因此犬的食具要专用，不得串换。几只犬共用一个食盆时，为争食而发生争斗的现象较为突出，固定食具也可有效地防止疾病的传播。

6. *定点*　犬有在固定地点睡觉、进食的习性。经常更换休息场所时，常会因犬休息不充分，而引起食欲下降，严重的可能引起拒食。犬的休息、进食场所相对固定，也有利于犬养成良好的进食习惯。

少数人常把犬拴在一固定位置，将食盆放在地面上，任其低头采食，这些做法是不妥的。因拴养犬在大多数时间内感觉无聊，会不断地嗅闻附近地面，形成“夯头”的不良习惯。因此，饲喂犬只时，应将其食盆稍稍垫高，促使其从小养成抬头采食的习惯。

### (三)密切关注犬的食欲

在犬进食时，应观察犬的进食情况，发现食欲异常，应及时查找原因。犬的食欲不正常，主要有如下原因。

1. *饲料*　饲料种类单一、不新鲜、有异味、过热或过冷等，特别是饲料中含有大量的化学调味剂或含有芳香、辣味等有刺激性气味的物质，均可影响犬的食欲。

2. *环境*　喂食环境不合适，如强光、喧闹、温湿度不适宜，或多只犬在一起争食，或有陌生人在场，或其他动物干扰等，都会导致犬的食欲不正常。

3. 疾病　如果饲料与环境方面的原因都被排除后，犬的食欲仍不见好转，应考虑犬是否患有某些疾病，重点考察犬体各部有无异常表现。

## 二、犬的常规管理

犬的饲养不仅要有合理的饲喂方法，更应有科学的管理措施。如果对犬的管理不当，不但犬易患病，而且人兽共患病还可能危害人的健康。

### (一)健康检查

1. 常规健康检查　常规健康检查就是根据犬的日常表现，结合正常的体征指标，对犬进行逐项检查，综合分析，以便及早发现疾病，及时治疗。主要检查内容包括犬的精神状态、眼睛、鼻镜、耳朵、肛门、体温等几方面。

2. 可视黏膜检查　犬可视黏膜的检查包括眼结膜、鼻黏膜、口腔黏膜等。临床检查主要是眼结膜，检查时应注意眼的分泌物、眼睑状态、结膜的颜色等。

(1)潮红　潮红是结膜下毛细血管充血的现象。单眼潮红，可能是局部结膜炎所致；双眼潮红，多标志全身的循环状态不良；弥漫性潮红见于急性、热性传染病及某些器官、系统的广泛性炎症过程；如小血管充盈明显呈树枝状(俗称树枝状充血)，多为血液循环或心功能障碍的结果。

(2)苍白　结膜色淡，甚至呈灰色，是各型苍白的特征，多见于大失血或慢性消耗性疾病。由于红细胞的大量破坏而形成的溶血性贫血，则在苍白的同时，常带不同程度的黄染为特征。

(3)黄染　结膜呈不同程度的黄色，为血液内胆色素代谢障碍的结果，见于溶血和引起肝实质发炎、变性的某些传染病。

(4)发绀　可视黏膜呈蓝紫色，是血液中还原血红蛋白增多或形成大量变性血红蛋白的结果，多见于肺换气不良和动脉血缺氧时的心肺疾病或某些中毒病。

**(二)犬体保洁**

定期地对犬体进行保洁，不仅能促进犬体血液循环，改善皮肤和被毛营养，增进食欲，预防皮肤病的发生，有利于保证犬体健康，还能增进人犬之间的亲和力。犬体的清洁卫生主要包括梳理被毛、洗澡、趾甲修剪、保洁牙齿、清洁耳朵和眼睛以及清洁肛门等。

1. 梳理被毛　家养犬几乎一年四季都换毛，脱落的被毛容易在耳后和腿内侧形成毛结，影响犬的整体美观。梳理被毛的顺序是由前向后、先逆后顺。梳刷时不要用力过猛，切忌伤及皮肤，如毛有缠结，可用手分开，或用剪毛剪剪除。

2. 洗澡　洗澡是清洁皮肤和被毛的重要措施。洗澡前应让犬排便，水温以稍高于体温为宜(42℃)，洗浴的顺序为先脚垫，后躯干、四肢，最后头部。洗澡前，可在耳朵里塞一小块棉球，以防水进入引起中耳炎。洗后应及时用吸水毛巾擦干后，用吹风机吹干被毛。

3. 除去齿石　犬易生齿石，可导致牙龈炎和口臭。因此，对成年犬应隔一段时间除掉牙根部的齿石。平时可用生牛皮或塑料制作的管状、骨状玩具供犬啃咬，有助于磨去齿石和锻炼牙龈，也可用犬专用牙刷对之进行刷牙。

4. 修剪趾甲　经常在水泥或粗糙地面上活动的犬可不进行趾甲修剪，但室内或笼养犬的趾甲应定期修剪。修剪时注意不要伤及血管和神经部分，以免出血感染，剪后用锉把尖端磨圆。

5. 清洁耳朵　犬耳至少应每月清洁1次，特别是大耳且完全下垂犬种(如美国可卡犬等)，可用洗耳液或矿物油对可见的外耳部分进行清洗。如耳内有较多的耳毛和污物时，应拔去全部耳毛后清洗干净。

6. 清洁眼睛　用生理盐水或专用的洗眼液定期洗眼及周围。犬眼经常流泪时，应用温的2%硼酸水冲洗，然后涂擦眼药膏；有少许眼垢或眼球上有毛发时，可用润湿的棉签由外角向内侧擦拭。

7. 清洁肛门　在整理清洁全身各部位之后，也应注意犬的肛门附近。有时粪便黏结堵塞肛门，应及时清理干净；给犬洗澡时，应挤出肛门腺的分泌物，以防分泌物蓄积过多而导致体臭或肛门发炎。

### （三）提供适宜环境条件

犬窝（舍）是犬栖息的主要场所，其卫生条件的优劣直接影响犬的生长发育和健康。犬窝（舍）必须每天打扫，随时清除粪便和污物，对于犬窝（舍）的各种用品，如垫布、箱体（或筐体）等，要做到至少1周消毒1次，冬季可以间隔长些。对患病犬要彻底更换犬窝的铺垫物，用过的铺垫物集中焚烧或深埋，对犬窝（舍）进行彻底喷雾消毒，铁质笼舍要进行火焰消毒。为保证犬窝（舍）卫生，应训练犬在固定的地点排便。

犬窝（舍）平时要保持良好的通风透光，温度、湿度适宜，做到冬暖夏凉。冬季犬窝（舍）温度为12℃～15℃，夏季为21℃～24℃，幼犬对温度变化的适应性很低，温度的骤变常导致幼犬对疾病的抵抗力下降。夏季可以把犬窝放到朝北的房间，或采取人工方式降温，如开启风扇、空调，但应注意风扇不可对犬直吹。犬窝内的空气相对湿度要保持在50%～60%，湿度过高，夏季容易中暑，冬季容易着凉，造成消化系统和骨骼的不适；湿度过低，空气干燥，易引起呼吸系统疾病。

### （四）适量运动

必要的户外运动不仅可以使犬吸收阳光中的紫外线，提高对钙的吸收，而且可以杀灭体表细菌，驱除寄生虫，有利于增强体魄。

犬户外运动时应注意以下事项：

1. 运动时间的选择　运动应在早、晚进行，早晨空气新鲜、凉爽，晚上环境安静，无干扰。夏季不宜在炎热的白天户外运动，以免强烈的阳光照射，引起日射病或热射病。

2. 合理安排运动量　犬的运动量和体型有关，通常小型犬的活动量小，大型犬的活动量大。小型犬以每天在室内游戏，并配合适当的户外运动即可；大型犬应以室外运动为主。

3. 防止犬养成低头乱嗅的习惯　运动中应防止犬低头嗅闻和随地捡食等坏习惯的养成，在尚未经过严格的训练时，带犬外出运动时佩戴牵引带。

**(五)预防疾病**

犬的饲养管理中须重点做好疾病的预防工作。

1. 定期消毒　坚持犬窝(舍)、食具等定期消毒是预防和控制疾病传播的一项重要措施。食具用后清洗干净，放置时防止苍蝇、蚊虫，同时定期煮沸消毒，一般每周消毒1次；圈舍、场地要保持清洁卫生，每月消毒1次。

2. 做好驱虫、接种工作　幼犬出生后20天左右进行首次驱虫，6月龄以下的幼犬每月驱虫1次，成犬每季驱虫1次。常用的广谱驱虫药有盐酸左旋咪唑，按每千克体重10毫克口服，用于驱除犬蛔虫、钩虫、丝虫等；也可选用丙硫苯咪唑，按每千克体重25毫克口服，驱除绦虫。

幼犬在45天左右时可首次注射五联苗，用于预防钩端螺旋体、犬瘟热、犬细小病毒病、犬传染性肝炎和犬副流感，2周后二免；成年犬每年只需接种1次。

## 三、犬的四季管理

根据不同季节的气候特点及犬在不同季节的生理变化，针对性地进行科学的饲养管理，保证犬的健康。

### (一)春　季

春季是犬发情、交配、繁殖及换毛的季节。经过冬季之后，厚厚的冬毛开始脱落，逐渐换成夏毛，保证安全越夏。脱落的被毛容易在身上形成毛缠结，被犬误食后易在胃中形成毛球，影响犬的消化吸收。因此，在春季，要经常梳理被毛，每天 2 次，每次 10～15 分钟。

对发情的母犬，要做好发情鉴定，以便适时配种。对发情公、母犬要加强看管，严防外出，防止乱配或误配。对不准备繁殖的母犬，可以考虑做节育手术，避免发情前后的不良反应。同时，要防止公犬因争配偶打架导致外伤，出现伤情应及时处理。

春季也是常见传染病流行的季节。此阶段应重点做好犬瘟热、犬细小病毒病的疫苗接种工作。

### (二)夏　季

夏季天气炎热，空气潮湿(特别是南方的梅雨季节)，主要做好防暑降温和预防食物中毒等工作。犬窝(舍)应安置在通风良好、比较阴凉的地方，高温季节应经常给犬洗冷水浴。外出活动或训练一般在早、晚进行。

夏季的饲料易发霉变质，犬的饲料要新鲜，最好是经加热处理后冷却的新鲜食物，饲喂量要适当，不应有剩余，对已发酵变质或吃剩的饲料应坚决弃用。同时，应给予足够清洁卫生的饮水。

一些地区梅雨季节持续时间较长，如犬舍、犬体卫生不好，可能导致皮肤病。对于皮肤病较为严重的犬只，可进行全身剃毛处理，再结合药物治疗，效果会更好。

### (三)秋　季

秋季是犬新陈代谢最旺盛的季节，为了增加体脂储备，犬食量大增。此时，应给予足够的高营养饲料，为越冬做好准备。秋季早、晚温差大，犬易受凉感冒，特别对于短鼻的犬种，如北京犬、英国斗牛犬等。外出活动或训练时，一般早晨要晚些，晚上宜早些。

秋季也是换毛、发情和传染病的高发季节，须采取相应措施。

**(四)冬　季**

冬季天气较寒冷，管理的重点是做好防寒保暖工作。饲料搭配上，应少许添加油脂、动物内脏、牛奶、含维生素 A 及脂肪成分较多的食物，以迅速补充热量，增强犬的御寒能力。注意犬舍的温度和湿度，避免在低温潮湿的环境生活，可经常翻晒犬窝(舍)的垫物。在天气温暖时，可以带犬外出散步。训练宜在中午前后进行。

## 四、犬不同生理阶段的饲养管理

**(一)仔、幼龄犬的饲养管理**

在犬的一生中，仔、幼犬是生长发育最快阶段，幼犬阶段可塑性最大，发病和死亡数也最高。因此，这个阶段的饲养管理要求最高，必须结合仔、幼犬的生长发育规律和生理特点，给以科学的饲养和管理。

1. 仔犬的饲养管理　从出生至断奶(0～35 日龄)的犬称为仔犬。仔犬的饲养管理工作主要有以下几个方面。

(1)吃足初乳　初乳中含有丰富的蛋白质和维生素，各种营养物质几乎可全部被吸收，可以增强仔犬体质，维持体温；初乳中含有较高的镁盐、抗氧化物及酶、激素等，具有缓泻和抗病的作用，有利于胎便排出；初乳的酸度较高，有利于促进消化道的活动；初乳中含有多种抗体(母源抗体)，能增强仔犬的抗病能力。因此，应尽早让仔犬吃足初乳。

(2)加强监护　新生仔犬出生后，生活条件骤变，由通过胎盘进行气体交换转变为自行呼吸，由通过胎盘获得营养物质和排泄废物变为自行采食、消化及排泄。新生仔犬的各器官生理功能还不完善，生命尚处于娇嫩状态，抗病力很差。因此，良好的护理对新生仔犬的生长发育非常重要。

刚出生的仔犬应尽量消除仔犬口腔及呼吸道的黏液、羊水等，防止窒息，对窒息假死的仔犬做人工呼吸。断脐后应防止仔犬间相互舔吮，如脐带血管闭锁不全，有血液流出时，应进行结扎；每天对脐带末端进行消毒，脐带通常在5～7天内脱落。

(3)注意保温　新生仔犬环境温度在第一周要求达到29℃～32℃，第二周内为26℃～29℃，第三周内为23℃～26℃，第四周内为20℃～23℃。可在产房设仔犬保温箱，用小电热毯、热水袋或红外线灯等作为热源，但要防止烫伤仔犬。如用电灯取暖时，应保证在仔犬睁眼期(仔犬睁眼期为10～14日龄)内犬窝内的光线较暗，以防刺伤仔犬眼。

(4)防止踩压　仔犬出生时体弱，行动不灵活，加之母犬在分娩过程中体力消耗很大，仔犬容易被踩压致死。在分娩后几天内，须加强管理，仔细观察，谢绝陌生人观看，以防激怒母犬而踩死仔犬。此外，母犬在窝箱内产仔时，应保证窝箱的大小及保温性能，护仔箱或护仔栏(图2-4-1，图2-4-2)将母仔分离，定时哺乳，能有效避免踩压。

**图2-4-1　护仔箱**

**图2-4-2　犬用护仔栏**

(5)及时补饲及断奶　随着仔犬日益对乳的需求量增加,母乳不能满足仔犬生长的需要,所以在产后 10 天时应予补饲。10～15 天时,每只每天补奶 50 毫升;16～20 天时,每只每天补奶 100 毫升,分 3～4 次喂给。从 21 天开始,可以在奶中加蛋黄、肉汤和豆浆等,加入量由 30～50 克逐渐增加到 150～200 克,每天分 3～4 次喂给;30 天后,可将牛奶、鸡蛋、碎肉、稀粥等拌在一起做成流食饲喂,并适当添加鱼肝油和骨粉等,每天 3～4 次。补饲时,将补饲料置于浅碟中,让犬舔食,也可用注射器进行补饲。

35 天后,视母犬的泌乳和仔犬的生长发育情况适时断奶。如母犬仍有较多乳汁,可进行分批断奶,将发育较好的仔犬先行断奶,让发育较差的仔犬仍跟随母犬哺乳 3～5 天,同时逐步减少母犬的饲喂量,以逐渐减少母犬的泌乳量;如仔犬整体发育较好,同时母犬的泌乳量也较少时,可实施一次性断奶,即将母仔实行一次性分离。

(6)寄养或人工哺喂　如果母犬母性不强而食仔、产后无乳、产仔数过多(超过 8 只)或由于某种原因而导致死亡时,仔犬需要寄养或人工哺乳。寄养时,选择产期相近、母乳充足、产仔数少、无恶癖的母犬作为“保姆”。寄养时,应先用“保姆”犬的乳汁将需进行寄养的仔犬全身涂擦一遍,以消除原有气味,然后将其直接置于“保姆”犬的腹下实施哺乳即可。

人工哺乳时,不可直接用牛奶哺喂,因牛奶中蛋白质和脂肪的含量都只有犬奶的 1/2,而乳糖的含量却是犬奶的 1.5 倍,因此直接用牛奶饲喂仔犬时,会导致仔犬营养不足,更重要的是由于仔犬的胃肠功能不健全而不能很好地消化吸收乳糖而腹泻。因此,用牛奶喂仔犬时需加入 2 倍温水、蛋白粉(奶粉或蛋黄)、鱼肝油、免疫球蛋白等,调至其与犬奶营养成分基本相当,保持人工乳温度约 39℃,用注射器进行饲喂。也可用犬专用奶瓶喂食,喂奶前先用卫生纸擦拭小犬的肛门,促其排泄干净,喂奶时让小犬两只前爪搭在人的掌心上，奶瓶倾斜30°左右，且上下轻轻抖动，每次哺乳10分钟左右，直到小犬肚子胀圆或小犬睡着为止。喂奶时一定要有耐心，奶瓶要保持干净，瓶中喝剩的奶水不可留到下次再喂。

(7)驱虫　幼犬出生后20天左右进行首次体内寄生虫的驱除。

2. 幼犬的饲养管理　幼犬指断奶后的仔犬，一般指35天断奶至6月龄的生长犬。这一时期是犬生长发育的重要阶段，也是可塑性最强的时期，这一阶段饲养管理直接关系到犬的一生。

(1)幼犬的饲喂　掌握幼犬的生长发育规律，配制营养较高的日粮，满足幼犬的生长发育。断奶后的幼犬，由于生活条件的突然改变，往往会显得不安，食欲不振，此时选用的饲料要适口性好，易于消化。3月龄内的幼犬每天至少喂4次，采取少量多次的方法；4～6月龄的幼犬，食量大增，体重增加很快，每天所需饲料量也随之增多，每天至少喂2～3次；6月龄后的犬，每天喂2次即可。在饲喂过程中，要供给充足清洁的饮水。

保持食物的优质新鲜，单独调制，食具用后需要清洗干净，定期消毒。4月龄后，应适当添加骨头，以锻炼犬牙。

(2)幼犬的管理　科学管理幼犬，不仅可以保证犬体的正常发育，而且对神经系统的发育也有直接影响。对幼犬的管理除了做好幼犬犬舍和犬体的卫生、适当运动、对新环境的适应及养成良好的生活习惯外，还需要做好幼犬的驱虫和预防接种工作。

①幼犬驱虫：寄生虫对幼犬的生长发育有很大影响，轻则腹泻便血，重则引起贫血甚至死亡。因此，必须定期进行粪便检验，发现寄生虫卵应及时驱虫，保证犬只健康。一般幼犬50天时第二次驱虫(仔犬在20天时第一次驱虫)，90天时第三次驱虫，以后每2个月进行1次驱虫，驱虫后排出的粪便和虫体应集中堆积发酵或焚烧。

②预防接种：幼犬的抵抗力较成年犬差，易患各种传染病。对

幼犬危害最大的病毒性传染病有犬瘟热、细小病毒病等，以 2～3 月龄内的幼犬发病率最高。因此，须做好预防接种，对疫情要早发现、早治疗、早隔离，严格消毒。幼犬在 45 天时首免，2 周后二免。

**(二)育成犬的饲养管理**

6 月龄至性成熟前的犬称为育成犬，此期间是犬生长发育最快的时期。

1. 饲喂方法　育成犬的饲料要求营养价值高，适口性好，易消化。饲料中除要求具有丰富的蛋白质、维生素 A、维生素 D 和脂肪等营养成分外，特别要注意促进骨骼生长的钙、磷等矿物质的补充。6 月龄后，犬牙已基本长齐，可供给清洁的牛骨或玩具骨让其啃咬。为加速其生长发育，饲料中蛋白质比例要加大，尤其是动物性蛋白质要占到蛋白质总含量的 1/3 以上，同时加大玉米等能量饲料的比例，适当减少蔬菜和糠麸类饲料；适当提高饲料中脂肪比例。每天饲喂 2～3 次，做到定时、定量、定温、定质，保证充足的清洁饮水。此阶段应注意的是，育成犬每天以八成饱为宜，不可让体重增加过快，以防引起犬只肢体变形，最终影响骨骼生长。

2. 管理方法　育成阶段的犬宜实行分群管理，将年龄、性别、品种及个体性格相似的犬只合群饲养，并做到细心观察，发现异常及时采取措施。做好犬舍(窝)内外环境卫生、定期消毒，对食具、用具经常清洗，对犬被毛做到经常梳理，定期进行室内外运动。

定期驱虫，一般每 2 个月 1 次，驱虫前做好粪便检查，对症给药。驱虫后排出的粪便，应定点堆放，发酵处理。

**(三)成年母犬的饲养管理**

1. 配种前母犬的饲养管理　母犬除维持自身正常生命活动外，还担负着妊娠、产仔、泌乳等繁重的生产任务。因此，种母犬的饲养管理，直接影响其繁殖性能及后代品质。

(1)配种前成年母犬饲养管理　种母犬要求身体健壮，体况良好(中等膘情),在繁殖季节能正常发情、排卵和配种,受胎率高,产仔多,母性强。

对未繁殖过的青年母犬,根据其在配种前体况决定其饲养水平。如果犬的体质健康,膘情适中,只要在配种前适当增加饲料中蛋白质含量,促使母犬正常发情、排卵即可;如果母犬比较瘦弱,需要在发情季节到来前增加营养水平,使它有较好的膘情后参加配种。

经产母犬在配种前,如果膘情好,无须特殊的饲养,只在配种前进行短期优饲即可;膘情不好的犬,应增加营养水平,使它尽快恢复到中上等膘情。繁殖母犬膘情过肥,会影响母犬的正常发情和正常的交配。

注意加强繁殖母犬的运动,运动能促进健康,增强犬的生殖器官功能,促使犬能正常的发情和排卵;被毛要常梳理,以加强皮肤的血液循环。

(2)发情母犬的管理　母犬一般每年发情2次(藏獒每年发情1次)。在发情季节,应重点做好母犬的发情鉴定和适时配种工作。

母犬发情时,表现兴奋不安,食欲下降甚至废绝,频频排尿,外阴肿胀,流出黏液或血液,求偶欲望强,易外出寻找公犬。此时需要加强看护,杜绝发生犬的外出偷配、误配。地面出现血样分泌物后9～11天时,进行第一次配种,也可在母犬的外阴部流出鲜红的血液较黏稠时进行配种。夏季最好在清晨或傍晚配种,冬季则以中午为宜。配种的次数通常为2次,即初配和复配,两次相隔时间以24～48小时为宜。交配前不宜喂食,配后休息片刻,适量给水。交配时不宜围观,以免受到惊吓,影响交配的顺利完成。交配结束后,应将母犬及时放回舍中,让其安静休息,并做好配种记录。

发情期间的母犬因兴奋不安,对外界刺激极为敏感。因此,发情期的母犬不宜进行科目的调教与训练。

2. 妊娠期母犬的饲养管理　母犬在妊娠期,饲养管理的重点是防止流产，保证胎儿的正常生长发育。

母犬在妊娠期需要大量的营养物质，供给胎儿的生长发育和维持自身的生命活动。因此，妊娠期要饲喂全价饲料，并保证饲料清洁新鲜，适口性好。配种后 10 天之内，减少剧烈运动，保证胚胎的正常着床。配种 20 天后，胎儿生长强度增大，须提高饲料中蛋白质的含量，适量增加动物性饲料，不能用含生殖激素的动物性肉（如老死的猪肉）饲喂，否则容易导致流产。妊娠后期（45 天后），胎儿、胎盘和羊水的体积增大，压迫犬的胃肠，使胃肠的容积减少，这时要提高饲料的营养水平，增加饲喂次数，少量多餐，这样有利于食物的消化和减轻对子宫的压力，有助于胎儿的生长发育。

管理上重点是防止母犬流产。妊娠后期的母犬禁止激烈运动和科目训练，不能打骂和恐吓，同时应保持犬体的清洁卫生和环境的安静，让犬得到充足的休息。妊娠 40 天后，对于群养犬要单独饲养，圈舍要求宽敞、清洁、干燥、光线充足。妊娠 50 天后需进入产房，产房需彻底清扫消毒。分娩前，应拔去母犬乳房旁的少许被毛，以促进乳腺的分泌，有条件的可每天对母犬乳房进行 1 次按摩。母犬在妊娠期，可进行适量的运动，能增进犬的食欲，有利于胎儿的生长发育，同时可减少难产的发生。每天运动不少于 2 次，每次运动时间不得少于 30 分钟。

3. *哺乳母犬的饲养管理* 哺乳期指母犬分娩后到仔犬断奶前这段时间，通常为 35 天。科学的饲养管理，可促进母犬的泌乳，保证仔犬的生长发育。

产后 3～4 天以产前饲喂量饲喂，以流质饲料为宜，产后 1 周恢复正常饲喂量；第二周增加 25%～50%；第三周增加 50%～100%，之后逐渐减少，直至仔犬断奶。每天饲喂 3～4 次。哺乳期饲料种类要求多样化，应包括肉类、蛋、蔬菜、鱼肝油和动物软骨，饲喂要定时、定量，过渡要平缓。

初产母犬乳汁不足时，可供给小杂鱼汤、蹄骨汤或猪肺汤，以促进乳汁的分泌。出现催乳效果不明显、母犬有叼仔或食仔等恶癖、产仔数过多(超过 8 只)时，需要进行代养或寄养。

**(四)种公犬的饲养管理**

全面的营养、适量的运动和配种时的合理利用是养好种公犬的关键。全面的营养是维持公犬生命活动、产生优良精子和保持旺盛配种能力的物质基础；适量的运动是加强犬的新陈代谢、锻炼神经系统和肌肉的重要措施；合理的利用是维持公犬旺盛的性欲、保持较高配种率的重要保障。

1. 全面的营养　种公犬饲料含动物性蛋白质要略高于普通犬，饲料容积不宜过大，能量应在维持需要的基础上增加 20%。为了满足配种期的营养需求，通常多饲喂鲜肉、鱼、蛋、奶类饲料，但每顿不宜喂得过饱，以免造成垂腹或肥胖，影响配种利用。

2. 适量的运动　适量的运动可以促进食欲，帮助消化，增强体质，提高繁殖功能。通常公犬上、下午各运动 1 次，每次不少于 1 小时，夏天应在早晨和傍晚时进行运动，冬天在中午运动，酷热、严寒时应减少运动量。

3. 合理利用　种公犬在配种季节不应使用过度，否则会造成精子密度下降、成活率低下，从而影响到配种成功率。配种季节，每天配种 1 次为宜，每周最多 3 次，1 个配种季节配种次数不得超过 15 次。此外，种公犬应单独饲养，保持安静，减少外界干扰，杜绝爬跨和自淫恶习的养成。

**(五)绝育犬的饲养管理**

绝育后的犬一方面对蛋白质的转化水平明显降低，另一方面因为激素的作用而出现食欲降低，此时主人常会买些零食来弥补犬，加之犬的运动量通常较少，因而绝育犬更容易脂肪堆积而发胖。判断犬是否肥胖，可用手触摸犬身体的两侧，如可轻易摸到肋骨，从犬体上方或侧面均可看到腰部曲线，表明犬的体态较理想；如可摸到肋骨，从犬体上方看犬的腰部曲线不明显，侧面仍可看到腰部曲线，表明犬的体重稍重；如需用力才可摸到肋骨，大量脂肪堆积在腰部和尾根部，从犬体上方几乎看不到腰部曲线，从侧面看腰线呈一直线，表明犬过于肥胖。

为避免绝育犬发胖，主要从饮食和加强运动两方面采取措施。饮食上，宜选择高蛋白质、低脂肪、低碳水化合物的犬粮，且要严格控制食量，采取定时、定量、少量多餐的方式饲喂，日平均喂量以平时喂量的 3/4 为宜。有研究表明，只有当绝育犬食谱中的热量比绝育前至少低 30%时，绝育犬才会保持正常体重。加强适当运动，保持犬只理想体态，经常带犬外出运动，增加犬的运动量，消耗脂肪，也可在室内多带犬玩游戏。

**(六)病犬的饲养管理**

患病犬除及时治疗以外，更需要加强护理。病犬通常食欲不振，消化功能下降，因动用机体组织而营养消耗量增大。犬体温每升高 1℃，新陈代谢的水平就要增加 10%，因此要有足够的蛋白质及营养物质满足免疫球蛋白的合成，增强机体免疫系统。对于病犬要增加容易消化和吸收的动物性蛋白质，比如瘦肉、蛋、奶等，制成半流质或流质饲喂，同时添加诱食剂以提高病犬的食欲。对于胃肠道疾病的犬，要适量补充水。失水过多、严重呕吐或腹泻、食欲废绝的犬，可静脉输液来补充水分以及纠正体液酸碱的失衡。最好针对性地选择处方犬粮。

多数病犬精神状况较差，不愿活动。在治疗的同时，应适当牵遛运动，每次运动时间不宜过长，路程要短，以促进其体力的恢复。

**(七)老龄犬的饲养管理**

一般而言，犬从 7～8 岁开始出现老化现象，10 岁以上已步入老龄阶段。由于品种、环境和饲养管理条件的不同，其老化的程度也有所差异。通常犬的老化特征是皮肤变得干燥、松弛、缺乏弹性，易患皮肤病，脱毛增多，一些深色的被毛如黑色或棕色变成灰白色，头部和嘴的周围出现白毛（老年毛）；10 岁以上的犬牙变黄，视力与听力明显下降，体力减弱，体重减轻。因此，对老龄犬应根据其生理特征，针对性地采取饲养管理措施。

老龄犬的消化功能降低，要求饲料质量好、易于咀嚼和消化。饲料中蛋白质含量可稍高些，脂肪含量不宜过高，食物要柔软，以流质为主。采取少量多餐的饲喂方式，提供充足的饮水。有条件的可饲喂老龄犬配方粮，以减缓其老化速度，延长寿命。

老龄犬的抵抗力降低，既怕冷又怕热。因此，要做好保温、防暑工作。在寒冷的天气不宜在户外太久，炎热天气应多在阴凉通风处。外出散步时，早晨宜晚，晚上宜早，以防受凉。

老龄犬的性情改变较大，不爱动，好静喜卧，运动减少，睡眠增多，同时也很容易疲劳。因此，老龄犬适当活动。此外，老龄犬的肌肉和关节的配合及神经的控制协调功能较差，骨骼也较脆弱，不宜做复杂、高难度动作，以防肌肉的拉伤和骨折。对于老龄犬从前养成的习惯应继续遵行，以保持老龄犬正常、舒适的生活。

# 第五章　犬的繁育

城市个人繁殖、销售犬只时，必须遵守下列规定：对养殖的犬应当进行犬类狂犬病的预防接种，经预防接种后，由动物防疫监督机构出具动物健康免疫证；销售犬只具有动物健康免疫证和检疫证明。

## 一、犬的性成熟与初配年龄

犬的性成熟是指公、母犬生长发育到一定时期，生殖器官发育基本成熟，能分别产生具有正常受精能力的精子和卵子，开始表现性行为，具有第二性征。犬的性成熟受品种、环境、地区气候、营养状况及管理水平的影响，即使是同一品种，甚至同胎次的犬，性成熟期也存在个体差异。一般而言，小型犬、饲养环境好、气候适宜地区、营养状况好、管理水平高的犬性成熟较早，大型犬、饲养环境差、寒冷地区、营养状况差、管理水平低的犬性成熟较晚；公犬的性成熟稍晚于母犬。

犬性成熟后，虽然已经具备了配种繁殖的生理功能，但不宜立即配种繁殖。因为配种过早，容易导致初产母犬产仔数量少、仔犬体型小、体质弱和死胎增多等，同时可能引起母犬难产，进而影响到母犬的机体恢复。因此，犬的第一次配种应在达到体成熟后进行，此时犬的年龄称为初配年龄。一般而言，公犬的初配年龄为 15～24 月龄，母犬的初配年龄为 12～24 月龄（第二次发情时）。

## 二、犬的发情鉴定

**(一)母犬发情周期**

犬是季节性发情的动物,通常母犬每年发情 2 次,分别在春季的 3～5 月份和秋季的 9～11 月份(藏獒每年只发情 1 次,一般为每年的 11 月底至翌年的 2 月初),每次发情大约持续 1 个月左右。群养犬季节的影响不太明显,经常出现众多犬几个月不发情,当有一条犬发情后,随之出现大量的犬相继发情。根据母犬的性生理变化,通常把一个完整的发情周期分为发情前期、发情中期、发情后期和休情期 4 个阶段。

1. 发情前期　发情前期为发情的准备阶段,指母犬出现发情表现到愿意接受公犬爬跨之前这段时间,为 7～10 天。在此期间,卵巢中卵子已接近成熟,生殖道上皮开始增生,腺体活动逐步加强,分泌物增多,外阴肿胀、潮红,阴道充血,从阴门排出血样分泌物并持续 2～4 天。母犬不爱吃食物,饮水量增大,举动不安,遇见公犬时嗅闻公犬外阴部,频频排尿吸引公犬,但不接受公犬爬跨。

2. 发情中期　又称发情期、发情盛期。发情中期持续 6～14 天,是母犬接受公犬爬跨交配的时期。在此期间,母犬表现兴奋、敏感、易激动,外阴继续肿胀至最高程度后变软,阴门开张,流出的黏液由红逐渐变淡直至稻草黄色(淡黄褐色)。研究表明,母犬在进入发情中期后 2～3 天开始排卵,此时母犬将臀部朝向公犬,将尾偏向一侧,是交配的最佳时期。

3. 发情后期　指母犬的发情表现逐渐消退的过程,一般持续 2 个月左右。此阶段母犬外阴肿胀逐渐消退,性情变得安静,不允许公犬接近,食欲也趋于正常。如母犬配种后妊娠,则进入妊娠期。

4. 休情期　指母犬生殖器官处于不活跃状态(休滞状态)直至下次发情之前这段时间,又称为乏情期,一般为 3 个月左右。在此阶段,母犬性活动完全停止,表现为外阴干瘪,无带血黏液分泌,不愿接近公犬,不允许公犬爬跨,对公犬尿液和身体气味不感兴趣。如母犬经过妊娠、分娩、哺乳时,母犬机体须做适当的恢复,为下次发情做好准备。

**(二)适时配种**

母犬属于季节性一次发情动物,即每年在春、秋两季各发情 1 次。如果母犬发情时未交配或交配未孕,只能在下一次发情时配种。因此,只有正确地掌握母犬的发情周期和排卵时间,才能做到适时配种,提高受胎率和繁殖力。

1. 根据发情初始期推断　多数母犬可依据阴道第一次流血(俗称"见红")之日定为发情初始期。初产犬一般在"见红"后 11～13 天配种,经产犬一般在"见红"后 9～11 天首次交配,极少数老龄经产母犬甚至能在"见红"后 6～7 天受胎。此时触摸母犬尾根部时,尾巴翘起,偏于一侧,站立不动,接受交配。通常以"见红"后 12 天为基本参照天数,母犬年龄每增加 1 岁或胎次增加 2 窝,其首配时间提前 1 天。

2. 外部观察法　母犬发情后外阴有明显变化。先是阴唇横径逐渐增大,并且逐渐变得柔软,在排卵前阴唇横径急剧缩小,接着再度增大又再度缩小,当阴唇横径第二次缩小时,即为排卵时间。开始排卵后的 48 小时内,可排出 80%的卵子。研究表明,母犬在排卵前 54～41 小时交配,卵子受胎率为 79%;排卵开始到 120 小时之间交配,卵子受胎率为 83%。因此,阴唇横径第二次缩小后 1～3 天,即母犬愿意接受公犬爬跨后 24～72 小时是最好的配种时期。

在母犬发情期间如没能掌握母犬阴门滴血的确切日期,可根据母犬阴道分泌物的颜色变化和外阴肿胀程度来确定其最佳配种时期。发情时，母犬阴道分泌物的最初颜色为红色，当其颜色由红色转为稻草黄色后2～3天配种效果最佳。也可当发情母犬的外阴水肿明显减轻并开始变软时或用手打开母犬的阴门观察，当阴道黏膜由深红色变成浅红色（或桃红色）时配种较为合适。

3. **试情法** 对少数母犬在发情期不出现阴门滴血或老龄母犬发情时外阴肿胀不明显、阴道分泌物少等情况，可采用试情法来确定其最佳配种时机，即用公犬检测母犬是否愿意接受爬跨来鉴定发情阶段。一般情况下，处于发情期的母犬，见到公犬后会轻佻，频频排尿，尾偏向一侧，故意暴露外阴，并出现有节律的收缩，呆立不动，表现出愿意接受爬跨的行为。也可用手按压母犬腰荐部或臀部，如母犬就势将其尾根抬起偏向一侧，并露出阴唇，呈呆立不动（静立反射）时，可视为母犬愿意接受公犬爬跨。一般母犬在愿意接受公犬爬跨后的1～3天为最佳配种期。

4. **阴道黏膜涂片检查法** 指通过阴道黏膜组织细胞的涂片检查，准确确定母犬发情阶段的方法。取阴道黏液涂片，在显微镜下观察。发情前期，视野中含有较多有核上皮细胞、很多红细胞、少量嗜中性白细胞和大量的上皮碎屑；发情期，视野中含有大量角质化的上皮细胞和很多红细胞（末期减少），而无嗜中性白细胞；发情后期，视野中含有很多有核上皮细胞和嗜中性白细胞，无红细胞和角质化细胞；休情期，视野中含有较多核上皮细胞和少量嗜中性白细胞，无红细胞。

## 三、犬的配种

犬的配种包括自然交配和人工授精两种方式。自然交配是一种较为原始的繁殖方法，被广泛地使用；人工授精是近年发展起来的一种较为先进的繁殖技术，目前还不普及。

### (一)配种方式

1. 自然交配　自然交配是指直接将公犬和母犬牵到交配场地让其自由交配,又称为本交。犬的自然交配方式主要有圈栏交配和人工辅助交配两种。

(1)圈栏交配　圈栏交配是指在单独饲养公、母犬的情况下,当母犬发情时,将其放入特定的公犬圈(栏)中与之交配。这种配种方式可人为地设计配种组合,控制与母犬的交配次数,提高公犬的利用率。

公犬交配过程可分为勃起、插入、射精、锁配、交配结束等过程。

勃起:公犬经发情母犬的性外激素(气味、唾液、叫声等)刺激以后,阴茎呈不完全勃起状态,靠阴茎骨的支持能使阴茎在半举起状态下插入阴道。在插入阴道前,海绵体呈充血状态,阴茎静脉尚未闭锁,阴茎动脉血液流入量多于阴茎静脉血液流出量。

插入:公犬爬跨到母犬背上,用两前肢抱住母犬,母犬脊柱下凹,会阴部抬高,公犬的腹部肌肉特别是腹直肌的突然收缩,后躯来回抽动,而将阴茎插入母犬的阴道内。阴茎插入阴道后,母犬阴唇肌肉的收缩使阴茎静脉闭锁,阴茎动脉血液继续流入,使阴茎龟头体变粗,龟头球膨胀,阴茎完全勃起。

射精:犬的射精过程可分为3个阶段。第一阶段,当犬阴茎刚插入阴道时的射精,这时射出的精液呈清水样,不含精子;第二阶段,阴茎在阴道中经过数次抽动摩擦后,阴道节律性收缩,使阴茎充分勃起,射出含大量精子的乳白色精液;第三阶段,在锁结时的射精,射出物为不含精子的前列腺分泌物。

锁配:犬完成第二阶段射精以后,阴茎尚处于完全勃起状态,阴道括约肌仍在收缩,此时阴茎龟头在阴道中形成“栓”,当公犬从母犬背上滑落时,呈现臀部对臀部的姿势,称为锁配(或锁结)。锁配时间通常可持续10～30分钟。

交配结束：第三阶段射精完毕后，公犬性欲降低，母犬阴道的节律性收缩也减弱，阴茎逐渐变软，从阴道中滑出。公、母犬分开后，各自在一边舔自己的外生殖器，公犬不再对母犬表现出兴趣。

（2）辅助交配　由于一些公犬缺乏交配经验、公母犬体型过于悬殊、公母犬交配时的择偶性强或因母犬外阴部被毛较长而不能使阴茎顺利插入阴道等原因而不能自然交配时，通常需人工辅助交配。

对缺乏交配经验的初配公犬，可令其观摩其他公犬交配，或用有交配经验的经产母犬与之交配，以激发公犬正常的性行为，从而顺利地完成交配；公、母犬体型过于悬殊时，可用适宜高度的木板将一方垫高，以利于交配；母犬交配时的择偶性强时，可更换公犬或让公、母犬同居，以培养感情，直至能顺利完成交配；母犬外阴部被毛较长而不能使阴茎顺利插入阴道时，可将母犬尾毛与臀部被毛扎起，露出外阴部，同时协助公犬正确将阴茎导入阴道，完成交配。对个别极不配合甚至撕咬公犬的母犬，应用口笼套好嘴，同时抓紧母犬脖圈以固定，托住腹部，使其保持站立姿势，辅助公犬将阴茎插入母犬阴道，从而完成交配。

2. 犬的人工授精　犬的人工授精技术对加速犬种改良、预防生殖道疾病的传播、克服公、母犬体型悬殊等方面有很大的现实意义，但因尚未解决犬冷冻精液的技术难题，目前还没有普及。少数犬场可进行鲜精的人工授精，可提高优秀种公犬的利用率。

大型犬 1 次射精量 1.5～2 毫升，小型犬 1 次射精量不足 1 毫升。精液应立即用等温的稀释液 1∶1 稀释，并立即镜检，根据精子活力和密度决定稀释倍数。输精时，输精枪与母犬背腰水平线呈 45°角向上插入 5 厘米左右，随后以平行的方向向前插入，直至穿过子宫颈，将输精枪后退少许即可缓慢注入精液。输精后应将输精枪后撤少许再退出，以防精液倒吸；输精后抬高母犬的后躯 3～5 分钟或轻拍母犬臀部，防止精液倒流。一般每次输精 1 毫升，隔日进行第二次输精。

**(二)配种注意事项**

1. 做好发情鉴定　结合多种方法综合评定母犬的发情，以便适时输精。

2. 交配场所应相对固定　交配场所应选择公、母犬都较为熟悉的地方，且不能围观，以免影响交配的顺利进行。犬场多是将公犬带至母犬舍中进行交配，异地交配则是将母犬带至公犬处交配。

3. 把握好配种时间　母犬的交配宜选在喂料前后 3～4 小时，交配前，公、母犬应充分地在室外运动一段时间，使其排净粪便，以免母犬在交配后排泄带出部分精液。

4. 控制交配次数　母犬在发情期中配种 2 次为宜，间隔 24～48 小时(此种方法称为重复交配)，可提高受胎率和产仔数；公犬在一个配种季节配种不宜超过 15 次，每周不超过 3 次，以保证公犬旺盛的体力。

5. 正确处理锁配　锁配持续时间较长，不能强行拆开，应等交配完毕自行解脱。

6. 合理给水、给料　交配完毕，不可立即给水、给料，应稍微休息或活动片刻后再饲喂，以免养成暴饮暴食的陋习。

7. 判断交配是否成功　可通过母犬交配后阴门外翻程度来定，若阴门外翻明显，锁配时间长，表明交配成功；若阴门自然闭合，锁配时间短或无锁配现象，则视为失败。

8. 做好配种记录　配种结束后，应及时记录，以便做好预产前的准备工作。

## 四、犬的妊娠诊断

犬的妊娠期 58～67 天，平均 63 天。犬的妊娠诊断主要有以下几种方法。

## 四、犬的妊娠诊断

### (一)外部检查法

母犬妊娠后,因体内新陈代谢和内分泌系统的变化导致行为和外部形态特征发生一系列的变化。

1. 行为变化　妊娠初期食欲大增、性情温顺,少数母犬妊娠25天左右出现一段时间的妊娠反应(呕吐);妊娠中期母犬行动迟缓而谨慎,喜欢温暖场所;妊娠后期,排尿频繁,接近分娩时有拔毛做窝现象。

2. 体重变化　妊娠早期,母犬体重增加不明显,被毛有光泽;妊娠中期,母犬体重略有增加,但幅度不大;妊娠后期,母犬体重迅速增加(胎儿数越多,体重增加越快),50天后在母犬腹侧可见“胎动”。

3. 乳腺变化　妊娠初期乳腺变化不明显,1个月后受生殖激素的影响,乳腺开始发育,腺体增大,但发育较慢;妊娠后期,乳腺发育最快,增大明显,乳房下垂,乳头富有弹性;临近分娩,有些母犬可挤出乳汁。

4. 外生殖器变化　母犬交配后1周左右,外阴部开始收缩软瘪,可见少量黑褐色液体排出。未妊娠时,母犬的外阴部3周后逐渐恢复正常;妊娠时,母犬在整个妊娠期间外阴持续肿胀,呈粉红湿润状态,分娩前2～3天外阴部变得松弛而柔软。

### (二)腹部触诊法

腹部触诊法指隔着母体腹壁触诊胎儿的方法。检查时,一手固定犬的头部或胸部,另一手呈倒“八”字形,从前向后逐步检查。腹部触诊法注意以下几方面。

1. 检查时间不宜过早　检查时间应在配种后25～28天,此时的胚胎约有麻雀蛋大小,过早不易检查到胚胎,过晚则可通过外观直接判断母犬妊娠与否。

2. 触诊部位要准确　触诊部位是子宫角,在倒数2对乳房外侧1指左右。如遇到母犬腹壁紧张、肥胖、体型过大等情形，较难做出准确判断。

3. 宜在早晨空腹时进行　如遇到母犬胃肠道过于充盈、膀胱积尿或直肠内有宿粪等情形，可能会降低判断的准确性。因此，宜在母犬早晨饲喂之前、排净宿粪之后检查。

4. 注意力度适中　妊娠早期胚胎还较弱小，如检查力度较大，可能会伤及胚胎；力度过小，可能不易感觉。

5. 与粪便相区别　正常的胚胎在子宫角内似葡萄状，表面较光滑、有弹性，且位置不固定，可滑动；粪便在肠道内呈条形，表面粗糙、无弹性，且位置相对固定，不易滑动。

**(三)尿液检查法**

此方法可用于母犬的早期妊娠检查。犬在妊娠后5～7天，尿液中会出现一种与人绒毛膜促性腺激素(HCG)结构相似的激素，所以可用人用“速效检孕液”测试犬尿液中是否含有类似人绒毛膜促性腺激素的物质，检查呈阳性者为妊娠，阴性者为未妊娠。

**(四)超声波法**

超声波诊断技术在兽医领域的应用始于20世纪60年代中期，目前广泛应用的是B型，对熟练者而言准确率可达100%。犬早孕的B超判断主要根据在超声切面声像图子宫区内观察到圆形液性暗区的孕囊(GS)、子宫角断面增大以及子宫壁增厚等指标。探查方法多为腹底壁或两侧腹壁剪毛后用7.5兆赫[兹]的线阵或扇扫探头做横向、纵向和斜向3个方位的平扫切面观察，当见到有1个或多个GS暗区(直径1～2厘米)时即可判断为已妊娠。

B超诊断一般在配种后20天左右进行。应用B超进行早期妊娠诊断时，需要与积液的肠管或子宫积液相鉴别。当横切面和纵切面均为圆形液性暗区，且管壁较厚、回声较强时则为GS；而横切面为圆形、纵切面为条形液性暗区，且管壁较薄者则为管腔积液。

**(五)X 线检查法**

在妊娠 30～35 天时,可见子宫的外形;40 天时,胎犬的椎骨和肋骨明显可见;49 天时,胎犬骨骼变化能充分显示出反差。检查时,根据母犬大小在其腹腔内注射 200～800 毫升二氧化碳。X 线诊断法主要用于妊娠后期确定胎儿数或比较胎儿头骨与母体骨盆口的大小,以预测难产的可能性。尽量避免反复使用。

## 五、犬的分娩及产后护理

**(一)犬的预产期计算**

犬的妊娠期约为 63 天(58～64 天)。预产期即从配种开始算,如果只配一次即孕,则以交配之日算,如果第二天又配种,则从第二天算起。配种之日到第二天为一整天。

推算预产期可提前做好接产和仔犬护理工作。犬提前或推后 1～2 天产仔属于正常,需观察母犬状态;母犬有异常或 2 个小时内还不能产仔,需立即到兽医院。

**(二)犬的分娩**

分娩是母体妊娠期满,胎儿发育成熟,母体将胎儿及其附属物从子宫排出体外的过程,其发生是受到机械性扩张、激素、神经等多种因素相互协调作用引起的。

1. 分娩前准备工作

(1)产房的准备　提前 7～10 天准备好产房。产房提前彻底清扫消毒,要求安静、宽敞、通风良好、光线稍暗,并铺垫少量清洁柔软的干草。母犬在预产期前 5～7 天进入产房,以熟悉环境。

(2)母体准备　母犬进入产房后,每天对其乳房进行清洁、按摩,临产前 1 天,对其外阴部、肛门、尾部及后躯用温水擦洗干净并消毒。对于长毛犬，可将其外阴部被毛剪短，或用纱布将其尾巴悬于身体的一侧，以利于分娩。

(3)用品和药品的准备　母犬分娩前需准备必要的用品和药品。常见的用品主要有肥皂、毛巾、绷带、注射器、棉线、剪刀、脸盆等；药品有消毒液(0.1%新洁尔灭、75%酒精、5%碘酊等)、抗菌药、催产素等。有条件的为了防止难产发生，可准备诊疗器械、手术助产器械等。

(4)人员的准备　助产人员首先必须学习助产知识，以便做到处事不惊。因犬夜间分娩较为多见，故应加强夜间值班。

2. 分娩预兆　分娩前，母犬在生理、行为和体温等方面有明显的变化。

(1)生理变化　分娩前，乳房迅速膨大，乳腺充实，有些母犬在分娩前1～2天可挤出乳汁；子宫颈在分娩前1～2天开始肿大、松弛；阴道壁松软，阴道黏膜潮红，阴道内黏液变为稀薄、润滑；外阴部和阴唇肿胀明显，呈松弛状态；临近分娩时，母犬的骨盆韧带开始变得松弛，臀部坐骨结节处下陷，后躯柔软，臀部明显塌陷。

(2)行为变化　临产前，母犬表现精神抑郁、徘徊不安、呼吸加快，越临近分娩时其不安情绪越明显，并伴有扒垫草、撕咬物品、发出低沉的呻吟或尖叫，初产母犬表现尤其明显；多数母犬在分娩前24小时内表现出明显的食欲下降，只吃少量爱吃的食物，甚至拒食；分娩前粪便变稀，排尿次数增加，但排泄量减少。

(3)体温变化　母犬分娩前明显的体温变化，是预测分娩的重要指标之一。在妊娠后期，母犬的体温比正常体温略低些，尤其在临产前24小时，体温下降到36.5℃～37.2℃，多数母犬在分娩前9小时体温会降到最低，比正常体温低1℃左右；当体温开始回升时，就预示即将分娩。

3. 分娩过程　母犬分娩时常取侧卧姿势，常回头顾腹，伴随阵缩和努责(子宫肌肉层的收缩称为阵缩，腹肌和膈肌的收缩称为努责)，将胎儿及其附属膜(胎衣)排出体外。分娩过程分为开口期、产出期和胎衣排出期3个阶段。

(1)开口期　也称第一产程，从子宫出现阵缩开始至子宫颈充分开张到与阴道无明显界限为止。此阶段的特点是：母犬只有阵缩而不出现努责。初产母犬表现轻微不安，烦躁，时起时卧，来回走动，频频举尾，做排尿动作，食欲减退；经产母犬相对比较安静。

(2)胎儿产出期　也称第二产程，从子宫颈完全开张到全部胎儿排出为止。这一阶段，母犬的阵缩与努责共同作用，但努责是排出胎儿的主要动力，它比阵缩出现晚，停止早。此期母犬极度不安，痛苦难忍，初期常起卧，回顾腹部，唉气，弓背努责，呼吸和脉搏加快；后期侧卧，四肢伸直，强烈努责，将胎儿排出。胎儿与胎膜一道产出后，母犬会咬破胎膜，衔出胎儿，吃掉胎膜和胎盘，咬断脐带，舔净仔犬身上，特别是仔犬口鼻处的黏液，确保仔犬呼吸畅通，同时清洁自己的阴门。通常母犬每胎产仔4～6只，产仔间隔0.5～1小时，如产仔间隔超过2小时，可能预示难产。

(3)胎衣排出期　也称第三产程，从胎儿排出后到胎衣完全排出为止。胎儿排出后，母犬逐渐安静下来，在子宫继续阵缩及腹肌轻微的努责下，胎衣排出体外，一般在仔犬娩出后15分钟内排出，少数可能与下一头仔犬娩出时一起排出。胎衣排出后，母犬通常会吃掉胎衣(一般可人为控制让母犬吃1～2个胎衣，不可采食过多)，同时舔舐阴部流出的黏液，清洁阴门。

**(三)犬的助产**

母犬正常分娩时，一般不需人为干预，助产人员的主要任务是监护分娩状况和护理仔犬。异常分娩时，需实施助产。

1. 正常分娩　母犬产出胎儿和胎膜后，如母犬不能自行咬破胎膜，助产人员应及时撕破胎膜，离仔犬腹部2厘米处剪断脐带，并用碘酊涂擦消毒；也可以直接用手指掐断，不需结扎止血，脐带断口会自然止血。抠出仔犬口腔和鼻腔中的黏液，以保证仔犬的呼吸畅通。对于口腔和鼻腔较深处的黏液，可将仔犬后肢提起倒出，或握住仔犬的头颈部，轻轻下甩(操作时，用两手的拇指和食指分别固定仔犬头的两侧，手掌固定仔犬的颈部与身体，保证头、颈、背在同一直线上)。及时擦去仔犬身上的黏液，以防仔犬感冒。对于"假死"仔犬，在及时清理口腔和鼻腔中的黏液后，立即进行人工呼吸，轻压其胸部和躯体，抖动其全身，直到仔犬发出叫声并开始呼吸为止。

2. 异常分娩　异常分娩多是由于产力不足、胎儿较大、产道狭窄或胎位不正所引起，在助产时应分别对待。

(1)母犬产力不足　少数初产母犬和年老母犬由于生理原因出现阵缩、努责微弱，无力产出胎儿，此时应使用催产素(少量多次)，同时用手指压迫阴道刺激母犬增强努责。

(2)胎儿较大或产道狭窄　采取牵引术进行助产。消毒母犬外阴部，向产道注入适量的润滑剂，先用手指触及胎儿掌握胎儿的情况，再用两手指夹住胎儿，随着母犬的努责慢慢拉出，同时从外部压迫产道帮助挤出胎儿。

(3)胎位不正　犬正常的胎位是四肢微蜷，将头夹在前肢间，朝外伏卧，正常产出顺序是前肢、头、胸腹和后躯。当胎位不正引起胎儿产出困难时，将手指伸进产道，调整胎位；如手指触及不到时，可使用分娩钳。

(4)犬的剖宫产　正常助产如果没有效果，则可能发生难产。为保证母仔平安，临床上应进行剖宫产。

**(四)母犬分娩后护理**

母犬分娩后，及时将母犬的外阴部、尾部及乳房等部位用温水洗净、擦干，在不影响母犬正常休息的情况下更换被污染的褥垫。

母犬分娩后因保护仔犬而变得很凶猛，刚分娩过的母犬，应保持 8～24 小时的静养，陌生人切忌接近，避免母犬受到骚扰，致使母犬神经质，发生咬人或吞食仔犬现象。

刚分娩过的母犬，一般不进食，可先喂一些葡萄糖水或红糖水，以促进子宫的收缩，5～6 小时后补充少许鸡蛋和牛奶，24 小时后正式开始喂食一些适口性好、容易消化的流质食物，如牛奶、冲鸡蛋、肉粥等，少量多餐，1 周后逐渐喂给较干的饲料。

注意母犬哺乳情况，如母犬不给仔犬哺乳，应及时查明原因，并采取相应措施。如母犬泌乳量少时，可喂给牛奶或猪蹄汤、鱼汤和猪肺汤等以增加泌乳量；母犬患病，应尽早就医；母犬母性差，不愿意照顾仔犬时，必须强制母犬给仔犬喂奶，可故意抓一只仔犬促其尖叫，可能会唤醒母犬母性本能。

做好冬季的防寒保暖工作，可在犬窝中适当增加被褥，并经常翻晒，或在犬窝门口挂防寒帘等，也可用红外线加热器或加温产仔床，调节好犬窝中的温度。

## 六、提高犬繁殖力措施

### (一)影响犬繁殖力的因素

1. *遗传因素*　犬是多胎动物，遗传因素对犬繁殖力的影响更为明显。公犬精液的质量和受精能力以及母犬的排卵数均与遗传性状有着密切的关系，精液质量、受精能力及排卵数直接影响受精卵数目，而受精卵的多少又直接决定着母犬的繁殖能力的高低。

2. *营养因素*　公犬营养不良，犬机体新陈代谢紊乱，骨骼发育受阻，影响配种的正常进行，严重者可影响其睾丸发育。反之，公犬营养过剩，则体内脂肪沉积较多，不能保证配种的顺利进行，严重者会导致一些常见的心血管方面的疾病。

母犬长期营养不足，延缓青年母犬初情期的到来，对于成年母犬则会造成发情抑制、发情无规律、排卵率降低、乳腺发育迟缓等，胚胎早期营养不良概率增加。长期饲喂过量的蛋白质、脂肪性饲料，会导致母犬过肥，卵泡上皮发生脂肪变性，进而造成母犬不发情。

3. 环境因素 虽然犬不是诱导性排卵动物，但母犬的生殖功能与日照、气温、湿度、噪声、饲料成分等环境因素及饲养方式均有密切关系。如果环境突然变化，可使母犬不发情或虽发情但不排卵。公犬在改变管理方法、变更交配环境或交配时受到外界干扰等情况下，可使性欲发生反时性抑制，影响交配质量，甚至引起配种失败。此外，长期禁闭公犬，可使其性欲降低。

4. 配种时间和配种方法 母犬的发情时间比较长，而排卵时间只有 2～3 天，卵子受精能力随着时间延长而逐渐减弱，最终丧失受精能力。正确掌握配种时间，做到适时配种，是提高受胎率的关键。

配种的次数以 1 个情期 2 次为宜，两次配种相隔 24 小时左右，否则会影响受胎率。有人认为交配次数越多，产仔数越多，其实这没有科学根据，因为每窝产仔数的多少，决定于卵巢的排卵数，而不决定于配种的次数。

5. 生殖器官发育异常及繁殖障碍性疾病 生殖器官发育异常多为先天性的，直接影响犬的繁殖力，造成先天性不孕不育。母犬生殖器官畸形，如母犬阴道闭锁、尿道瓣过度发育、子宫发育不全等，后天性出现子宫蓄脓、阴道肿瘤或阴道外突等。

影响犬繁殖力的疾病比较多，如布鲁氏菌、李氏杆菌、弓形虫、钩端螺旋体等，这些繁殖障碍性疾病病原大多可直接侵害犬的生殖系统，使犬的生殖系统遭到破坏，生殖功能丧失，从而降低犬的繁殖力。

6. 管理因素 不合理的饲喂、运动和作息无规律、犬舍卫生设施配置不到位以及不严格执行交配制度等均对犬的繁殖力有一定的影响。

### (二)种母犬的选择

种母犬宜选择品种特征明显、健康无病、生殖功能健全、产仔多(5～8只)、有4对以上发育良好的乳头、泌乳能力强、母性好的母犬。母性好的母犬表现为分娩前拔毛絮窝,分娩后能及时哺乳仔犬、不压仔犬、分娩后1个月会呕吐食物哺喂仔犬,仔犬爬出窝外能及时衔回。

1. *坚持严格的选配制度* 犬配种应严格遵循选配制度。同质性方面要求公、母犬要有相同的优点,使得父母代的优点能集中到后代身上,有相同缺点的公、母犬不宜交配,更不能用一方的优点去弥补另一方的缺点;年龄方面最好是壮龄公犬配壮龄母犬;体型方面要求同一品种的公、母犬体型大小尽可能一致,防止体型过于悬殊,给配种带来不便;亲缘方面要求公、母犬至少3代之内无亲缘关系,严禁近亲繁殖(特殊情况下可近交)。

2. *认真做好适时配种工作* 配种时应确定适时配种时间,最佳配种时间应在发情后母犬阴门开始流血后的第9～11天。如果未发现阴门排血的开始日期,也可根据阴道分泌物颜色的变化确定最佳配种日期。当阴道分泌物由红色转变为稻草黄色后的1～2天时,母犬在外表上会表现出愿意交配的特征,如阴门充分肿胀外翻,母犬静压反射明显,尾巴抬起偏向一侧,阴门松弛,遇公犬则频频排尿,让公犬嗅其阴部,接受公犬的爬跨。配种时采用“重复配种”的方式,可增加母犬卵细胞的受精机会和增加受精卵数量,从而提高受精卵的数量。少数母犬在发情时阴门不排血,可用公犬进行试情来确定,当母犬愿意接受公犬交配后的1～3天为最适配种期。

犬配种时间宜选在早晨喂食前。交配前,将公犬放入母犬舍中,公、母犬在室外自由活动一段时间,使其排净粪尿,配种后切不可让其剧烈运动,也不能立即给水,应轻度活动片刻后再给水,然后将母犬放回犬舍,让其安静休息,并做好配种记录。

3. *加强种公犬的饲养管理*　种公犬一经确定，应按要求进行科学的饲养管理，以保证种公犬具有健壮的体质、充沛的精力和较强的配种能力。在配种时期，选用适口性好、蛋白质含量丰富的全价饲料饲喂种公犬，以保持其旺盛的配种能力，提高其配种率。

适当运动对种公犬是十分重要的。合理的运动不仅可以促进公犬食欲、帮助消化、增强体质，而且可以增强公犬的性反射与提高精液质量，配种后不能立即运动，以免体力消耗过大而影响以后的配种能力。

合理安排配种频率，严格控制交配次数。配种期间，公犬每天最多配种 2 次，分别在早、晚进行，次日应休息 1 天，每周配种不宜超过 3 次，同时应做好种公犬生殖器的保健护理。有条件的可定期检查精液品质，发现问题及时采取措施。

4. *加强妊娠母犬的饲养管理，防止流产、早产和难产*　母犬不孕是造成繁殖力降低的最直接因素，而造成母犬不孕的最主要因素是饲料营养不全价及孕后的护理不到位。

(1)*加强孕犬的营养*　供给妊娠母犬充足全价的营养物质，保证母犬健康及分娩后泌乳，从而提高仔犬成活率。因此，妊娠犬的饲养应根据胎儿的生长发育规律和妊娠母犬营养需要合理调配，做到定时、定量、定质的“三原则”。

营养物质的补充应随妊娠时间的推移而做相应的调整。母犬在妊娠早期(妊娠 35 天内)时，可按原饲养方式饲养，但一定要保证饲料全价性，不得饲喂发霉、腐败、变质、带有毒性和强烈刺激性的饲料，以免引起流产。妊娠中期(妊娠 35～45 天)时，饲喂量增加 10%～20%，同时应提高饲料蛋白质的含量及维生素，可适当增加肉类、鱼粉、骨粉、蛋和蔬菜等。妊娠后期(妊娠 45～60 天)时，每天饲喂量增加 40%～50%，临产前的饲料体积要小(容重大)，尽量多喂些易消化的动物性饲料和少量的植物性饲料，饮水清洁，特别注意饲料的多样化，保证营养均衡和钙、磷、铁等元素的补充，以满足胎儿的正常生长发育。抓好妊娠后期的营养是减少弱胎、提高仔犬成活率及保证出生胎儿健康生长和增强抗病力的关键。

(2)保证妊娠犬休息的同时做到运动合理　妊娠犬舍应宽敞明亮、清洁干燥、空气流通、保持安静，减少人为干扰，以保证妊娠犬能够得到足够的休息。

妊娠母犬应进行适当运动，也有利于胎儿的发育和减少难产率。妊娠初期，母犬每天运动应不少于 2 次，每次以 30 分钟左右为宜，但强度不宜过大；母犬妊娠中期，应精心照料，适当进行散放运动，每天 1 次，每次 30 分钟左右，应停止各种训练和使用，禁止剧烈运动，不能群放，更不能让犬攀跃障碍等；后期的妊娠犬，应避免陌生人接近和观看，分娩前 1 周将其送进产房休息、待产，让其充分休息。

5. 搞好卫生保健　认真搞好种犬房及产房的卫生，必须每天打扫干净，定期对犬房进行消毒，经常保持犬房清洁、干燥，切实有效地防止犬繁殖障碍性疾病的发生，为提高犬繁殖提供保障。

(1)搞好环境卫生　做好妊娠犬环境卫生保健，保证妊娠母犬免受病原微生物的侵袭，增强抗病能力。妊娠母犬舍环境要求保持安静、清洁、干燥，垫物经常日晒、消毒和及时更换。犬舍内外环境应每周进行 1～2 次消毒，各种用具在每餐后就应进行洗涮，每周还应进行 2 次消毒(先用消毒液浸泡，然后洗净，最后用清水冲洗)。

(2)犬体卫生保健　妊娠期母犬需要经常对被毛进行梳刷或刷拭，一般每天 1～2 次。母犬在妊娠后的前 30 天，可据情况进行适当的洗浴，但洗浴后要尽快将其被毛擦干或吹干，防止妊娠母犬受凉感冒，30 天后则改为用毛巾擦洗。在分娩前 15 天，可每隔 2 天用温水和肥皂洗涤母犬乳房 1 次，临产前应用温的湿毛巾对母犬臀部、阴部和乳房周围进行擦拭，再用 0.1%高锰酸钾溶液清洗会阴部和乳房。长毛犬乳头周围的被毛，在临产前10天应适当拔去，以促进乳汁的分泌。

母犬分娩后，必须搞好犬体卫生，保持犬体干净无污物，特别是母犬外阴、尾及乳房等部位被羊水和分泌物所污染，应及时用热水洗净并擦干，防止仔犬吮乳时导致消化道疾病。

(3)进行日光浴　适度的日光照射对妊娠母犬很有必要。在紫外线的作用下，可合成维生素D，促进钙质吸收作用，防止母犬因缺钙而引起骨质疏松症和仔犬佝偻病的发生，杀死体表被毛上的致病菌，防止某些传染病和霉菌病的发生，加快体表血液循环，促进机体的新陈代谢，提高机体的抵抗力。

6. 认真护理仔犬，提高仔犬成活率　保证仔犬的成活率，是提高犬繁殖力的又一重要环节。提高仔犬成活率，必须做好仔犬的护理工作，谨防出现“丰产不丰收”的局面。由于仔犬活动能力弱，可能被母犬压死、踩死、咬死，或叼出窝外，导致夜间被冻死或饿死，因此必须适时看护，加强值班；保证每只仔犬都能及时吃上初乳，并认真观察和掌握仔犬的发育情况，及时哺乳和饲喂，过好仔犬的开食关(一般在20日龄后可适当补饲)；出生后第5～6周，母乳分泌逐渐减少，此时应过好仔犬的断奶关。

# 第三篇　犬的护理与美容

# 第一章　宠物犬的护理技术

## 一、护理的意义

良好的护理会使犬健康可爱、行为得体，同时它也将轻松自如地融入社会，不会让你及家人感到烦恼。宠物与人朝夕相处，为了保持健康与美丽，必须进行护理与美容。以犬为例，犬一般在洗澡后 3 天开始散味，其体味根据犬种的不同也有很大差异，一般人对此非常敏感。同时，犬的体温比人类的体温要高，细菌繁殖更快，更容易得皮肤病。因此，犬体的清洁与护理对健康是非常重要的，可防止犬发生皮肤病和寄生虫病。

犬的皮肤非常敏感，由于毛量多、通风差等易造成皮肤的新陈代谢不畅。在高温多雨的天气里，为犬洗去肌体上和毛层上的污垢以促进血液循环和新陈代谢，促进被毛生长。洗澡是以保持被毛的清洁、健康为目的，但不需要经常洗澡。幼犬顽皮好动，很容易变脏，洗澡次数要多一些；成犬要视运动量、环境、毛的长短和色泽，决定洗澡次数，平均成犬 1 个月洗澡 1～2 次即可。

洗澡时对浴液也有要求，要保持被毛的酸性在 pH 值 5 左右(犬种不同其酸碱度有所差异)，就能保持毛发的色泽和健康。含碱度高的溶液洗净力强，但对皮肤的损伤也大，去除顽固污垢时可适量用，用后再用可以中和碱性的护发素保护皮毛。

## 二、护理操作时应注意的问题

### （一）年龄及健康状态检查

首先应引起我们注意的是一些隐性的病症，如心脏病，这种病在不发作时，无任何表现，不易被发现，一旦发作就非常危险，容易造成死亡。发病症状主要是呼吸急促、舌色发绀、眼睛凸出、倒地四肢僵直，触摸发病犬心脏部位，能感觉到心跳加速，此种病多数为遗传，如查理士王小猎犬、玛尔济斯犬等。另外，还有先天发育不良（体弱），心丝虫，肥胖，紧张惊吓，劳累过度，环境改变等原因引起，另外，美容护理时操作不当也会造成此病发作，如洗澡、烘干时温度过高或室内通风不畅。

### （二）呼吸系统问题

这种病常见于口鼻较短的犬，由于此类犬自身条件引起的鼻道狭窄、鼻道内皱褶多等原因引起呼吸不畅，继而引发原有心脏病的发作。另有一种犬也会出现呼吸系统问题，如吉娃娃犬，多会发生先天性气管塌陷，造成呼吸困难。所以，美容护理的环境一定要温度适合，通风良好。

### （三）腰椎问题

此种病常见于京巴犬、西施犬、腊肠犬等腰身较长且塌腰的犬，多数为遗传，但也有因外力作用造成的腰椎损伤，此病易复发，多次复发后易造成瘫痪，后果较严重，所以在接受犬美容护理时，一定要与犬主沟通，以防意外。

### （四）身体检查

1. 眼睛　眼部较凸出的犬应注意在护理美容过程中不宜用力拉扯其头部及耳部的毛发及皮肤，因其眼部较凸出，太过用力会造成眼球从眼眶脱出，引起不必要的损伤，如京巴犬。另外，在护理美容前确定犬是否有外伤，淋浴前要点几滴保护性眼药水，美容护理工作全部完成后，再上1次眼药水。

2. 耳朵　如发现有耳炎或因耳炎引起溃烂、异味时应注意，不可贸然清理，以防恶化；如发现由细菌（葡萄球菌）、耳痒螨等引起的耳垢、组织增生，不易一次清理干净时，应送犬就医。耳部护理就是将犬耳内的耳毛及污物清除，令犬的耳部清洁，所以在用耳毛钳拔除耳毛时，要注意不要划伤耳部皮肤；用棉花做耳部清洁时手的力量不可太大，犬耳内为很敏感的黏膜组织，用力摩擦会破坏黏膜，引发耳炎。

3. 皮肤　如犬皮毛里发现有真菌、螨虫、跳蚤、虱、蜱等成虫或排泄物，应先治理再美容，否则会污染美容室，影响到其他犬健康。如有湿疹或伤口感染情况，视其范围大小、轻重，先判断后再做淋浴。

4. 肛门　了解犬近日是否有腹泻或排泄物中是否有体内寄生虫。在挤肛门腺之前检查是否已有穿孔、肿凸的现象，如有则应先医治再美容。

5. 四肢　美容前先观察犬站立是否正常，如有抖动、缩腿，有可能是肌肉拉伤或骨折，要将情况告诉犬主。

### （五）冲凉及烘干

洗澡时要注意水温的调整，水温应调为35℃～45℃，夏季水温略低一些，冬季可略高一点，用自己的小臂来试水温，以不烫为准。在冲洗过程中，要随时注意水温的变化；使用风筒进行吹干时，注意出风口不要离犬的身体太近，而且不要总定在一处吹，要将风筒不停地抖动，这样就不会烫伤犬。使用烘干机时，温度控制在40℃以下，依毛量及体型控制烘干时间，老龄犬及紧张型的犬不可使用烘干箱，改用风筒手动吹，因前者易休克，后者会在箱内跳跃、冲撞，难免受伤，而且紧张型犬还易出现另一种状况，就是在烘干完成后在你伸手捉它出来时，因紧张过度而张口咬人；烘干机器使用中如有异声，应立即关机检查；定时对烘干箱进行紫外线消毒，避免交叉感染疾病；发情的母犬不可与公犬同箱烘干。

**（六）降低反射神经敏感度**

洗耳、剪指甲、梳毛的过程中，犬一旦有了痛感，会自卫性地咬人，这种现象是犬反射性动作，因此在美容护理时动作要轻、柔、快、稳，并且时刻注意犬的反应。

**（七）做好保定防止受伤**

美容台上的吊杆需依照犬的身高定好高度，套绳确保扣牢，以防止犬从桌上向下跳、踩空而摔地，造成骨折或脑震荡。犬在放到美容台前，应将台面清洁干净，以防犬将台面上的物品误吞下肚，台面上除美容师梳外，不得放置任何工具。在给犬进行剃毛或剪饰时，要注意公、母犬的外生殖器、乳头、脚底的肉垫、舌头，以免刮伤。

**（八）逃亡或走失**

箱笼门锁不牢或套绳没有扣牢，在不经意的情况下会出现宠物逃跑，给护理美容工作带来一定的难度，因此一定要将宠物放入固定的笼中或系在结实的固定物体上，最好由专人看管。

**（九）保护自己**

为宠物做美容护理时，时刻关注其反应，提高保护自己的意识。接近一只陌生的犬时，首先将其放于桌面上并离开几步，或将牵犬绳拿在手中，然后靠近犬看其反应，如没有攻击性，可将手背让其嗅闻，如表现友善，可从犬后面将其抱起，带至美容室。如遇到过凶的犬，应先让其主人用绷带或保定圈、口罩将其控制好后进行护理。

## 三、对犬常见皮肤病的认识与处理方法

犬皮毛是机体健康状况的直接表现，皮肤光滑、毛发浓密油亮意味着机体状态良好，反之皮毛晦涩、凌乱、脱毛往往是机体疾病的信号。因此，了解疾病与皮毛的关系，有助于判断犬健康状况，是否适合做美容，提高警惕，避免美容风险。

### （一）寄生虫病

寄生虫可以分为外寄生虫和内寄生虫，外寄生虫主要包括跳蚤、虱、蜱、疥螨、蠕形螨；内寄生虫主要包括蛔虫、钩虫、绦虫、心丝虫等。跳蚤、虱子可引起动物瘙痒，抓挠，皮肤红点、破溃，细菌感染，大量感染可以引起动物贫血，皮毛暗淡无光。疥螨、蠕形螨的感染可引起皮肤瘙痒、红肿，掉毛，严重可引起皮肤增厚和色素沉积（多见四肢和头部）。内寄生虫的大量感染可以引起动物营养不良，消瘦，皮毛干燥、晦涩。其中钩虫可钻入皮肤，引起皮肤发炎（多见爪部）；绦虫的孕卵节片可在肛周活动，引起肛门瘙痒，犬啃咬引起肛周及尾根发炎，并可在肛周毛发上见到芝麻粒大小干燥卷缩的孕卵节片。

### （二）皮肤细菌感染

主要为葡萄球菌感染，常见浅层脓皮症，深层脓皮症。可见局部、多部位或全身性丘疹、红斑、脓疱，严重者出现皮肤红肿、糜烂、溃疡，甚至化脓性感染。被毛枯燥，无光泽，皮屑过多及不同程度的脱毛，瘙痒程度不等。

### （三）皮肤真菌感染

常见最典型症状为脱毛，圆形鳞斑，红斑性脱毛斑或结节，也有无皮屑但局部有丘疹、脓疱，被毛易折断等症状。真菌症状较为复杂易与其他皮肤病混淆，应做实验室检查确定，但真菌引起局部

脱毛的现象最为常见。

**(四)伤口感染**

伤口感染是由于伤口(如咬伤、烧伤、割伤等)的处理不当造成的,处理的方法如下:伤口超过6小时以上的,不可缝合,只需要止血,流血严重的需要手术缝合。如果已化脓,则用3%过氧化氢溶液清理化脓部位,扩创,并使用碘酊涂搽患处,保持犬活动范围干燥,避免化脓部位潮湿,同时口服抗生素类药物。引起体温明显升高的情况下,则需要静脉给药治疗。如果伤口内有像水样波动感,说明化脓比较严重,需要到医院把伤口切开,排脓后缝合。如果只是周围有一些红肿和发干的现象,那么都是伤口愈合的标志,打3天消炎针即可,也可以口服阿莫西林7天,预防伤口感染。

**(五)过 敏 症**

过敏症常见于食物过敏、跳蚤过敏及异位性皮炎,过敏原多为花粉、尘螨、纤维、人的皮屑等。最常见的症状是瘙痒,并伴有长期的慢性耳炎,趾间潮红,眼周、下巴、腋下红肿、脱毛,并因发病时间较长而出现皮肤增厚和色素沉着。常因动物瘙痒抓挠引起掉毛及皮肤发炎。在给宠物护理美容时发现慢性耳炎及趾间发红应首先考虑过敏问题。

**(六)内分泌疾病**

内分泌引起的脱毛在临床较为常见,往往脱毛面积较大且呈对称性,一般无瘙痒症状,常见的内分泌疾病有:

1. 肾上腺皮质功能亢进(库兴氏病)　除头部和四肢外出现对称性脱毛,被毛干燥无光,皮肤变薄、松弛,色素沉积,皮肤易擦伤出血,严重的出现钙化灶。

2. 犬甲状腺功能减退　犬躯干部被毛对称性脱毛,被毛粗糙、变脆。应注意有甲状腺功能减退的犬剃毛后可能出现不长新毛的现象。

3. 雌激素过剩　脱毛往往先出现在后肢上方、外侧，呈对称性，皮肤基本正常，多见于发情周期异常、经常假孕的母犬，也常见于患有睾丸支持细胞瘤的公犬。

### （七）免疫性疾病

如天疱疮、红斑狼疮等，在鼻梁、眼周、耳周出现糜烂、结痂、鳞屑，鼻部色素减退等，但临床发病率比较低。

### （八）营养性疾病

长期的营养不良会引起皮毛无光泽、脱毛、皮屑较多等现象。维生素、微量元素的缺乏也会引起一系列的皮肤问题，如：维生素 $B_2$的缺乏会造成皮肤皮屑、红斑；维生素 A 的缺乏会造成皮肤角化问题，皮屑增多，被毛暗淡易脱落，常见的为美国可卡犬的维生素 A 应答性皮肤病；微量元素锌的缺乏会引起角化过度和嘴、眼周围、下颌、耳朵上出现红斑、脱毛、结痂和鳞屑，哈士奇犬最为多见。

### （九）胃肠道疾病

长期慢性的胃肠道疾病一方面会影响犬的营养吸收，造成营养不良，体内维生素吸收或合成不足（如维生素 A 原无法合成维生素 A），造成皮肤营养不良，皮毛暗淡、枯燥，另一方面胃肠道问题会造成酸中毒和机体脱水，皮肤失去弹性，皮屑增多。

### （十）肿　瘤

体内的肿瘤因侵害的器官不同，表现出的皮肤问题也各不相同，肾上腺皮质肿瘤会引起库兴氏症，睾丸支持细胞肿瘤会引起后躯对称性掉毛等。皮肤的肿瘤一般都会有肿块或突出物，皮肤可能破溃掉毛，色素沉着和破溃等。不同性质的肿瘤会有不同的皮肤表现。

### （十一）肝脏、肾脏问题

肝脏问题会引起直接胆红素代谢障碍，皮肤出现黄疸，高胆酸在血中的浓度增高时，会沉积于皮肤，导致严重的皮肤瘙痒等。肾脏问题会造成血中磷浓度过高，也会出现皮肤干燥、瘙痒等。同时肝、肾问题往往是慢性过程，会直接影响动物的营养状况造成皮毛营养不良，掉毛、皮屑多、无光泽等。

疾病和皮毛的关系复杂，我们很难单凭皮毛的表现去确诊为何种疾病，但应具有足够的敏感性，能及时发现问题和造成疾病的可能原因，能够及时就医。

## 四、宠物犬美容工具的识别、使用与保养

### (一)刷　子

1. 钢丝刷　刷去死毛，令被毛柔顺，有大、中、小型和软、硬之分。

2. 针梳　增加毛量，防静电，令皮肤健康。

3. 鬃毛刷　分猪鬃毛刷和马毛鬃毛刷等，适合软毛犬使用，不易弄断披毛，有助血液循环，皮肤保持光泽感。鬃毛刷分大、小两种型号。

### (二)梳　子

犬用的梳子多由金属制造，按梳齿的疏密程度分类(图 3-1-1)及其用途如下。

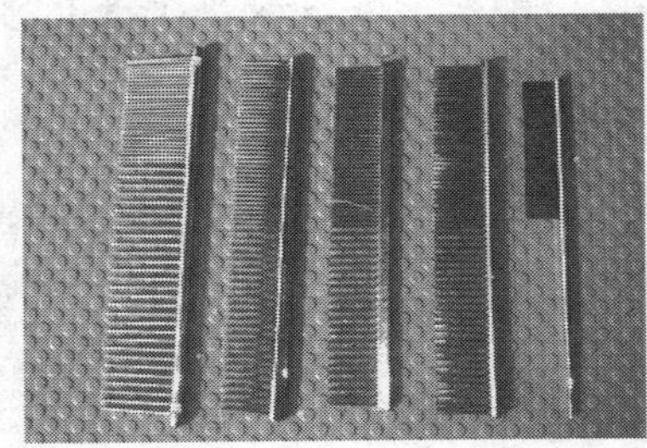

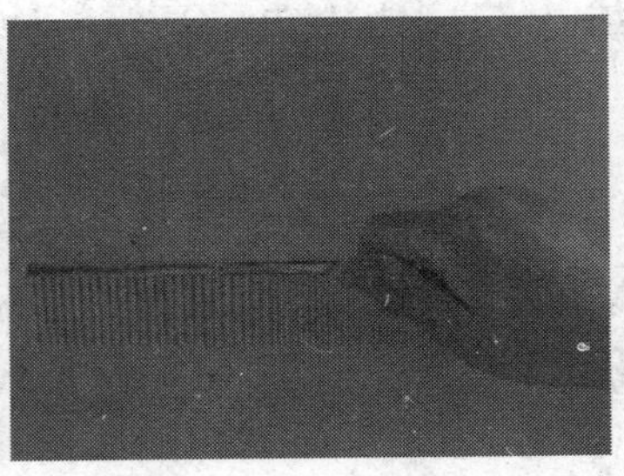

图 3-1-1　梳子的种类及阔窄齿梳握法与使用

1. 最阔齿梳(牧羊梳) 梳理大型犬及厚毛犬。

2. 阔窄齿梳(粗细齿梳) 美容专用梳子。

3. 双层齿梳(长短齿梳) 适合厚毛及双层毛犬。

4. 密齿梳(面梳) 适合长毛犬面部、眼和嘴部用。

5. 极密齿梳(蚤梳) 用来梳去蚤子。

6. 分界梳(挑骨梳) 适合为犬扎髻、扎毛和分界。

## (三)修剪工具

剪刀种类及握法见图 3-1-2。

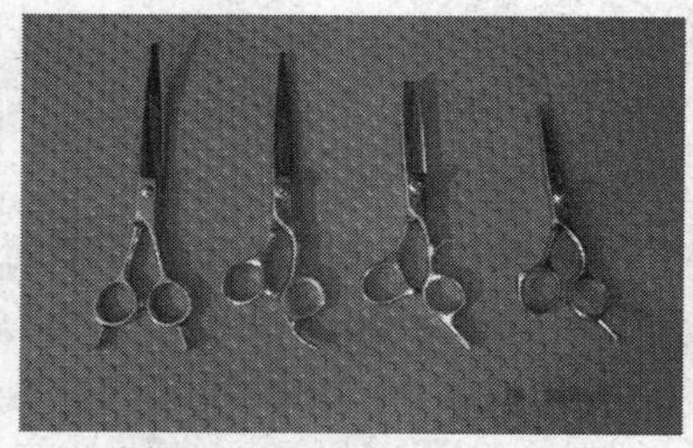
弯剪、长剪、去薄剪子(牙剪)、小直剪

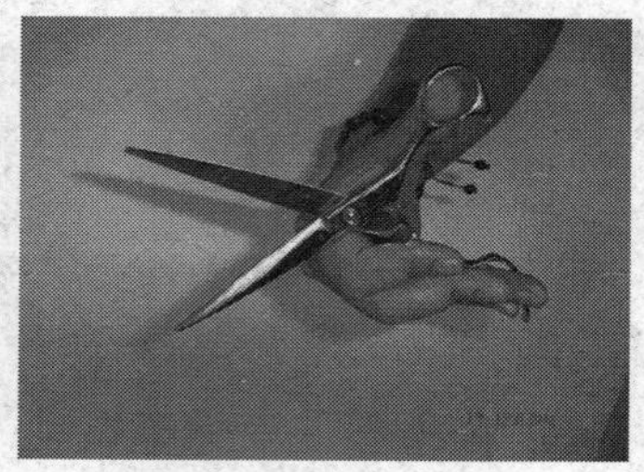

图 3-1-2 剪刀的种类及其握法与使用

1. 剪 刀

(1)直剪 用于为宠物修出整体的造型;常用的有七寸直剪刀、五寸直剪刀,五寸直剪刀只是为了配合七寸直剪刀而特设的,用在一些细节部位的修剪,它的尺寸更小,更便于操控,可修剪头部或脚部的一些绒毛的修剪。

(2)弯剪 弯剪也是一种特殊功用的剪刀,适用于线条及脚型等部位,如用于贵宾犬的造型设计,因为这些犬种的尾部要剪成圆形,因此修剪时就要让毛显出弧度来。

(3)牙剪 能剪出层次及打薄等。

2. 电剪 可换上不同的刀头,常用刀头型号有 4 号、7 号、10

号、15 号、30 号、40 号等(图 3-1-3)。

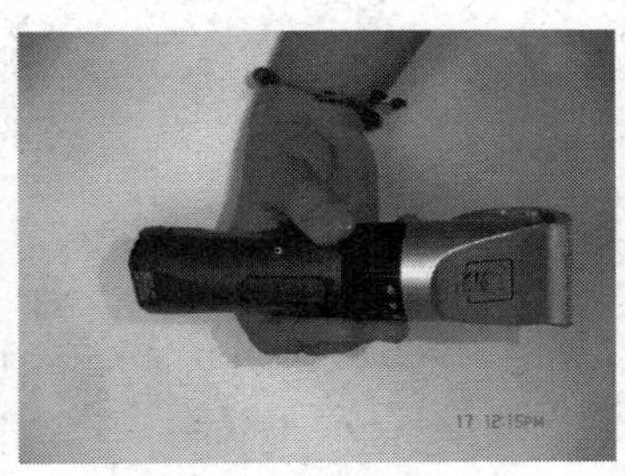
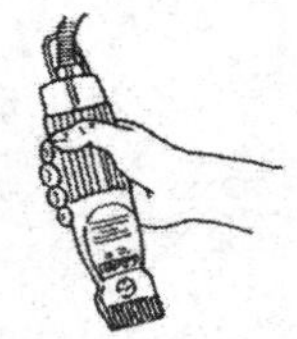

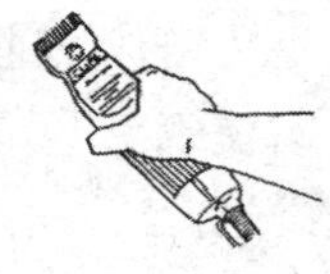
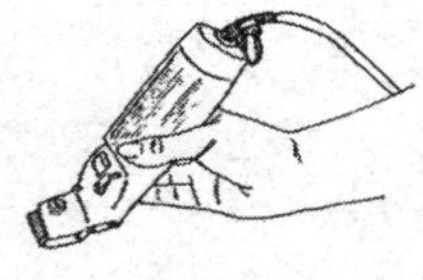

**图 3-1-3　电动剪刀手握的姿势与使用方法**

4 号(4F)刀头用于修剪贵宾犬、北京犬、西施犬的身躯；7 号(7F)刀头用于修剪㹴犬及可卡犬的背部；10 号用于修剪犬的腹毛、面部、尾部，使用范围较广；15 号刀头用于犬耳部的修剪及贵宾犬的面部、脚底毛的修剪；刀头的型号越大，则留下的犬毛越短。

**(四)其他美容工具及用品**

1. **止血钳、耳毛粉和洗耳水**　为犬拔耳毛及清洁洗耳道。

2. **趾甲刀、趾甲锉、止血粉**　为犬修剪趾甲。

3. **解结刀**　为犬解除毛结。

4. **吹水机**　犬洗澡后为犬吹去身上的大部分水分，使毛达到八九成干。

5. **吹风机**　将犬毛发完全吹干，类型有桌上型：置于工作台上，可随时调整出风位置；因为体积较大要占用较大的空间，很少使用。立地式：有滑轮脚架，可四处移动，出风口 360°调整，使用最广泛。壁挂式：固定于墙壁，有可移动悬臂(上下可转动 45°，左右转动 180°)占空间最小。

6. 吸水毛巾　犬洗澡完后为其擦去身上的水分。好的吸水巾要求:收缩膨胀比高,表面光滑不伤毛,耐拧耐拉,常湿状态下不易发霉。

7. 美容纸　保护毛发及造型结扎使用。

8. 橡皮圈　结扎固定使用。用于美容纸、蝴蝶结、发髻、被毛等的固定,以及美容造型的分股、成束都需利用不同大小的橡皮圈,一般最常使用的是 7 号、8 号。

9. 染毛刷　这是为方便宠物染毛而特设的产品,一头是斜边,用来上染毛剂为宠物染毛,另一头是梳子,可在染完毛之后,梳理毛发,让颜色更快渗入。

10. 染毛剂　染毛就是要让自己的宠物宝贝换个颜色,脱胎换骨。其实染毛的过程与人染发差不多,将染毛剂抹到宠物的毛上,就能变幻出喜欢的颜色。

11. 刀头清洁剂　用于清洁电剪刀。

12. 刀头冷凝剂　对使用过程中过热的刀头起迅速降温的作用,防止刀头过热烫伤犬或烧破电剪。

13. 剪刀油　对剪刀起到保护作用,经常使用可延长剪刀寿命。

14. 洗眼液　护理过程中用于清洁眼睛周围的脏物。

另外,还有洗澡液、美容台、美容服。

**(五)宠物美容工具的保养**

剪刀不能打空剪,不能用于剪毛以外的任何裁剪,用后需消毒。电剪刀头用后须将毛发刷净、消毒,放在洗刀头油中清洗,然后上刀头油进行保养。吹风机开时先开风量控制开关,再开热量控制开关;关时先关热量控制开关,再关风量控制开关。吸水毛巾用后将其消毒、漂洗干净,折叠好放在盒子里备用。

# 五、被毛的护理

犬的被毛不仅可以保护皮肤、防寒保暖，而且可以美化体型。对于观赏犬来说，一身美观健康的被毛尤为重要。

犬的被毛，以长短分，可分成长毛、中毛和短毛；以品质分，可分为直毛、卷毛、波状毛、绢丝毛、粗毛、刚毛、细毛、绒毛等。针对这些不同的毛质，我们对待的手法也要不同。

1. *双层毛犬*　像西高地㹴和雪纳瑞犬都是双层毛的犬，背上的被毛既有表层的硬直毛，又有底层的软绒毛，对待这种类型犬的日常护理就需要用㹴犬专用的硬毛洗毛水，这样才不会造成洗毛水将毛软化的不良后果，其次洗澡的次数也不宜过密。日常的梳理也是很重要的，被毛应用拔毛刀做修剪，平时可用去死毛刮子将底层绒毛去除，只剩下表层的硬直毛。

2. *丝毛犬*　同属㹴犬的约克夏㹴的被毛却大不相同，全身是单层毛，而且毛质属丝毛，因丝毛犬的毛质细软，在平时护理上要下工夫，否则极易干枯折断。洗澡的洗毛水要用含护毛素成分的或者在洗澡后单用护毛素浸润，洗澡后吹干时的风温不宜过高，过高会令毛脱水变干易折断，梳毛的工具应使用针刷或鬃毛刷，这样会令被毛的损失减到最小。因丝毛犬多为长毛，所以要想使毛不因打结而损失掉的话就要经常梳理，在日常梳理时喷洒一些除静电的护毛油，这样既可有效地保护毛又减低了梳毛的难度。

3. *卷毛犬*　对于卷毛犬来说平时的梳理是很重要的一环，因卷毛犬的毛不易脱落所以很受养犬人士的喜爱，如贵妇犬、比熊犬，但卷毛犬往往拥有一身浓密的卷曲被毛，所以非常容易打结，并且所打的结还非常结实，如果不想让爱犬被剃成无毛犬或者不想解结解到手酸困的话，那就要每天给它梳毛，尤其是两耳后、颈部、腋下等地方。另外，梳毛的工具应使用大小合适的钢丝刷和美容师梳(疏密齿梳)或贵宾排梳(阔齿长梳)。

4. 软毛犬　软毛犬多数为长毛犬,像西施犬、马尔济斯犬、阿富汗犬,这种毛质的犬在护理上和丝毛犬有大同小异的地方,因软毛犬的毛不如丝毛犬的毛有油性及弹性,所以在梳理的时候更应该注意梳子的使用和力度,在洗澡时更应注意护毛用品的重要性。

5. 短毛犬　短毛犬的被毛管理重点是如何令被毛充满光泽,这种效果不光是要注意洗毛水的品质,更重要的是营养,而其实所有的犬对营养都有不同的需求,虽然犬的被毛主要是由先天遗传所决定的,但后天的营养也起到很重要的作用。另外,还有饮食、锻炼、犬舍条件、铺垫的质量、日常护理和美容方式等。

**(一)影响犬毛发质量的因素**

1. 营养　人有人餐,犬有犬食,喂养的好坏对犬的毛皮至关重要。并非所有的犬都可以喂同样的饲料。喂养天然饲料,不含饲料添加剂不会有负面效应,犬身上不会生跳蚤,而且喂养合理的饲料还会使毛发油亮,有光泽。比如食物中可以将蔬菜、牛骨、牛肚、羔羊肉、鸡肉、牛肉等配制在一起,每隔 2～3 天为犬配制 1 次肉类和糙米食用。晚上可以适当加喂 0.5 毫升的植物油,有益于毛皮的生长。饲喂天然饲料一定要合理搭配,确保犬体内所需的各种维生素和矿物质。蛋类营养丰富,酸奶含钙量高,奶酪含钙量高,其他营养成分含量高且质优,大部分犬都喜欢。小麦、大米、豆类通常也用于配制犬食,混合均匀喂养,蔬菜可以任意添加,但要保证清洁晾干。

犬也喜欢吃水果,有的喜欢香蕉,有的喜欢橘子,还有黑莓和苹果,甚至还有喜欢卷心菜和甘蓝的,但葡萄不适宜喂犬。

另外,橄榄油、花生油中含脂肪丰富,鱼、酵母、海藻、蒲公英等具保健作用。麸皮等含纤维丰富的饲料有助于预防肛腺疾病。醋对关节和免疫系统有益,应适当添加。

全价干饲料有许多好处，营养全面，容易存放，喂食简单、快捷又干净。

市场上有许多全价干饲料，某些犬种不适合高蛋白质饲料，因为食用过多的蛋白质会使犬活动量加大，爱斗，因此根据爱犬特性，选择合适的品牌，而不是越贵越好。

2. 寄生虫　犬身上如果有了寄生虫，毛发质量就会下降。

3. 运动　适量的锻炼，如散步、自由奔跑会促进犬的健康。带犬出去散步回来后要仔细检查，把身上沾的异物如尖锐的东西、草籽等清除干净。特别要检查脚上是不是沾有异物，寒冷的季节，趾间经常会塞有雪或冰，这会导致趾间炎。不同品种犬的活动量也不尽相同。

4. 犬舍条件　对犬的毛发也有很大的影响。长期睡在水泥地上的犬，身上的毛发尤其是肘部毛发容易脱落；长期睡在草地上的犬常有被虫子叮咬过的痕迹，并由于潮湿而发生皮肤炎症；严重的常因抓挠，使其漂亮的毛发毁于一旦。

铺垫和地板应经常洗刷消毒保持清洁，不能使用太浓烈的消毒剂，因为它可刺激犬的皮肤，尤其是被犬舔到是很危险的。

对有些品种的犬需要特别注意清除皱褶里的脏物，像斗牛犬和中国沙皮犬，要保持皱褶处干燥，避免受刺激或感染。还要注意犬面部的皱褶，由于皱褶不断摩擦会对敏感的眼睛表面产生刺激，必须把皱褶处翻开用温水清理，擦干毛发，然后用毛巾将爽身粉或淀粉撒在皱褶处。每周清理 1 次皮肤皱褶处。

### (二)犬毛发的护理方法

梳理时，把犬放在美容台上，要使用合适的刷子把毛发往上掀起，刷下面的毛。必要时可用美容喷雾，从腿部逐渐往上梳理。对于全身长满毛发的犬进行刷毛时，先梳理臀部的毛发，再顺着背部和颈部梳理，特别要注意耳朵后面和四肢内侧的毛发，这些部位的毛发非常容易打结。操作如图 3-1-4 所示。

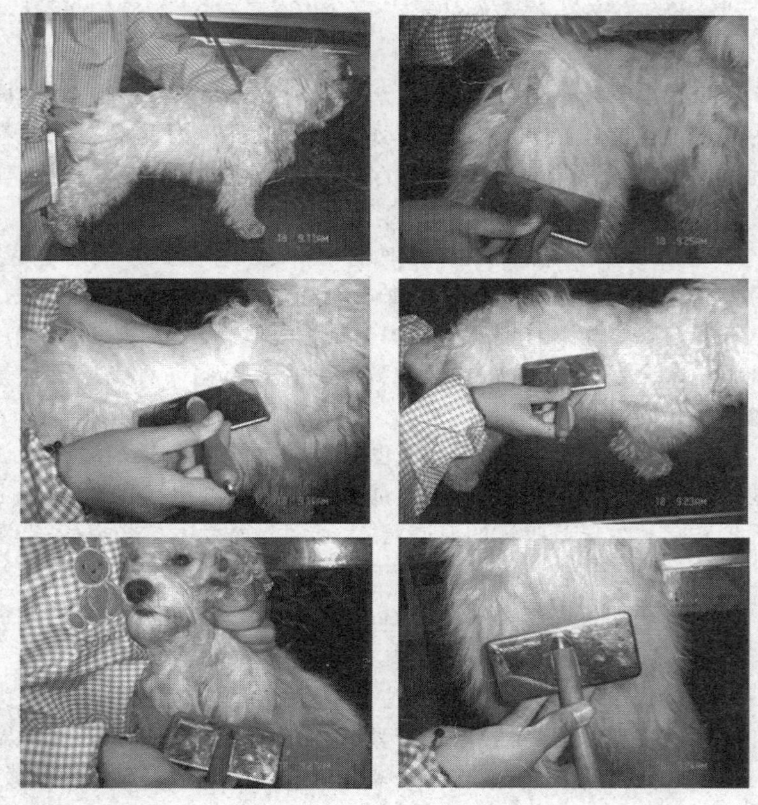

图 3-1-4　被毛梳理

刷头部、耳朵和胡须等部位，可用毛结分裂器或借助剪刀把毛结一片片分开，操作时要先松动紧紧缠在一起的毛团，然后再用手指剥离毛发。用这些方法处理时要抓住犬的皮肤或者是缠结的根部，否则会扯拉犬皮肤造成疼痛。

长期疏于护理的犬特别是长毛犬浑身会形成非常严重的毛结，因为严重的毛结很难除掉。满身内毛缠结的犬洗澡后吹干，一旦毛发被吹干，外毛经过梳理，看上去被毛蓬松，效果不错，但是外毛下面的底毛却有严重粘连。在毛发有缠结时为犬洗澡，香波会渗入到毛结的里面，因冲不干净而刺激皮肤引发皮肤病，下次做美容操作则更难。只有把犬身上所有的毛结、粘连都去除掉，犬才会感到舒服。毛结严重的犬，先喷洒除结液，渗浸1分钟左右，然后用刮刷或毛结分裂器清除。必要时可用剪刀或电剪将毛发剪掉，减少犬的痛苦。

## 六、眼、耳、牙齿的护理

### （一）眼睛的护理

保持眼睛清洁，经常性地检查眼眵和泪腺，用浸湿的棉球擦去沉积的异物，否则会形成硬块，发展为红眼病。洗澡前还要为犬滴上护眼水，同时也可软化眼角的分泌物，洗澡时更易清洁（图3-1-5）。

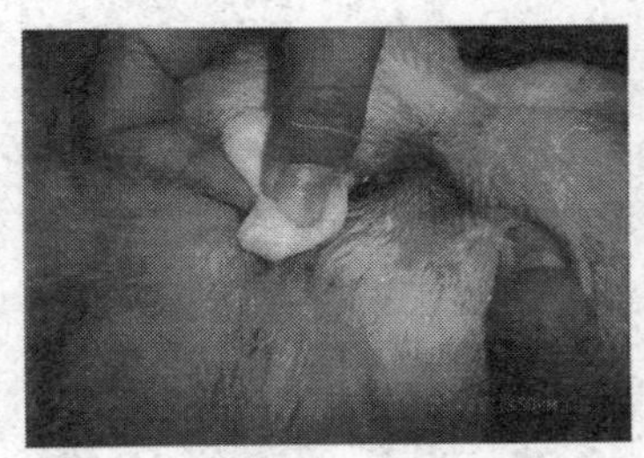
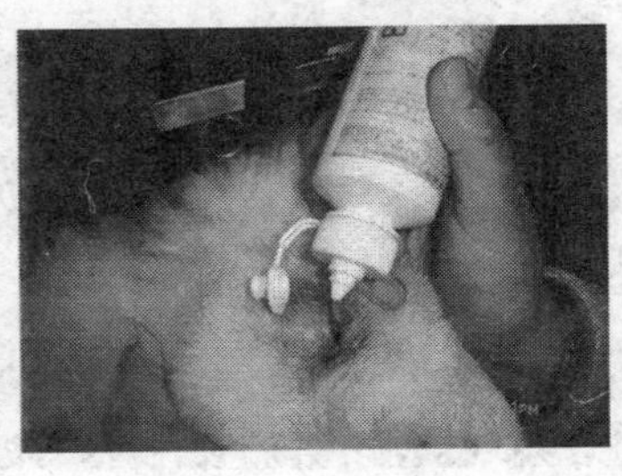

**图3-1-5　清洁眼睛**

### （二）耳朵的护理

犬的耳朵比较容易感染疾病而且很难治愈，尤其是长耳犬。由于耳朵内易聚集碎屑、潮气、灰尘，而这些都是病原微生物的孳生之地，常见病有耳螨、中耳炎等。

定期检查、清除耳部多余的毛、抹蜡等都是保护耳道的好办法。但是，过于频繁地清理耳朵也会使情况变糟，所以要适度清理。

在洗澡前要清洁耳道，方法是先把一小块脱脂棉缠绕在止血钳上，把洗耳水倒在脱脂棉上，进入耳道内打转清洗。先清洗犬的外部耳道，然后将能看见的深部也擦干净，切记不论是耳毛的拔除还是耳道的清洗，只能将工具用在我们眼睛能看到的部位。

如果耳毛过长，并有污垢，要将耳毛拔除。方法是先将适量耳毛粉倒进耳洞，然后轻揉耳洞，耳毛粉充分和耳毛及耳道接触，这样耳毛就会变涩利于拔除，拔除时动作要快且稳，这样可以减少疼痛。有时耳洞很小手指拔不到的毛可借助耳毛钳来完成，使用耳毛钳时一定要将犬的头部固定好，用止血钳一次一点地拔掉耳内的毛（图 3-1-6）。

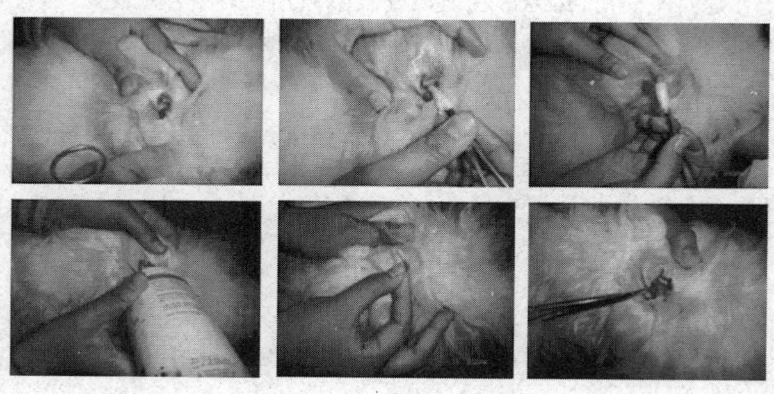

**图 3-1-6　耳道的清洁**

### （三）牙齿的护理

越来越多的宠物犬吃犬粮而不是安全的生骨头，所以齿垢堆积就成为不可忽视的一个问题。齿垢会招致牙龈疾病和龋齿。因此需要经常为犬刷牙和除牙斑。如图 3-1-7 所示。

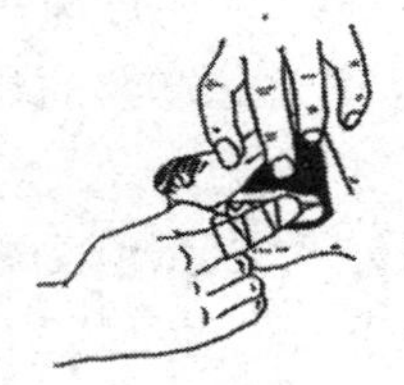
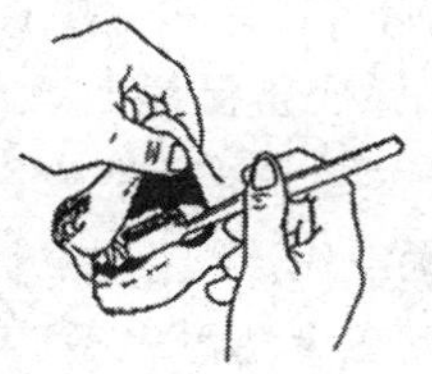
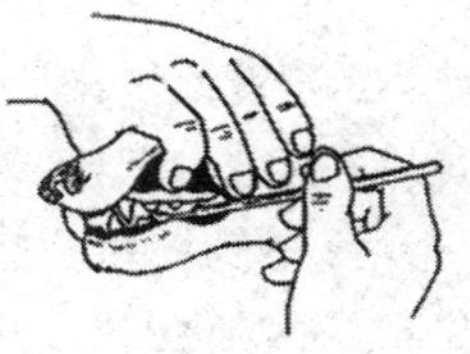

图 3-1-7　牙齿的清洁

(四)趾甲的护理

宠物犬的趾甲因其磨损少故需经常修剪，若趾甲过长就会扎入肉中，导致爱犬疼痛和走路困难，所以修剪趾甲是美容必不可少的工作。此项工作看似简单，其实不然。现在有各种犬类专用趾甲钳，使用起来很方便。修剪趾甲一般采用三刀法(图 3-1-8)，如此剪法有时不用锉就很光滑。注意不要剪到“嫩肉”，“嫩肉”是趾甲的脉络和血液供应处，一旦剪到嫩肉犬会非常疼，而且还可能感染。出血后应马上使用止血药。一般白趾甲犬“嫩肉”明显，不易

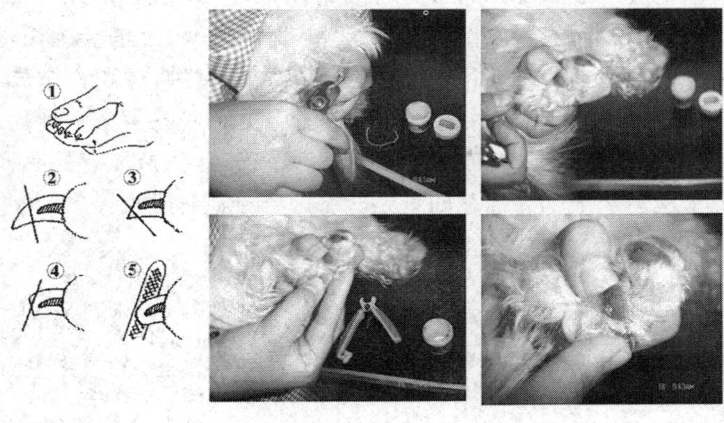


图 3-1-8　趾甲的修剪

伤到；而黑趾甲犬根本看不到“嫩肉”的位置，就必须一点点向里剪，当看到趾甲内心由干燥变得湿润时就应该是靠近“嫩肉”的位置，应停止向里剪。剪完后可用锉子锉光滑，以免抓伤人。

修剪趾甲可以在洗澡前完成，这样虽然趾甲较硬难剪，但可避免洗澡时抓伤人。也可以在犬洗澡完后（毛发烘干前或烘干后）进行，此时犬趾甲会变软，比较容易修剪。为神经过敏或易烦躁的犬修剪趾甲时，可以让别人抱住它，并与它讲话，尽快修剪。还要检查残留趾，如有一趾甲因磨不到，所以会一直弯曲生长，甚至长入脚肉中，犬会非常痛苦并可能导致感染，到那时就只能做手术了。

**（五）肛门清理**

肛门腺位于肛门下方两侧，如果被堵住，犬会表现出烦躁不安，在地板上摩擦臀部，转来转去的咬尾巴。触及它臀部时会非常敏感，有的耷拉尾巴甚至夹在两腿间。为了防止肛门腺发炎，经常给犬嚼生骨头，就会有足够的钙质排出而使排泄物变硬，肛门腺就容易排空。而现在越来越多是喂狗粮，故需要人工清空肛门腺，若不清空则会形成脓肿。通常是每次美容时为犬清理肛门腺。

洗澡前先用温水淋湿肛门，皮肤会变得柔软，犬也会放松，这时较容易被清空。一般用左手提起尾巴，右手把拇指和食指放在肛门两侧时钟 4 时和 8 时的位置，就能感觉到左右两个坚硬的腺体，向上推压使恶臭味的液体排出（图 3-1-9），这些液体有的黏稠，有的稀薄。一般吃太油腻的食物时肛门腺排泄物黏稠。

**图 3-1-9　肛门腺的清理**

# 七、犬的洗澡

## (一)洗澡前的准备

有些犬在洗澡前可以把多余的毛先修剪一下,这样可以去掉许多不值得洗、吹干和梳理的多余的犬毛和碎物,缩短毛发烘干的时间,如毛量大的厚毛犬(多毛的贵妇犬)。也可先进行局部修剪,如猎犬的脚部、臀部坚硬而脏的毛结。但是这样做往往会严重磨损剪刀和刀片,在修剪后一定要把刀片清洗干净,否则刀片会被泥、沙、毛发等碎物堵塞。

洗澡的设施要齐全:浴缸、橡皮垫子、喷雾软管、洗毛水、吸水毛巾等。浴缸一般要求宽敞、卫生、舒适、排水顺畅,齐腰的高度便于美容操作。洗澡前先要把犬放进浴缸,这项工程对于大犬来说比较困难,可以找个帮手,先把它的前爪放在浴缸上,再把后部抬起来,推进浴缸。还可以让犬沿斜梯走进去,或者是靠浴缸放个台子,鼓励犬自己跳进去,当犬习惯了美容之后,大多数都会乐意配合。浴缸内最好垫上橡皮垫子以防犬滑倒。有的还在浴缸上面的墙上钉上钩子,把拴犬的绳索挂在上面以保定犬,但有些犬不愿被束缚,拴与不拴因犬而异。

洗澡之前用棉团把犬的耳朵塞上以免进水,水温要求35℃~45℃,夏天要低些,冬天要适当高些,洗浴前用手臂试水的温度,感觉不烫即可。

## (二)洗澡方法

洗澡时先把犬的肛门淋湿,挤净肛门腺,然后淋湿全身,喷头应贴近皮肤。把稀释的洗毛水倒在犬的四脚上揉搓冲净,再把洗毛水均匀涂布全身轻搓,不能用指甲大力搓洗,最后涂抹头部,洗头时要小心,不要使香波流进犬的眼里和耳朵里,如果怀疑香波流入眼里要马上清洗。若是长毛犬一定要把毛发掀起来一直洗到毛发根部，顺毛轻柔，不可乱搓以免长毛缠结。

揉出泡沫确保洗净后就可用温水冲洗，从头部开始，按顺序洗脖子、背、左侧（包括腿部），然后再洗右侧，最后再洗尾部。冲洗要彻底，直到毛发彻底冲洗干净为止，再涂上适合的护毛素，冲洗干净，最后用吸水毛巾吸净水即可。毛发上如有残留的香波就会出现皮屑、粘连及皮肤发痒等现象。如有必要可以使用 2 次香波，直到洗干净了为止。

对从来没有洗过澡的犬，美容时会感到惊恐，这时更需要耐心，可以鼓励它们安静下来，配合美容。对于身材高大、又不喜欢洗澡的犬，最好是 2 个人一起来洗，一人洗头部，一人洗后部，这样能节省时间，让犬不至于更加厌烦洗澡。

切记不要把犬独自丢在美容台上或浴缸里，感觉拴住就很安全，其实离开几分钟就可能会发生意外。

洗毛水和护毛素的选择也很重要，犬应使用温和型、含有自然成分的香波，一般人用洗护发用品不可给犬使用，因为人类头发的 pH 值为 5.5，而犬毛的 pH 值为 7.5，乱用会破坏犬毛的质量。

犬的皮肤要比人的薄很多，所以犬不能天天洗澡，一般长毛犬 1 周洗 1 次，短毛犬 10 天左右洗 1 次更合适。

洗澡对所有的犬都有好处。如果抚摸犬时手上沾上脏物，或者毛发上有异味，那就应该把犬清洗干净，干净的毛发肯定比脏的毛发更容易梳理。

### （三）烘　干

犬站在浴缸里时就可以用吸水性强的毛巾轻压犬毛，把犬身上多余的水分吸出来。再把犬放在美容台上，然后使用吹风筒顺毛吹除水分，再把犬放入烘干笼里或用吹风机直接吹干。

对于卷毛犬（如贵妇犬），毛发干得太快会卷曲，影响修剪。一般采用边吹边拉直的方法吹干毛发。吹风时要将毛发一缕缕分开，从后脚依次往上吹干。注意不要对着皮肤直接吹风，要把毛发吹得往外散开，而且热风不要太热，否则犬会受不了。

大多数犬一般不喜欢吹风机对着脸直吹，但如果把热度和强度都调到最小犬也能勉强接受。

**(四)香波和调节剂**

要选择适合于某一犬种毛发类型的浴液，通常是一种中性的浴液。如果想清除掉犬身上的跳蚤可以选用杀虫香波，但这种香波药味比较浓烈，不宜经常使用。使用调节剂对有些犬的毛发有益，调节剂适合用于长毛发和青年犬的毛发。犬的洗澡过程见图 3-1-10。

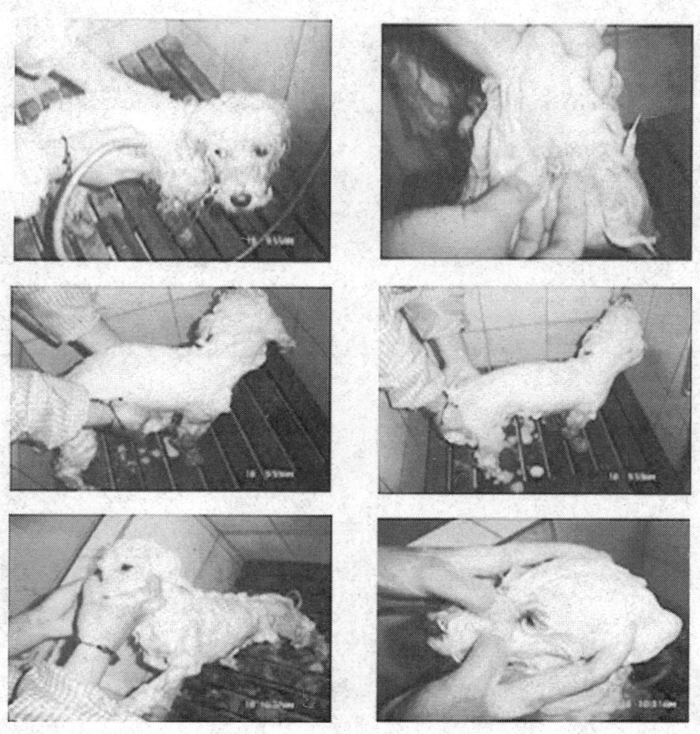

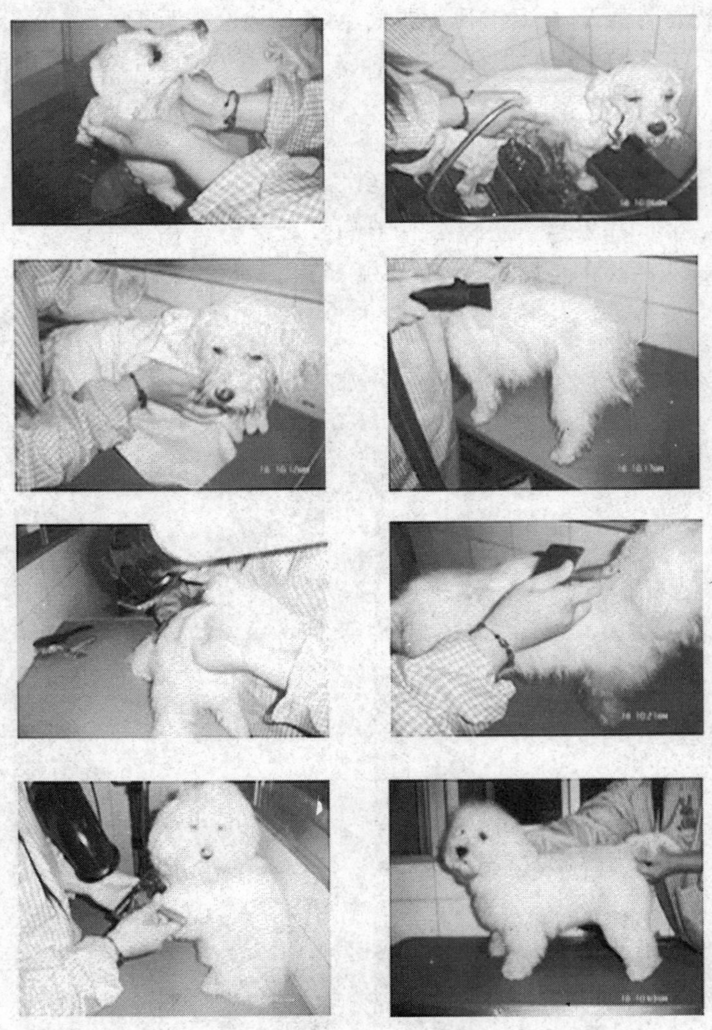

图 3-1-10　犬的洗澡过程

# 第二章　宠物犬的美容技术

## 一、美容工作中的注意事项

首先了解犬是否做过美容，有无病史，还要了解犬的性格。对于首次美容及性格不好的犬应特别当心，美容时若发现犬呼吸困难，应立即停止美容，让其安静。京巴犬、西施犬等犬种特别易出现呼吸困难的现象，故不可用烘干箱。

美容过程中，特别是洗澡前后要间隔一段时间给犬喝水。身长、腿短的犬，很易发生骨折，故美容过程中应特别当心。

剃腹底毛时要特别注意刀头的温度，尽量一次完成，尤其是白毛犬，皮薄、毛稀、易过敏。还要注意不要伤及公犬的睾丸和阴茎，母犬的乳头。公犬的睾丸和阴茎上的毛不宜剪剃得太短，以防走路时毛茬扎疼犬。

梳开毛发缠结，打造出令人羡慕、值得观赏的一流修剪造型。但如果犬满身毛结且沾满泥巴，最有效的方法就是把犬的毛发剪得很短。

## 二、如何应对“棘手”的犬

第一次美容就闹得无法进行下去的犬是很少见的，通常是神经质的犬才会烦躁不安，应让犬放松。成功秘诀是把犬的快乐置于完美的修剪之上，这需要多花点时间，但几次过后，犬就会对美容越来越有信心，乐意做美容了。经产母犬以及经常与人交流的犬常常会很好合作，而且能承受一些刺激。别忘了美容结束时在它身上拍一下或者说句赞美的话语。常见棘手的犬及应对措施通常有以下几种。

一是被宠坏的犬。被宠坏的幼仔开始时很难对付。对付这样的犬，只要你别多说话，也不要使用“儿语”，不久犬就会纠缠着你以引起你注意。因为犬害怕被人忽略。

二是紧张的犬。有些犬初到美容院非常恐惧并担心会受到攻击，为了自我保护就会咬人。此时要有信心，尊重并善待它们，和它说说话使它消除顾虑。

三是爱斗的犬。也有些犬认为自己处于被支配地位，爱斗，特别是被人居高临下地盯着时，犬会更反感。这时你可以蹲下平视或仰视犬，它会渐渐好起来。有些特别爱斗的犬，应该让它们进训练班，学会乖巧听话，或者是向专家寻求犬行为教育的指点。

四是身体不适的犬。犬常因身体的某个部位疼痛而拒绝美容，要及时发现这些问题，必要时及时实施治疗。例如，犬的牙齿和齿龈长了蛆疮，嘴周围发炎，都会因疼痛拒绝美容。

五是电剪恐惧症。最好在使用电剪时每隔 5～10 分钟就用皮肤试一下，感觉烫就停止使用，等温度降下来再用。

有些犬从来没接触过电剪，就要耐心地让它看看电剪、闻闻气味、听听声音。为犬刷毛时有意识地让电剪靠近犬转动，以让犬渐渐习惯电剪的声音，等感觉电剪在身边转动很舒服时就可以试剪了。

六是美容时受过伤害的犬。有时在家为犬刷毛时缺乏耐心，把犬撂倒后迫使它屈服，不经意间弄伤犬，或者是把犬的腿扭得太厉害，还有梳子齿太尖刮伤了犬的皮肤。对这样的犬应注意手法更加温柔，让犬打消顾虑。

驯犬是美容工作的一部分，不用大呼小叫，只要安静而细心地教，犬很快就可以学会站、坐等在美容台上的姿势，多数犬也都会非常喜欢去美容店。在为犬美容时如果犬反抗激烈，就要考虑让犬去参加一段时间的培训。了解犬的行为与习性，与犬沟通，在美容过程中非常重要。

## 三、犬的常用美容部位及骨骼结构

### (一)犬的常用美容部位

犬身体部位结构见图 3-2-1。

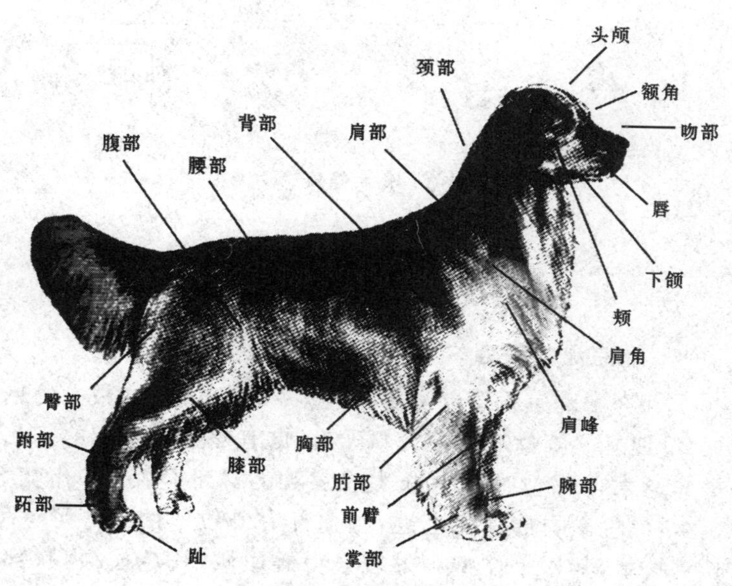


图 3-2-1 犬身体部位结构图

### (二)犬的骨骼结构图

犬的骨骼结构见图 3-2-2。

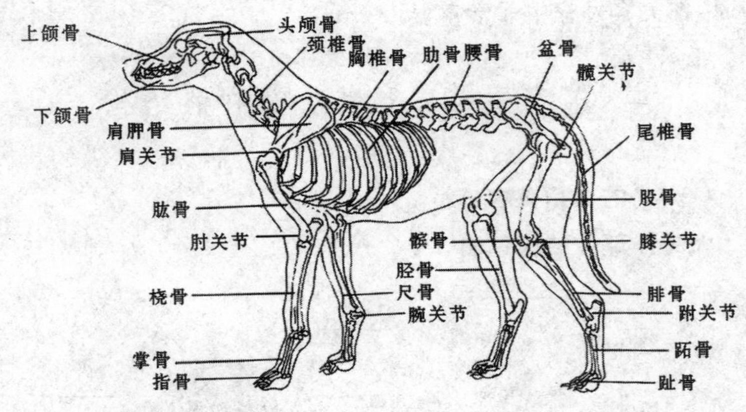


图 3-2-2　犬的骨骼结构图

## 四、常见犬种的美容

### (一)北京犬的美容

1. 简介　北京狮子犬身高一般为 20～25 厘米，最大的也不超过 27 厘米。其标准体重为 5 千克，也有超过 6 千克的。北京犬头部宽大，天庭内陷，两眼大且突出。鼻部宽扁，鼻孔宽大，眼、鼻呈黑色。吻部扁而上翘，嘴上部有皱纹。两耳心形下垂，有长毛披垂，其整个体型和外貌显得矮墩墩，长毛披被，胸部宽大，后腰细窄，前足短而后曲，后足结实修长，形成前部低矮、后身较高的外形。北京犬全身长着长直而茂密的毛，不粗、不细，光润柔软，直至腿臂、脚趾都垂着丰厚的饰毛。尤其是颈部一圈绒毛更密，蓬松飘逸，是这种犬独具的特征。其毛色多种多样，有紫红色、深黄色、黑色、浅黄色、白色、黄白花斑、黑白花斑等。但纯色的较为少见，浅黄色与褐白色相间的较多。

2. 美容前的准备　梳理全身毛发，除去缠结。检查清洗耳朵、眼睛、牙齿，修剪趾甲。用天然洗浴香波给犬洗澡。擦干并用吹风机吹干。

3. 修剪　修剪顺序：腹—脚底—前腿—背—后腿—臀—腰—胸—头—尾。操作步骤和方法详见下图。

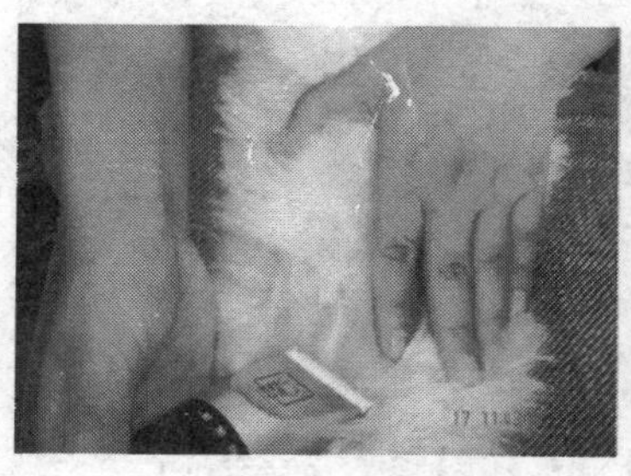

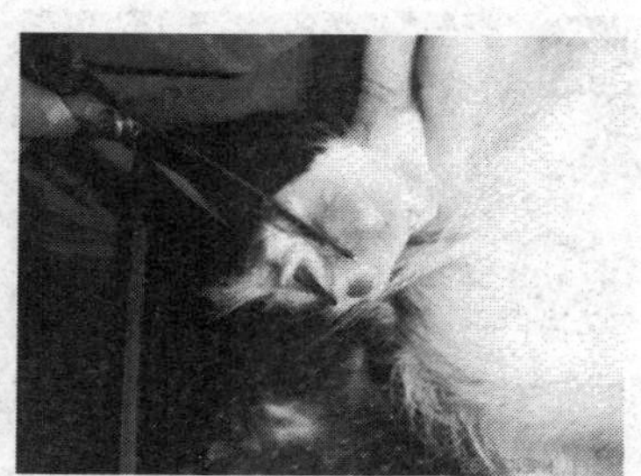

用10号刀头剃去腹底毛。

用剪刀或电剪修去脚底毛。

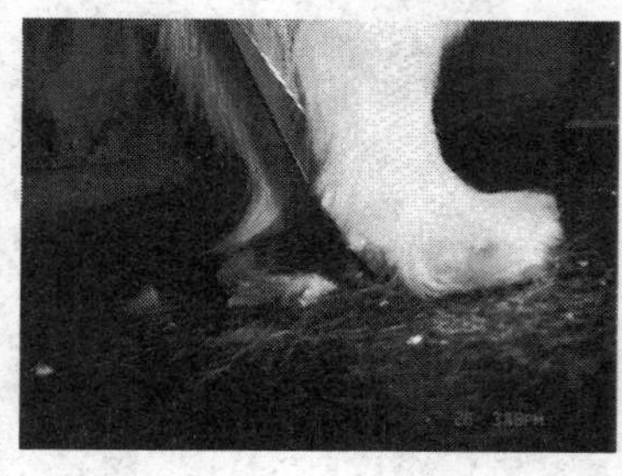

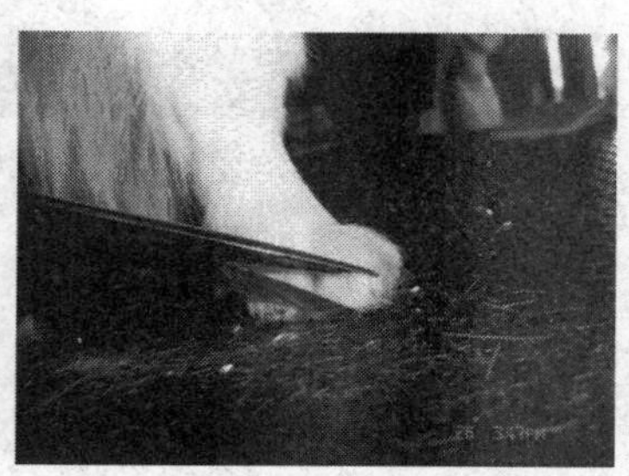

修剪脚边线。

把飞节部剪细，显得腿很细，逆毛梳到飞节处，前腿剪到脚腕处。

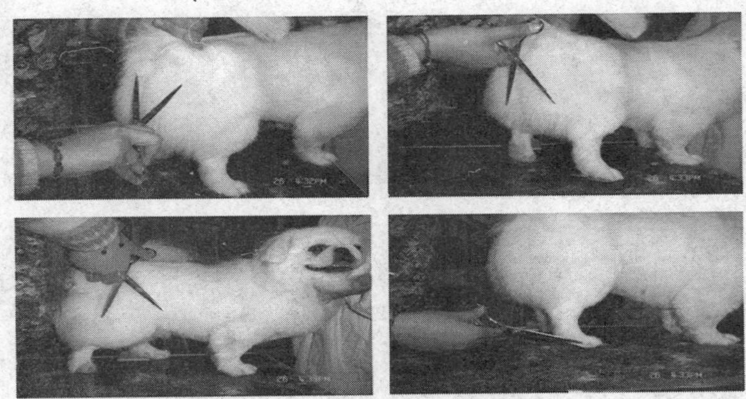

背部剪平，后腿修饰成鸡腿状，屁股为苹果形。

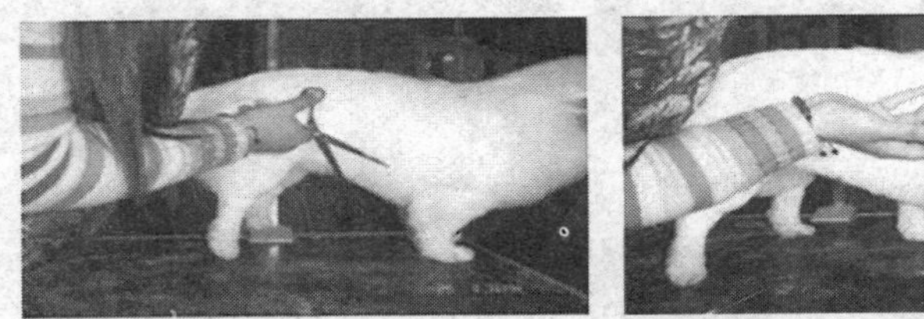

修剪腰线，从腰线往前修，后躯剪短，前躯修饰毛略剪，把腰腹部的毛剪齐。

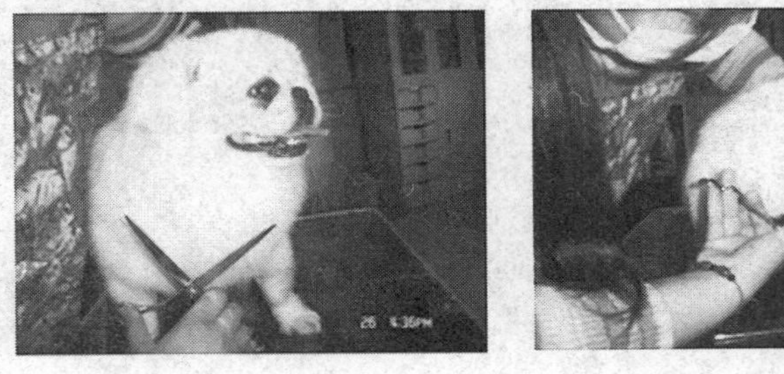

把前肢修成小鸡腿状，北京犬头部与腰部连接，反方向梳毛，肩胛部到枕部弓形，脖子只略做修饰，似看不到脖子。

把北京犬胸前的毛顺毛梳，端部修饰成圆形，用剪刀修平。

头顶毛修平，两边略修成斜线；把头及脸部的毛梳起，细心地剪去多余且长的毛发，不能剪去太多，以免脸型显得狭小；再把耳朵下端剪齐。

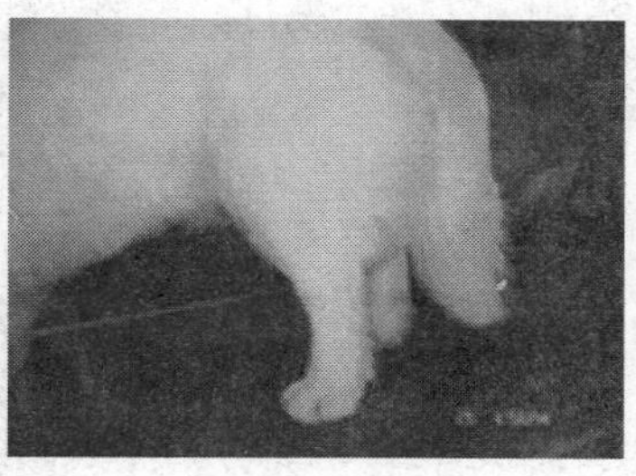

北京犬尾巴，用直梳排顺毛梳好，把尾尖剪掉，剪成扇形。

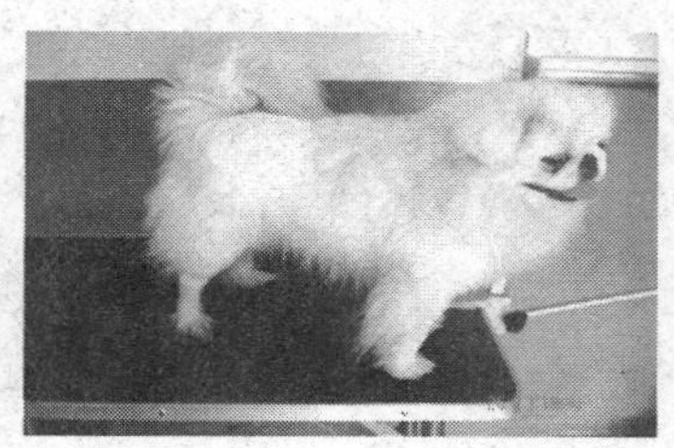

修剪前与修剪后的对比。

**(二)博美犬的美容**

1. 简介　博美犬原产地为德国北部的波美拉尼亚地区。在德语中也把这种鼻尖、耳尖的小型犬称之为斯波兹犬(丝毛犬)。传到英国后被培育成身体更小、外形更加可爱、威风凛凛的华丽型家犬。现今世界宠物展览上展示的波美拉尼亚犬是经过英国贵族社会反复改良而磨砺出的精品。

博美犬是波美拉尼亚丝毛犬系列中最小的品种，是比它身材大得多的极地国家雪橇犬的后代。1888 年它被维多利亚女王看中后，便迅速地流行起来。博美犬身体结实，充满活力，表情充满智能，性格温顺，举止轻快。该品种的一个特征就是极为活泼、精力旺盛。

博美犬是一种紧凑、短背、活跃的玩具犬。它拥有柔软、浓密的底毛和粗硬的披毛。尾根位置很高，长有浓密饰毛的尾巴平放在背上，它的毛发分为两层，毛色多样，需要定期护理。它需要温柔地爱护，是成年人理想的家庭宠物。

2. 美容前的准备　美容前的准备同北京犬。所需器械有美容师梳，电剪(10 号刀头)，剪刀(7 寸以上直剪、牙剪)。

3. 修剪　修剪顺序：修脚底毛—前脚—尾根—臀部—后肢—尾—背—腰—胸—耳。操作步骤和方法详见下图。

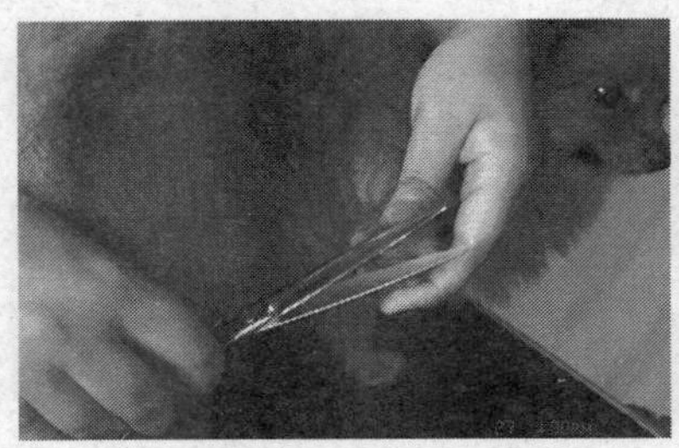

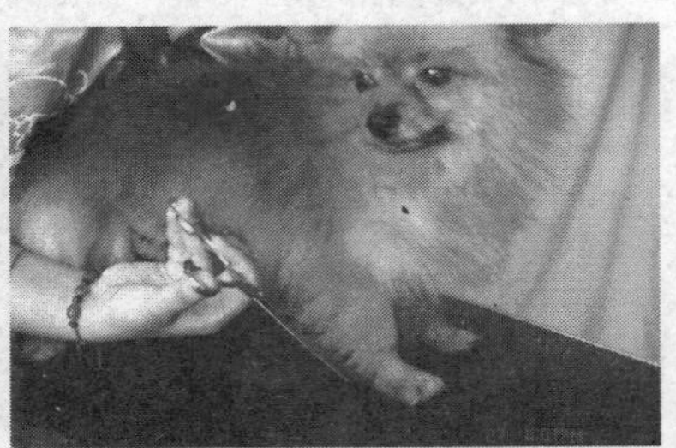

用剪刀或电剪 10 号刀头将脚底的毛剃掉，并将前脚修剪成圆形。

剪去前脚腕下多余的毛，前腿脚后跟的上部的毛呈 30°的角度修剪至肘部。

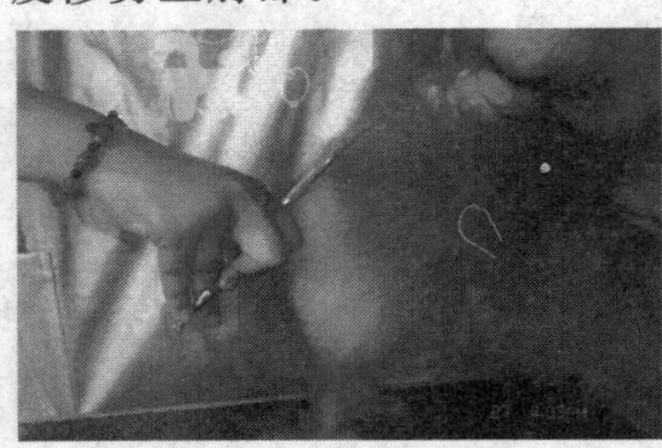

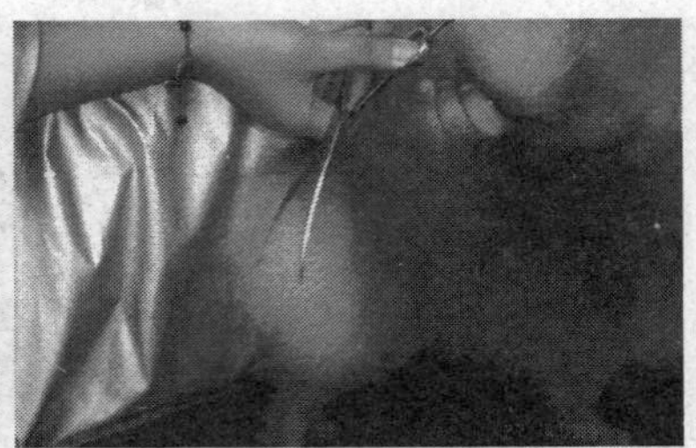

用剪刀或电剪将肛门周围的碎毛剪去，范围不能太大，将尾根周围剪出约 1 厘米的一圈短毛。

用梳子把屁股上的毛向上挑起，因博美犬的屁股需要修剪成半圆弧形，所以先定好半圆弧的最高点，将多出的长毛剪掉。

根据犬体的大小肥瘦确定出屁股的大小，由半圆弧的最高点向下至后肢飞节处做弧线修剪，博美犬的屁股可以修剪成一个完整的半圆形。

后肢飞节至地面将毛逆毛梳起，修剪整齐，后脚部修剪成椭圆形。

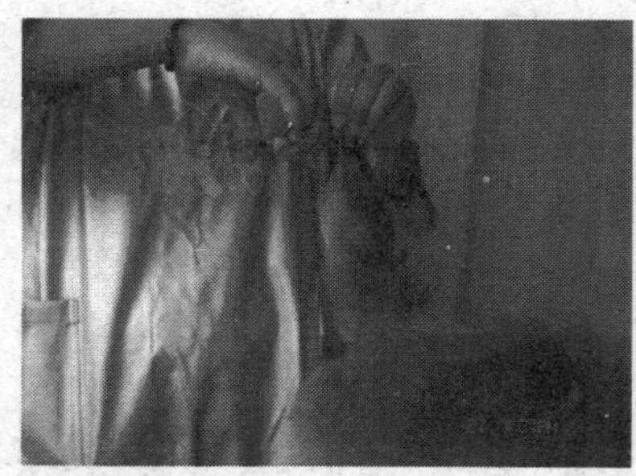

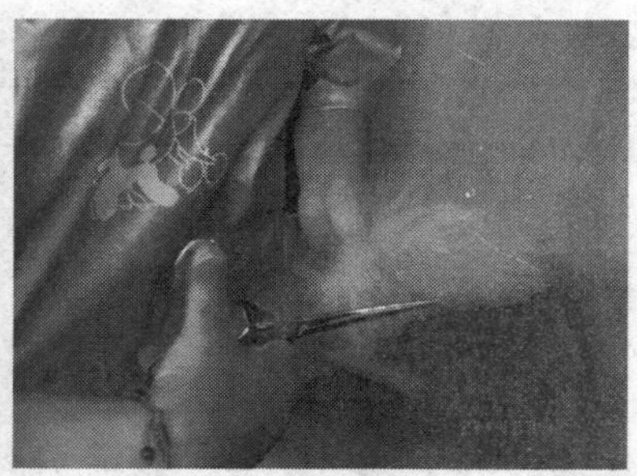

将尾巴拉起放于背上，尾尖最长不可超过顶骨，用手拉住尾尖，将长出的部分剪去。

用梳子将尾毛梳开，使尾巴散开，用牙剪把尾巴上的毛修齐。

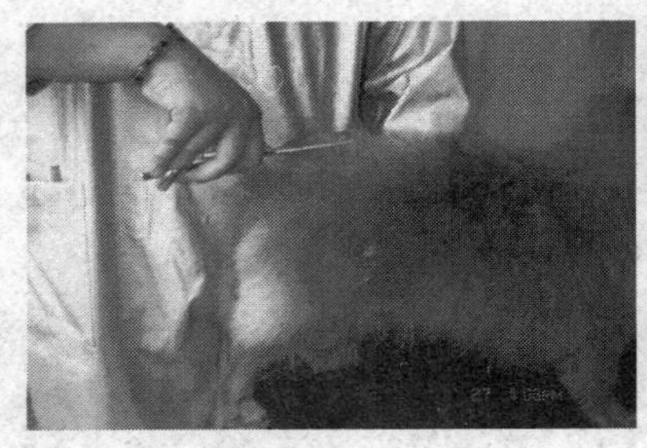

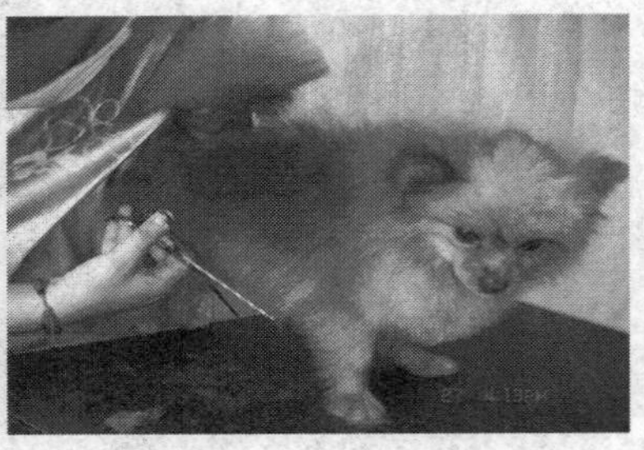

整个背部要修剪成浑圆，最好是由头至尾有一定斜度。

腰部有微微的收腰，但不要将后躯与前躯过分区分，胸侧部要修剪得饱满。

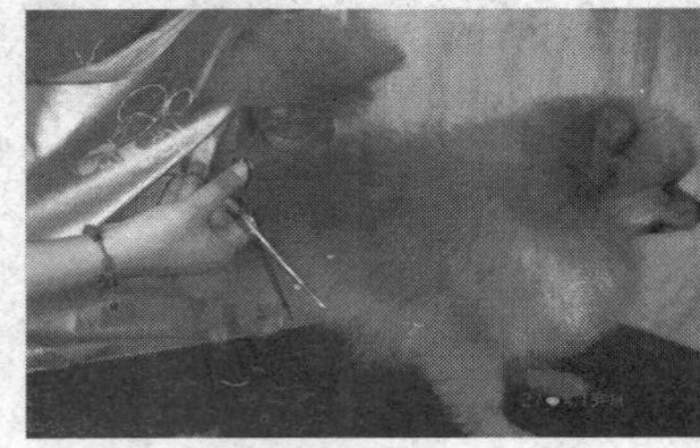

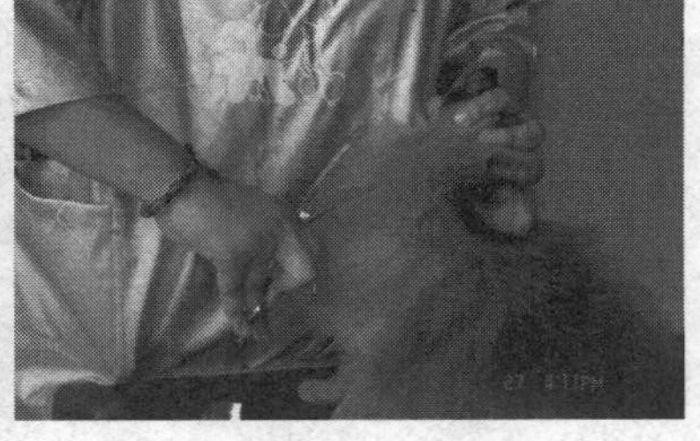

胸下部最低点至前肢的肘关节，向后至腹部有收腹线。

博美犬的前胸最为重要，一定要修剪得让此犬给人以挺胸抬头的感觉，所以胸部修剪要非常饱满，胸部的最高点要在胸骨的斜上方。

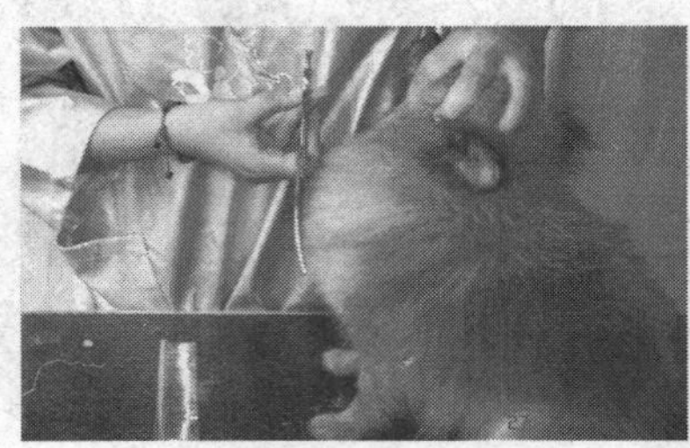

颈部同背、胸部做衔接修剪。

脸部胡须应剪掉，但也可根据主人的要求不做修剪。

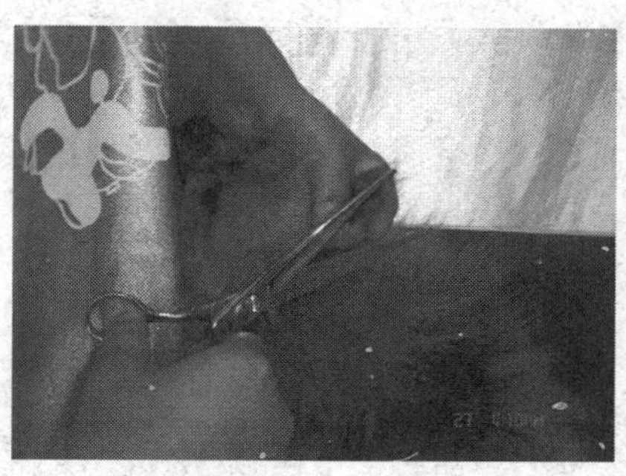

两只耳朵做三刀修剪法。耳根处的毛应与头顶部及颊部的毛相连接至圆形，将两耳埋于其间。

修剪前后的对比。

**(三)迷你雪纳瑞犬的造型修剪**

1. 简介　迷你雪纳瑞犬属于㹴类犬的一种，它们精力充沛、活泼，它们的外形及性格警惕而活泼。迷你雪纳瑞犬的理想身高为 30.5～35.6 厘米，身高与体长基本为 1∶1 的比例，身体结构坚实，骨量充足，头部结实，呈矩形，其宽度自耳朵至眼睛再到鼻子逐渐变小。前额没有皱纹，平坦而且相当长。口吻与前额平行，有一个轻微的止部，口吻与前额长度一致。口吻结实与整个头部比例恰当；口吻末端呈适度钝角，有浓密的胡须，形成矩形的头部轮廓。

2. *美容前的准备及器具* 美容前的准备同北京犬。所需器具有美容师梳、电剪（7/7F、10 号、15 号刀头）、剪刀（7 寸以上直剪、牙剪）等；将犬洗净吹干备用，先用美容师梳将全身的被毛梳理顺畅。用电剪 10 号刀头将小腹、脚底毛剃掉。

3. *修剪顺序及方法* 详见下图。

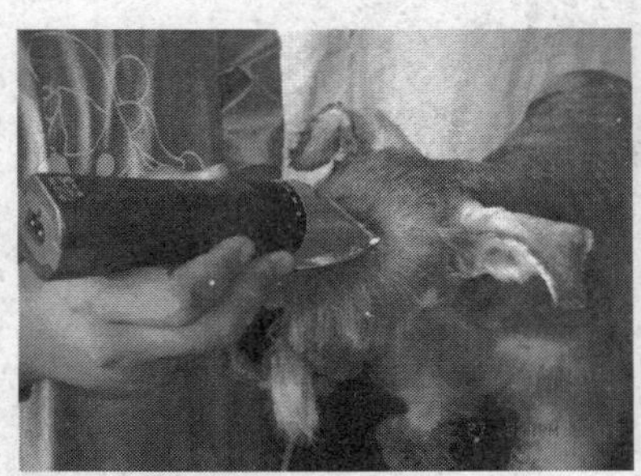

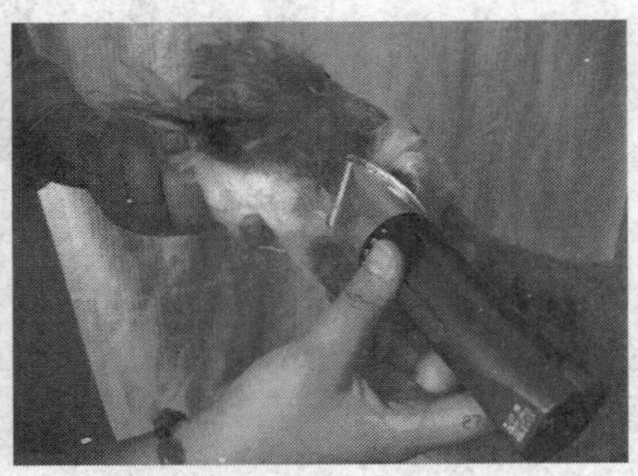

用电剪 10 号刀头从眉骨后方（向后生的毛开始）紧贴头皮顺毛剃向枕骨。

脸颊部分逆毛修剪，用 10 号电剪刀头由上耳根处向外眼角直线剃过，由外眼角垂直向下至下颌。

由下耳根至喉骨划斜线，颈部从正面看有明显V形，将毛剃至胸骨处，如右图阴影部分所示。

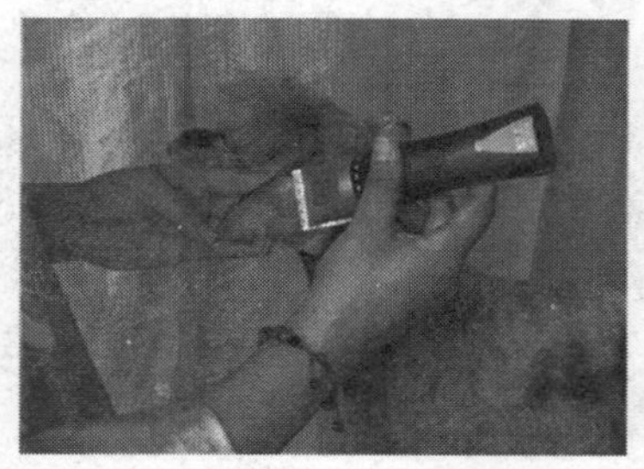

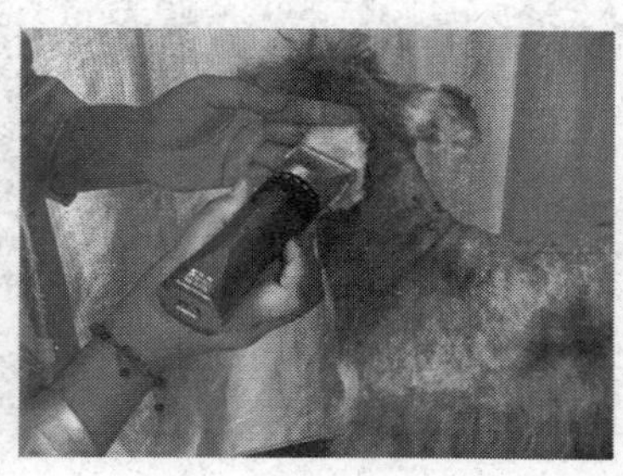

耳朵要剃得极贴，故用15号刀头顺毛将耳朵内、外侧毛一并剃除，耳洞内的毛也一并剃掉。用剪刀将两耳边缘的碎毛修剪整齐。

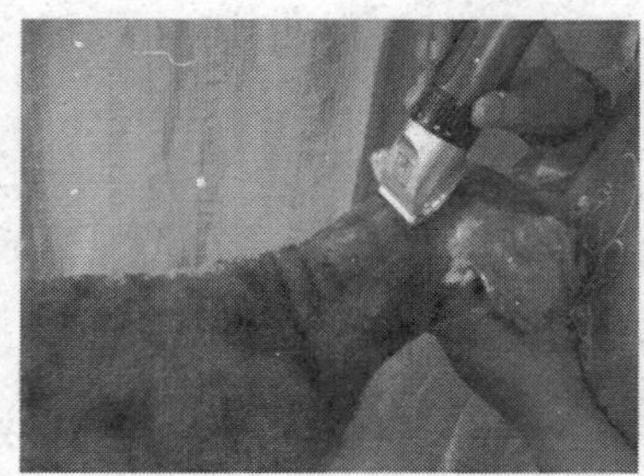

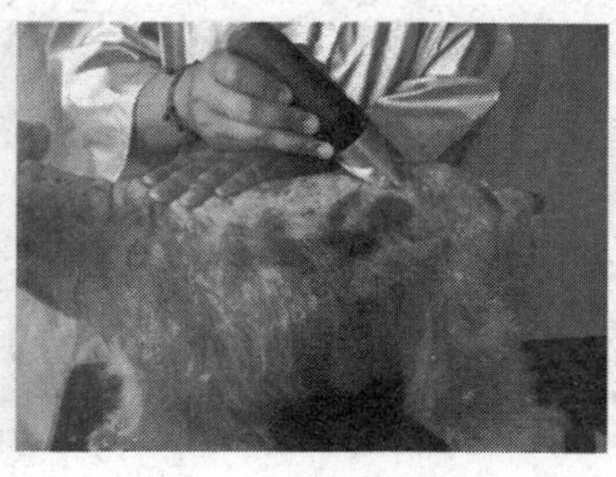

背部由枕骨至尾尖用7/7F电剪刀头顺毛生长方向修剪。剃颈后部时，可将头部拉至身体水平，颈侧剃毛时，要注意毛的生长方向，将尾巴外一并剃干净。

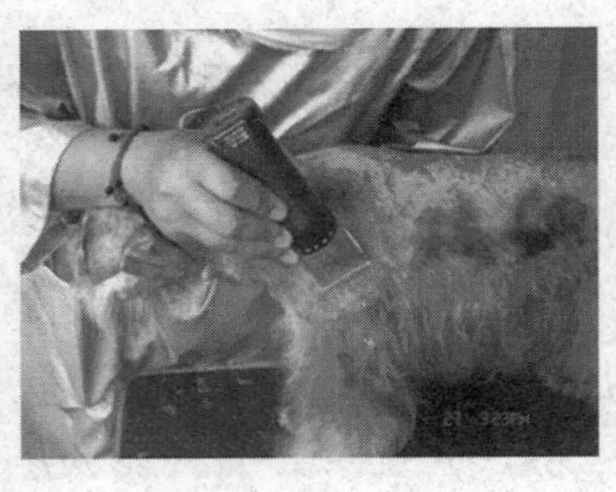

肩部的毛顺势由肩胛剃至前肢肘关节处，和前胸做斜线连接。

身体侧面饰毛修剪的位置由前肢的肘关节至后肢根部和腹相接处，有明显的收腹线。

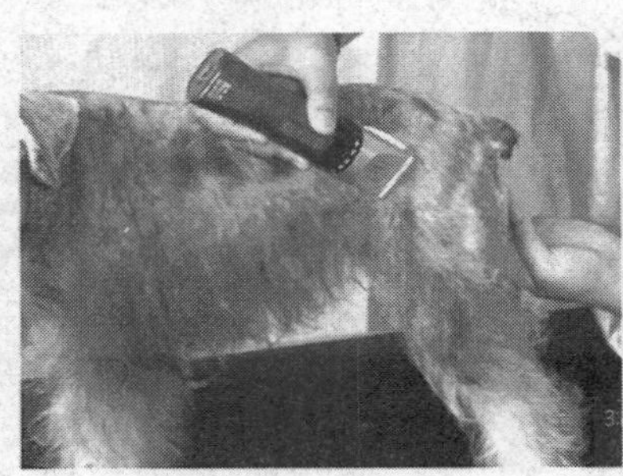

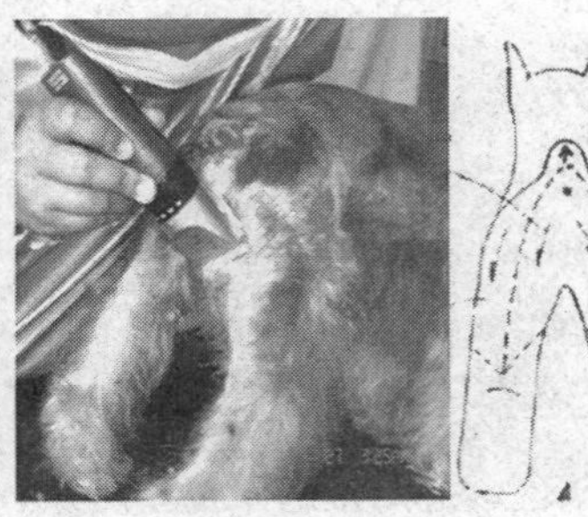

后肢由腹侧饰毛的最高点至后肢飞节处做斜线修剪，后肢前、侧毛留下做腿部修饰。

屁股从后望应有一处箭头形区域是用 10 号电剪刀头逆毛修剪。

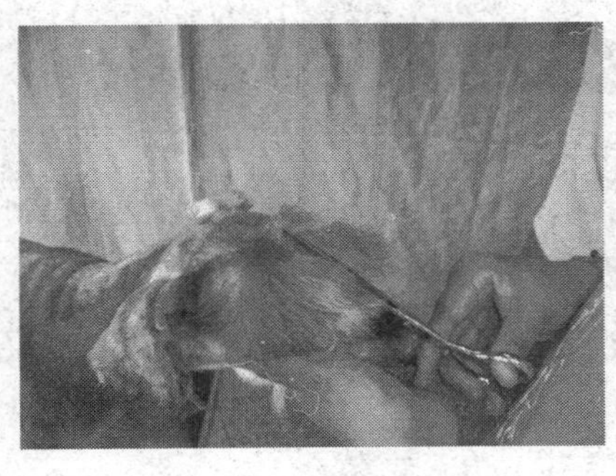

用牙剪从两眉之间至鼻根部修剪出一条较窄的明显分界，在两眉顶端之间修剪出一个倒“八”字形，令两条眉毛分开。

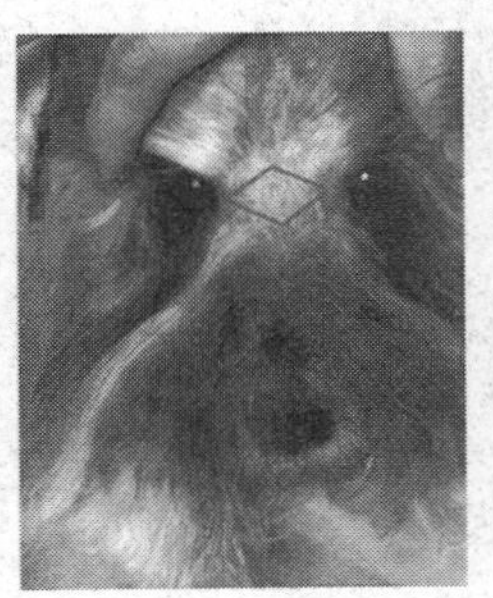
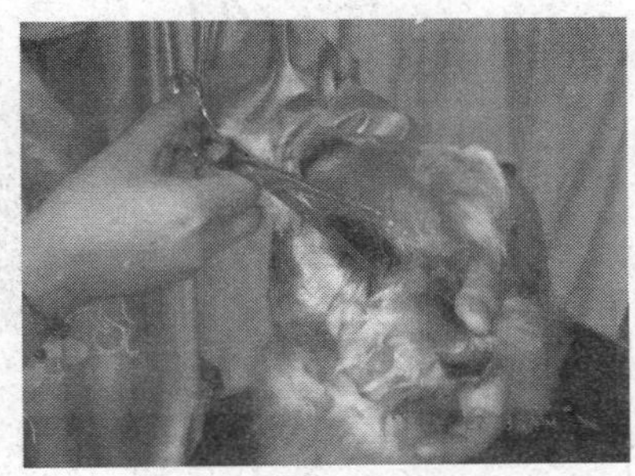

把眉毛翻开露出两眼，在两眼间修剪出一个菱形，也可以说是一个正“V”形和一个倒“V”形，内眼角一定要修剪干净。

将直剪尖指向鼻端，剪刀开合部贴住外眼角后端，脸颊部在眉毛处做一刀式修剪，剪刀角度要掌握好，令眉毛上长下短，两边眉毛修剪方式相同。

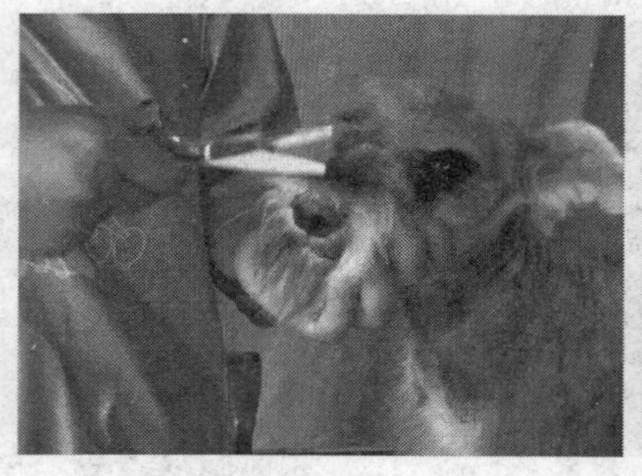

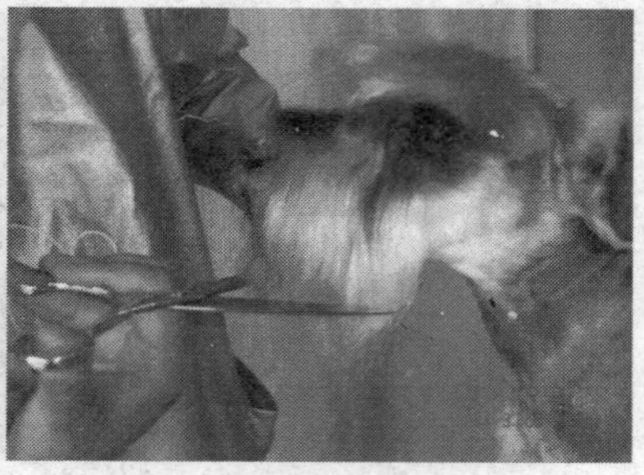

鼻头根部的碎毛可剪掉。

将胡须从鼻梁处分两边向下梳理，最下边可剪整齐。

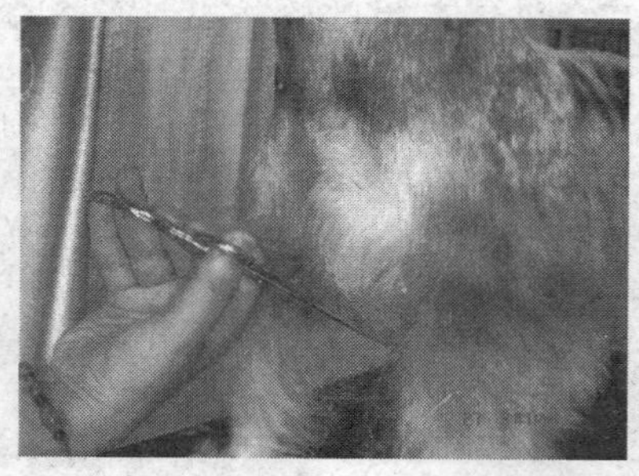

将前胸被毛做一字形修剪。

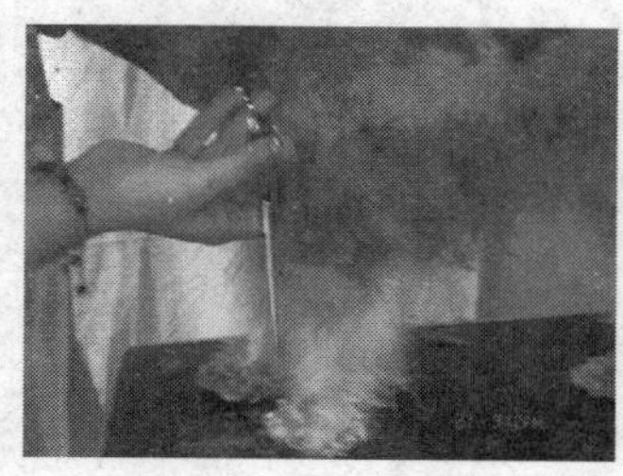

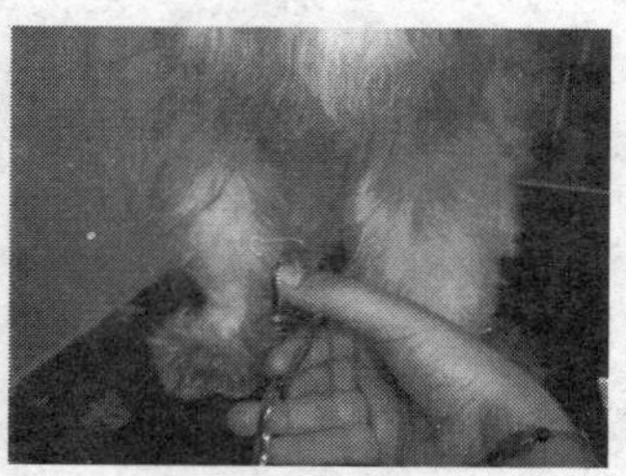

前腿毛从脚边开始向上挑起做柱状修剪，腿前侧毛的长度不应超过胸部，前望两腿间应有空隙。

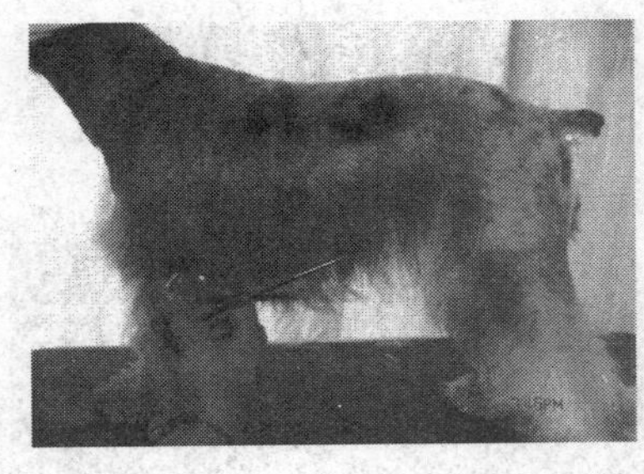

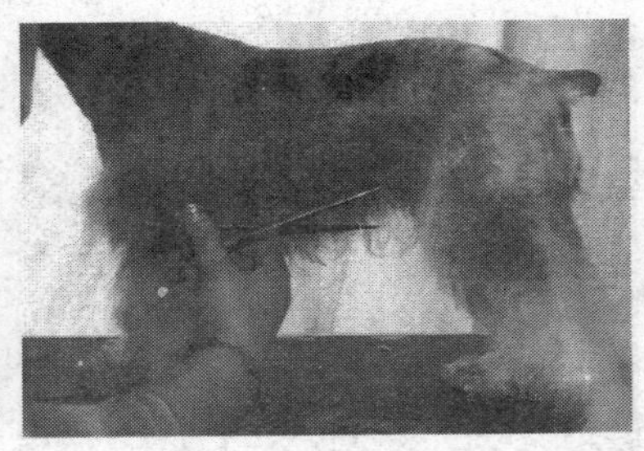

身侧饰毛修剪成前低后高的整齐斜线。

身侧饰毛和后腿前侧毛相接处要做出向上的弧度。

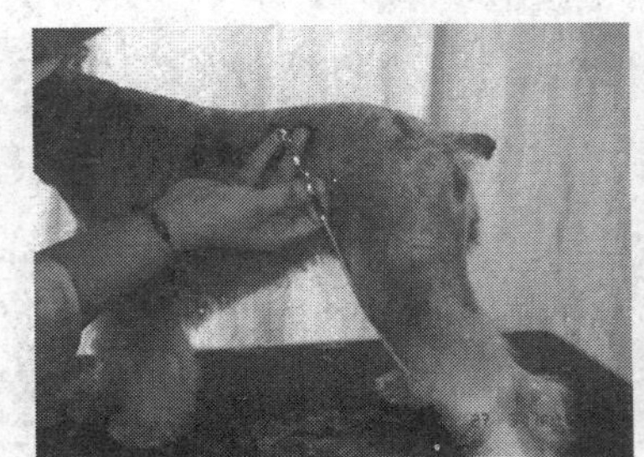

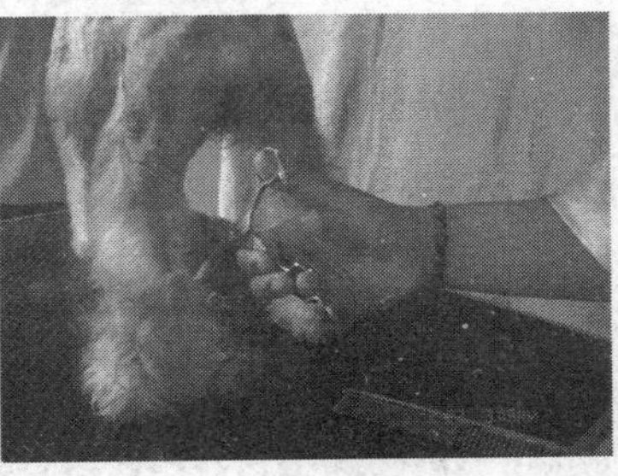

后腿也做柱状修剪，不过从后望应是胡萝卜形，也就是上细下粗。

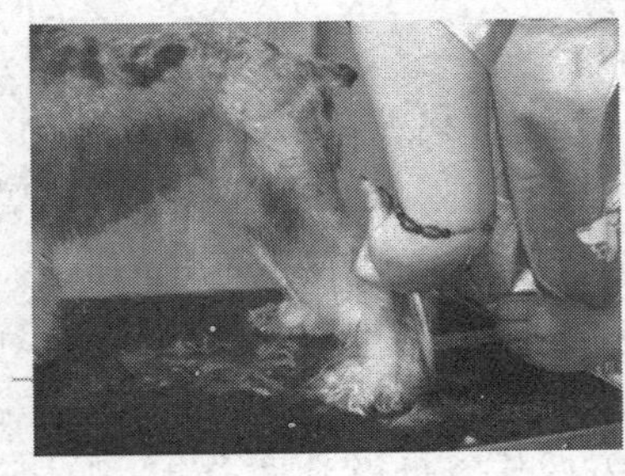

脚边修剪同前脚相同，脚后侧从脚垫处至飞节处有明显倾斜。

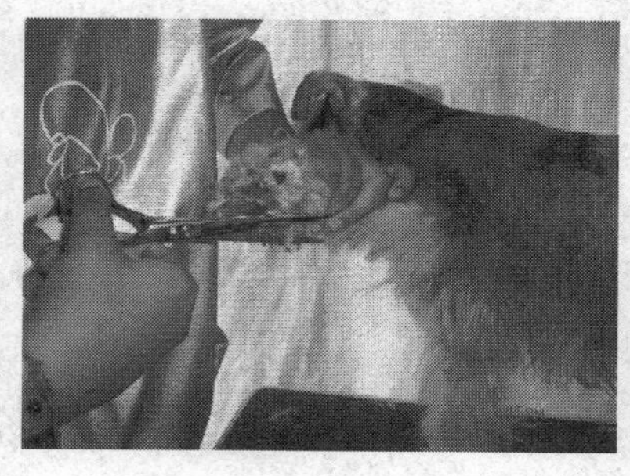

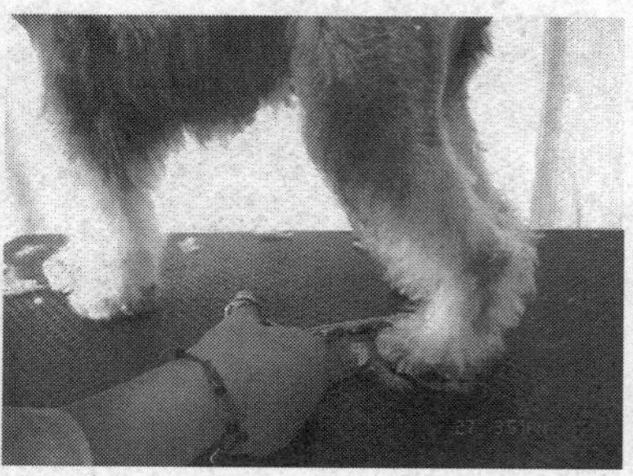

前腿后侧脚垫部有微微向上的弧度。

脚面不可有长毛覆盖，可露出中间的两个趾甲。

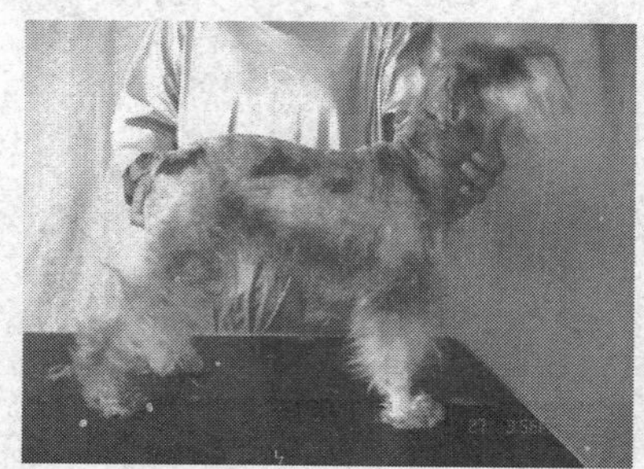

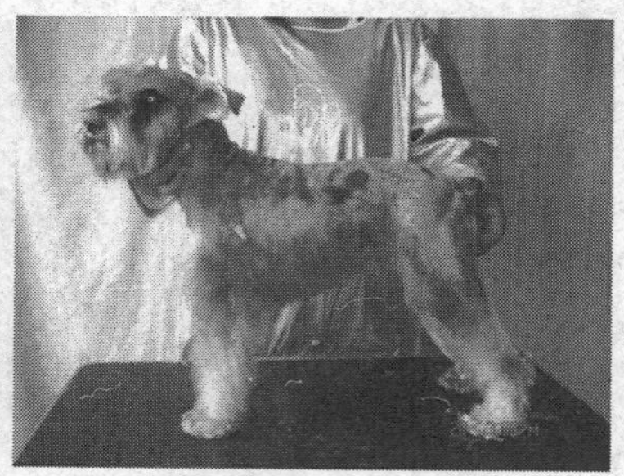

修剪前与修剪后的小雪纳瑞犬的对比。

**(四)贵宾犬的美容**

1. 简介　贵宾犬的表情可爱、丰富且甜美，此犬秀外慧中，悟性好，诚实可爱，自制力强，早期是沼泽地区杰出的水猎犬，后因聪明灵秀，外表美丽，性情乖巧而成为优秀的伴侣犬。贵宾犬分为3种体型，标准型(Standard Poodle)、迷你型(Miniature Poodle)、玩具型(Toy Poodle)。贵宾犬的造型在国际惯例上主要在年龄上对装束的要求，即12个月以上的犬需做传统的欧洲式修剪(Continental Clip)、英国鞍座修剪(English Saddle Clip)，12个月以下的犬应做芭比修剪(Puppy Clip),因为贵宾犬是一种非常容易造型的犬,所以在宠物装的修剪方面,造型是多元化的,并不仅仅局限于那三种造型,大家可以随心所欲地修剪出自己喜欢的造型。

贵宾犬的理想体型:

A=B,口吻部和头盖长度相同。

C=D,身高和体长相等(正方形体型)。

E=F,肘在身体高度的1/2位置处。

H=I,肩胛骨和上腕骨的长度相等。

G=C/3,颈的长度是身高的1/3。

①贵宾犬耳朵尖端可伸到嘴角;②眼睛呈杏仁状;③耳根在眼睛延长线下面,沿着头部下垂;④鼻梁呈水平;⑤肩隆高,肩膀充分倾斜;⑥背平直而短;⑦肩胛骨和上腕骨呈90°角相交;⑧胸部深到肘的里面;⑨尾巴根部稍胖,笔直向上;⑩腹部紧绷。对贵宾犬的修剪要根据其标准体型取长补短。

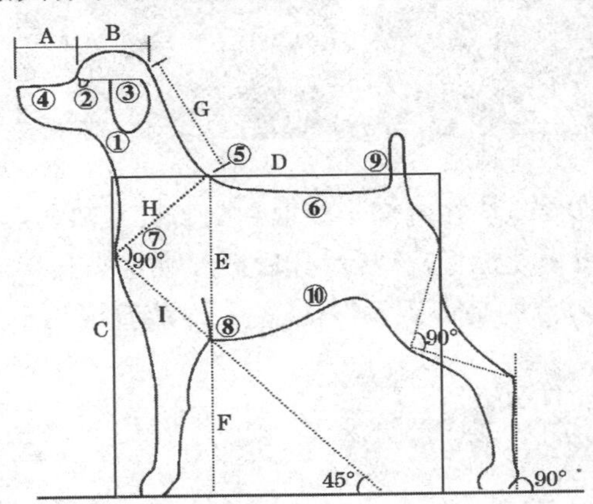


2. 修剪所用器具　电剪、刀头(10号、15号、4号、5号、7号),剪刀,美容师梳。

3. 贵宾犬的修剪方法(以芭比装为例)　详见下图。

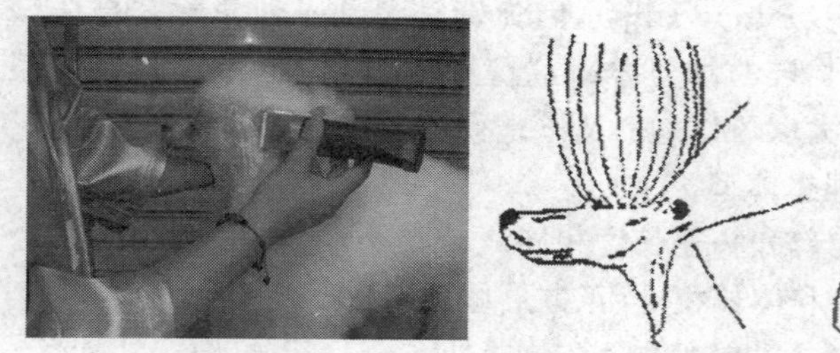

用 15 号刀头的电剪从耳朵前根部到眼角的一直线，沿着这条线往下朝眼角方向剃。两内眼角之间可以剃成倒“V”形，嘴巴和下巴都要剃干净。唇线处要拉紧皮肤剃。

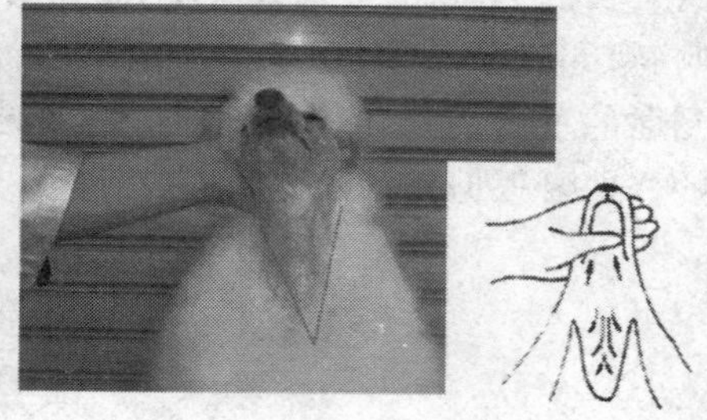

以咽喉为起点，在胸部中线取和到下巴距离相等的一点(喉咙以下 2～3 厘米处位置)。从双耳后根部到这点连接起来构成“V”形。“V”形内侧的毛都剃干净，按左右对称直线剃十分重要。

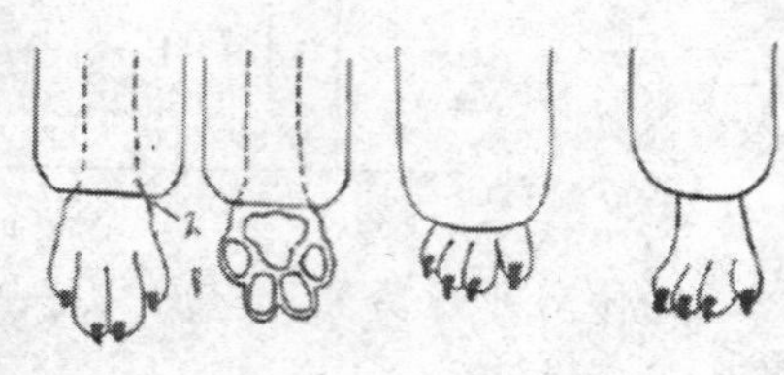

修剪足底用15号刀头将贵宾犬脚部长毛剃至近尾骨处，足线一定要整齐，不能过高或过低。

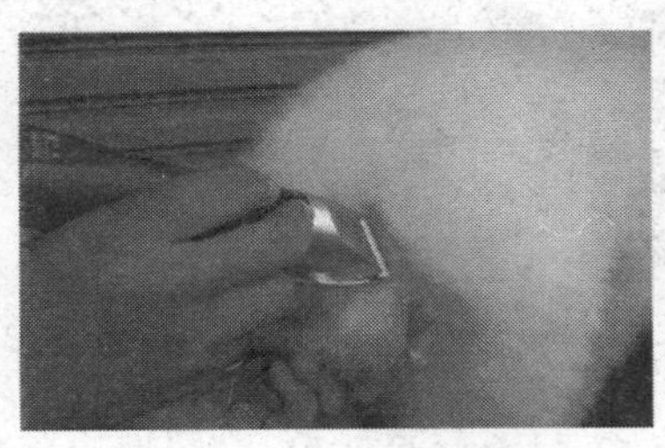

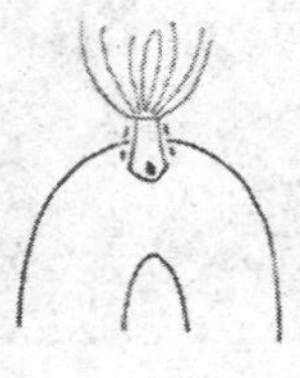

用15号刀头将犬的尾根部倒剃，使肛门周围的毛全部按"V"形剃干净。

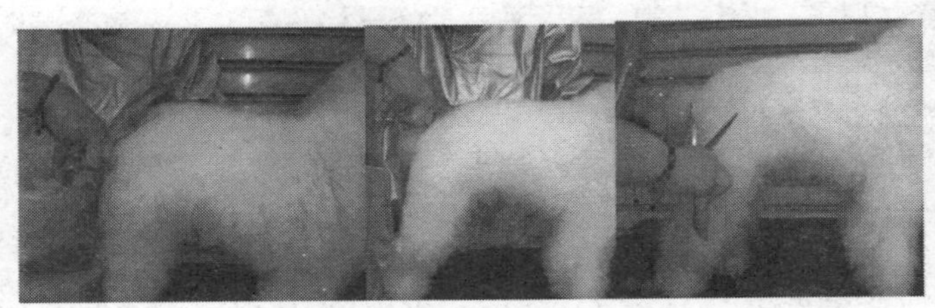

用直剪将尾根至坐骨处修剪出弧线，使臀部圆滑，丰满。

根据造型的需要用直剪将犬的背毛剪至合适的长度，背线从尾根至肩胛呈直线。

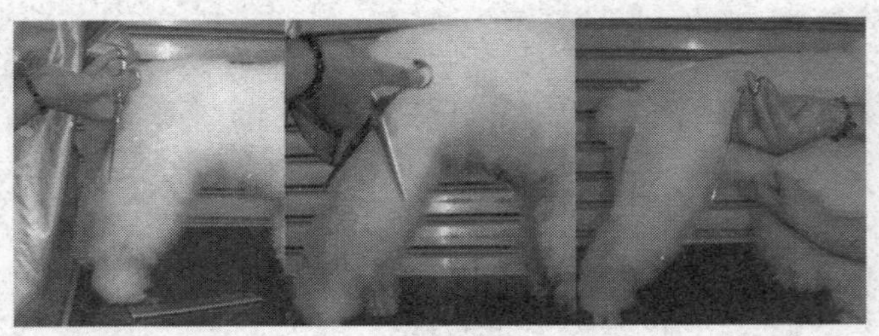

用直剪将后腿修剪成圆柱形，与臀部自然衔接，要有自然的曲线，膝关节垂直剪，后肢与腹部要剪出角度。

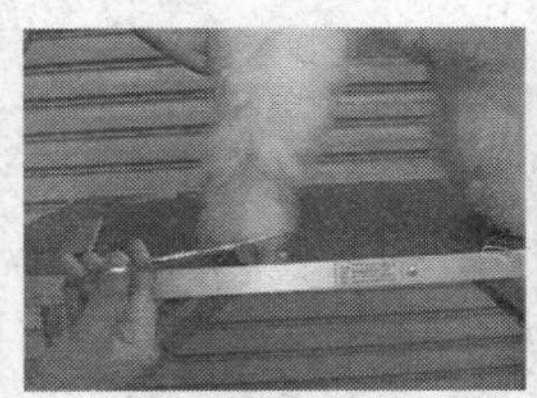

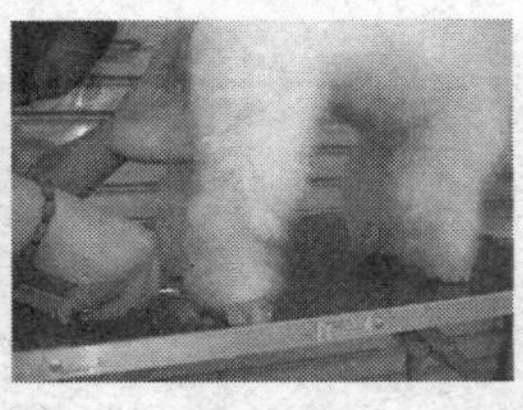

将足线处的长毛修剪干净与腿部衔接，修剪后肢足底毛，使其与桌面呈 45°。

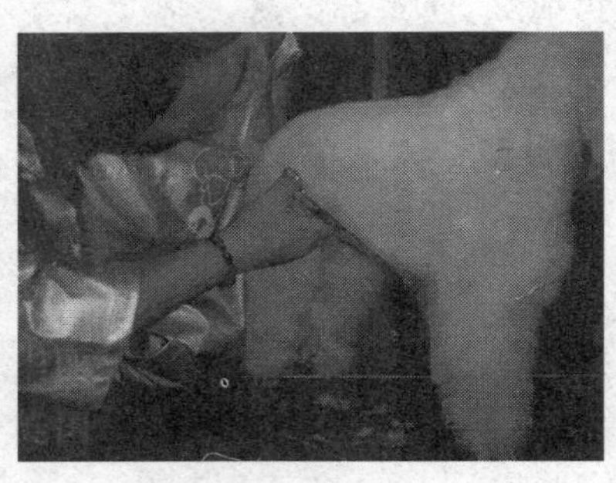

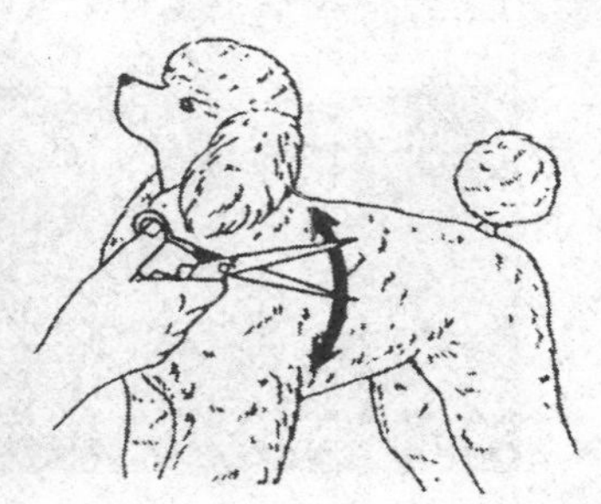

后肢与腹部要剪出角度。

自胸部最高点到坐骨端的假想线分别向上、下修剪。

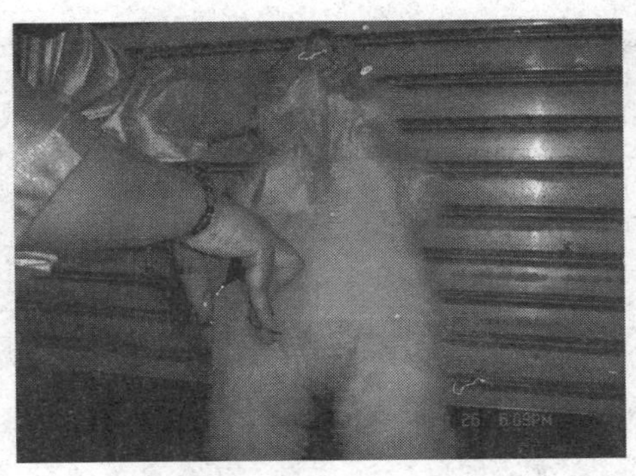

将颈线部至胸骨部做弧线修剪。

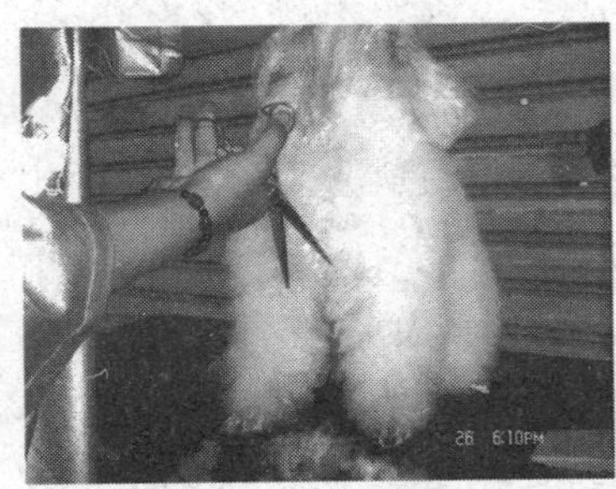

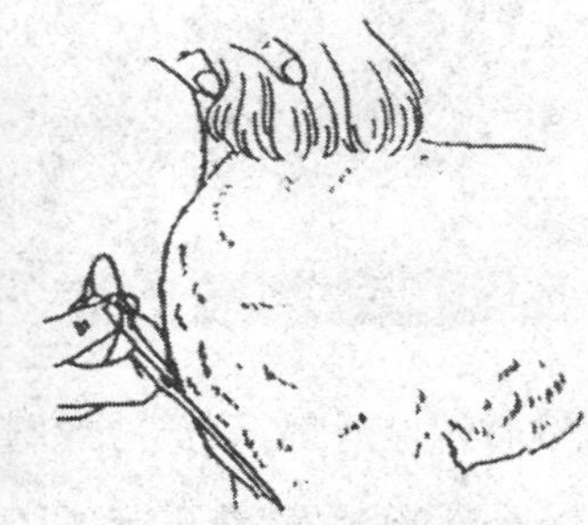

将前胸部到下胸和侧面要修剪成圆形曲线。

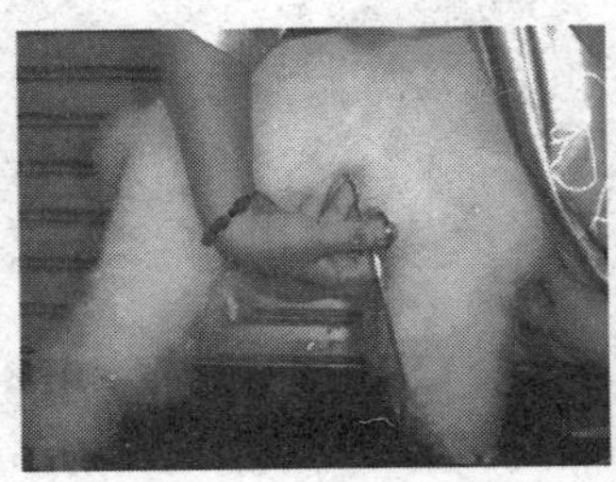

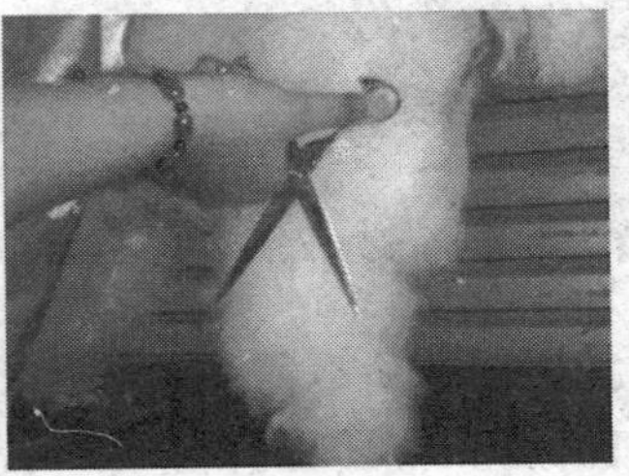

修剪前肢前侧、后侧、外侧均垂直桌面剪，内侧平行于脊柱剪。

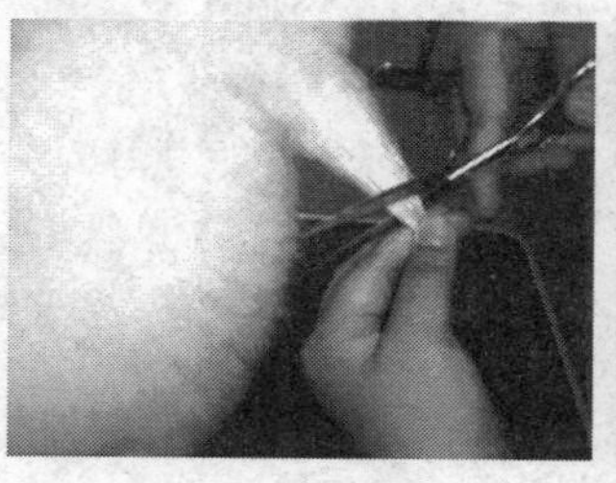

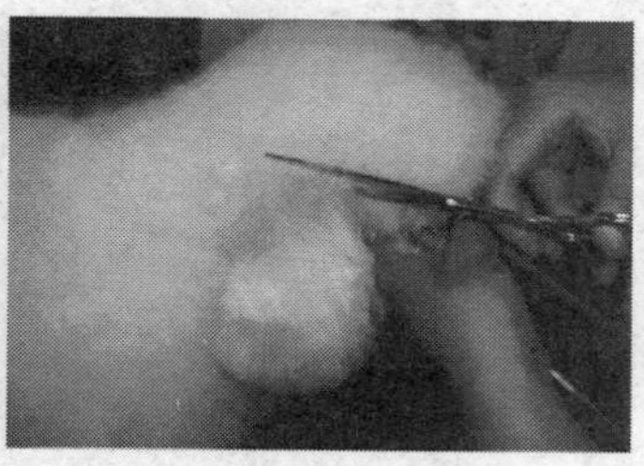

修剪头部，先梳理两耳上的毛，从耳根前侧向后侧与鼻梁平行修剪，将冠毛至颈部长毛做过渡修剪，衔接要自然呈一条直线。

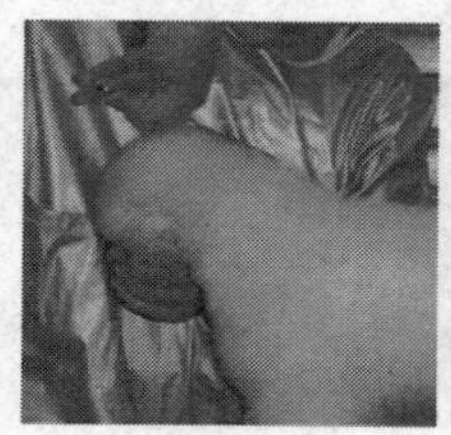

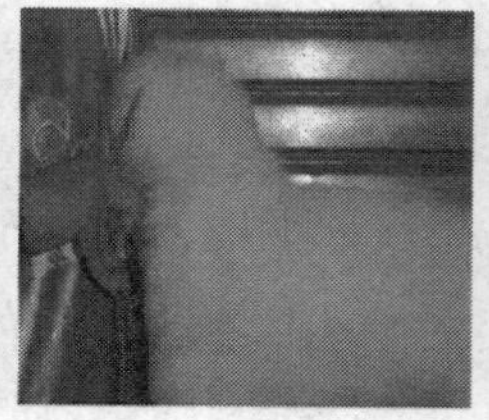

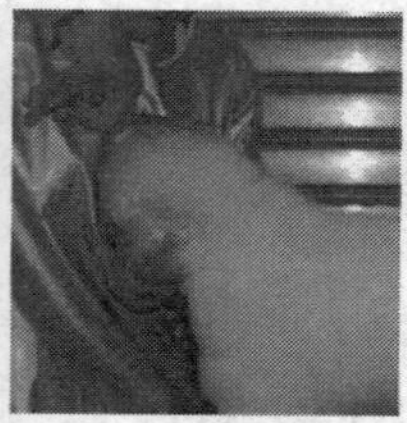

然后转向后部，顶部剪成圆形，前部从眼睑向上修剪。

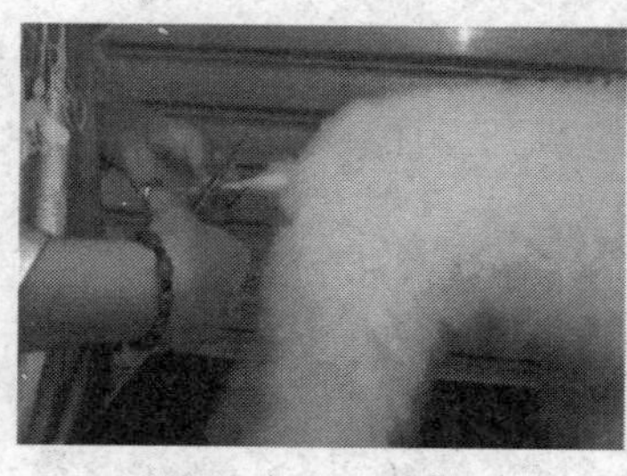

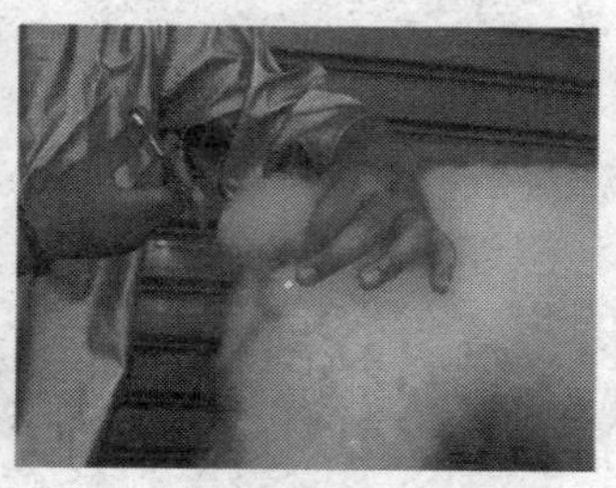

把尾巴上所有的被毛往上梳，用手指拧几下后剪去尖端。握住尾巴的毛，使尾巴竖起后将尾部的长毛修剪成球形，要多角度修剪。

不同情况下的尾球修剪方法,依次为畸形尾、过长尾、过短尾、正常尾的修剪。

修剪前、后的贵宾犬的对比。

**(五)美国可卡犬的造型修剪**

1. 简介　美国可卡犬比英国可卡犬体型稍小,属于枪猎犬类的美国曲架犬,体型流线矫健,体重较轻,被毛长而浓密,头部轮廓鲜明,吻略短。可卡犬性格活泼好动,温顺友好,聪明可训。美国可卡犬成年公犬的理想肩高为 38.1 厘米,成年母犬则为 35.6 厘米,高度可在上下 2.5 厘米范围内浮动。体长略大于肩高。头部被毛短且细,躯干被毛长度中等,有丰厚的绒毛层。耳、胸、腹部及四肢毛发丰厚。被毛的质地应柔滑,直或略呈波浪形。正因其毛发比英国曲架犬长的关系,需要更多的美容护理,美国曲架属于剪饰类别的犬种,如欠缺打理修剪,是会失去原有的身体流线感。

2. 修剪所用器具　电剪、电剪刀头(耳朵用 15 号,头及腹部用 10 号、身体用 7 号/7F 或 8.5 号),直剪(作为造型用),牙剪(修理层次时用)。

3. 修剪方法　修剪步骤和方法详见下图。

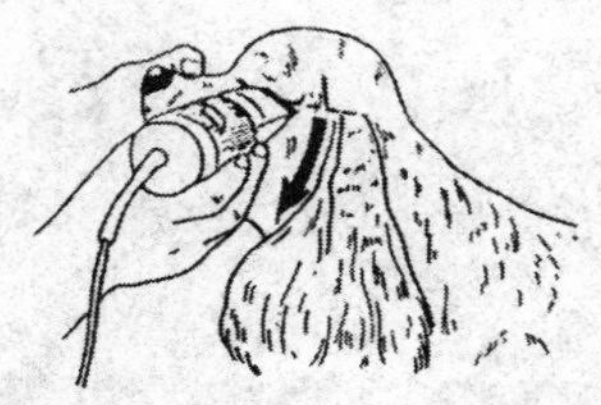
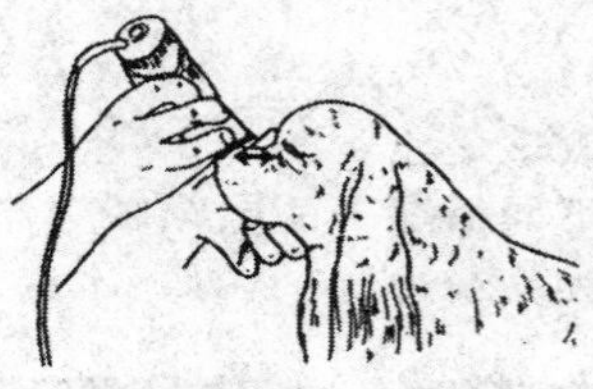

用 10 号电剪刀头顺毛修剪脸及头顶多余的毛发，唇部可使用 15 号电剪刀头。

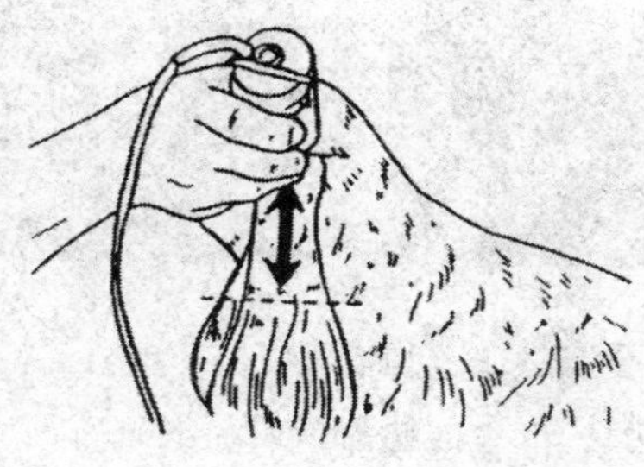

用 15 号电剪刀头，把外耳的饰毛顺毛或逆毛方向剪去大概 1/3～1/2，以及打薄内耳毛，头部及耳朵的结合部位，用牙剪做最后修剪，令毛发自然结合。

抬起下颌，用 10 号电剪刀头把咽喉部的毛剪成“U”形，而颈侧的被毛就用 7 号刀头顺毛势剪掉，结合处则用牙剪修整自然。

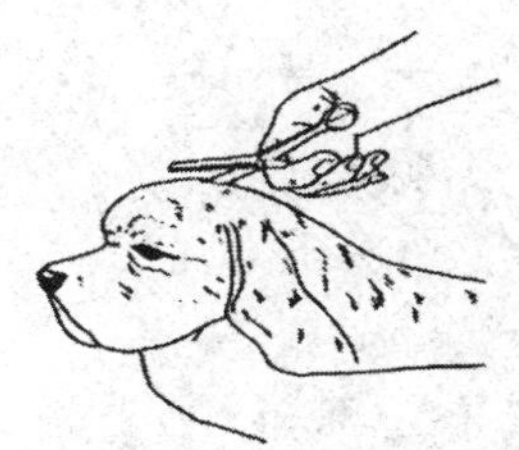

修剪头顶，与颈部自然衔接。

将背线决定好，用 7 号电剪刀头，沿图中的假想线方向修剪，沿直线修剪，由脑后至尾部。

把耳朵拉向前方，顺毛剃肩部毛。

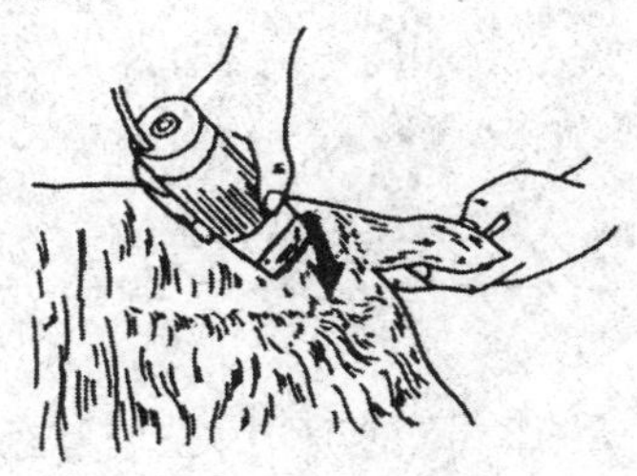

按箭头所示剪。

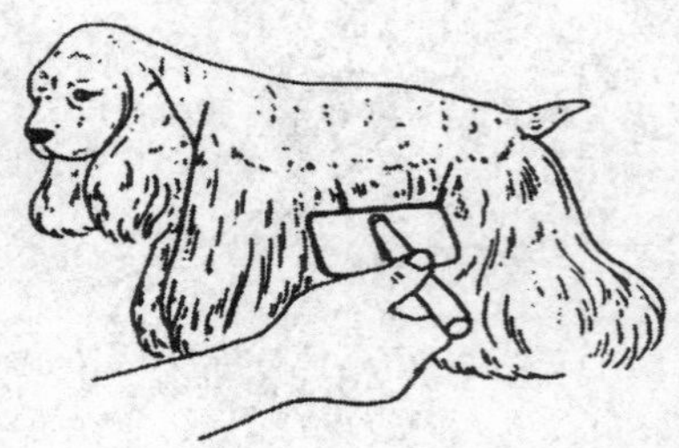

用剪刀修剪头部。

梳理饰毛。

修剪足底毛。

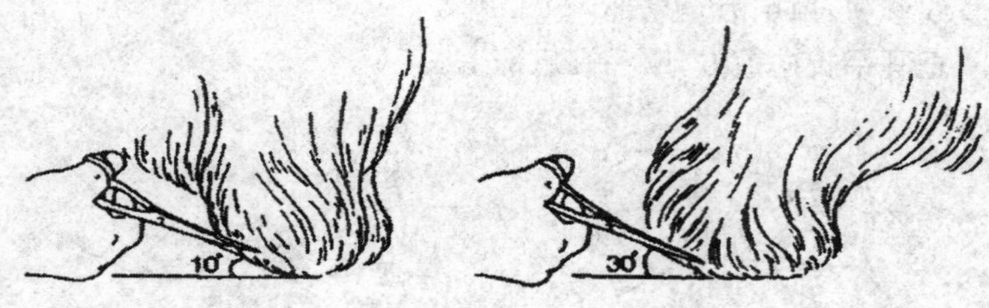


用 15 号电剪刀头，把前肢趾间底毛剪去，再把脚型逐层剪出弧形至合适长度，不能太长，也不能露出脚爪，以影响全身线条。

**(六)比熊犬的美容**

1. 简介　大约在16世纪时,比熊犬被引入法国,并取得了小型改良的成功,成为人们喜爱的宠物。后来,美国人开发了比熊犬的独特造型,在该造型基础上又进行了更深入的创新,就成了如今宠物展上的造型。

比熊犬的被毛是长而松软的卷毛。其洁白而密实的下毛与略硬的上毛触摸时犹如天鹅绒。毛质丰厚,充满弹力正是比熊犬的魅力所在。这种犬给人的整体感觉就是圆圆的,包括它的脚和鼻尖都是圆球状。为这种犬修剪时要使其毛量丰厚的特点得到充分的展现。因此,在整个美容过程中一定要细致入微,使犬毛得到充分的修整,变得尤为重要。以下我们来介绍比熊犬的造型修剪方法。

比熊犬修剪后的造型示意图

2. 修剪前的准备工作　电剪、刀头(10号或15号),10号刀头剃腹底毛及足底毛的修剪;剪刀;美容师梳或贵宾梳,用于修剪时梳挑毛。

3. 修剪步骤和方法　详见下图。

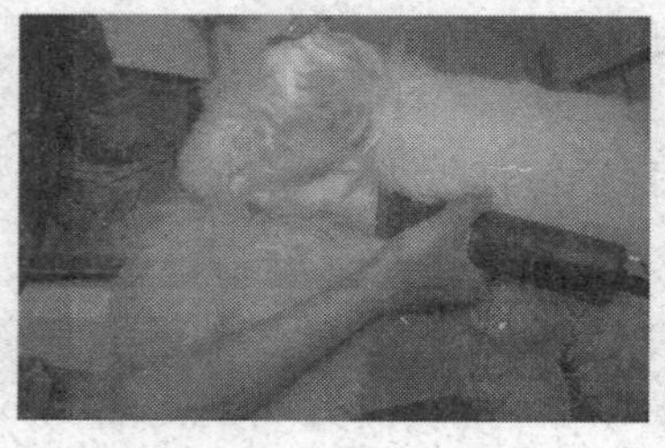

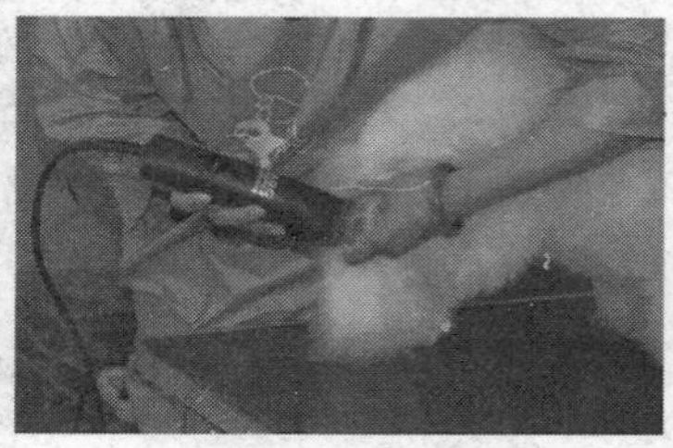

用 10 号电剪刀头剃腹底毛，公犬剃到肚脐上面 2～3 厘米；母犬剃到肚脐位置；并将脚底毛剃干净。

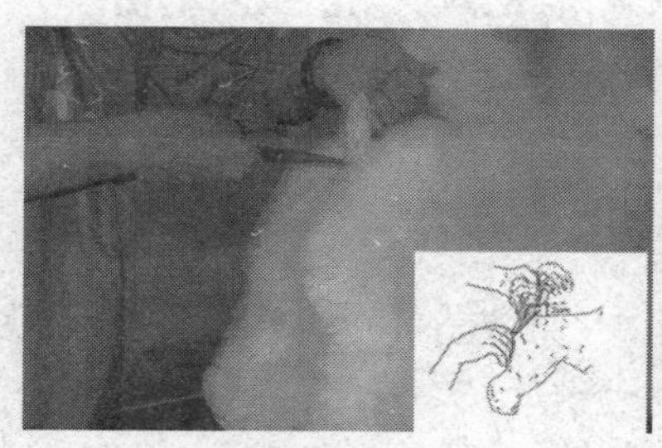

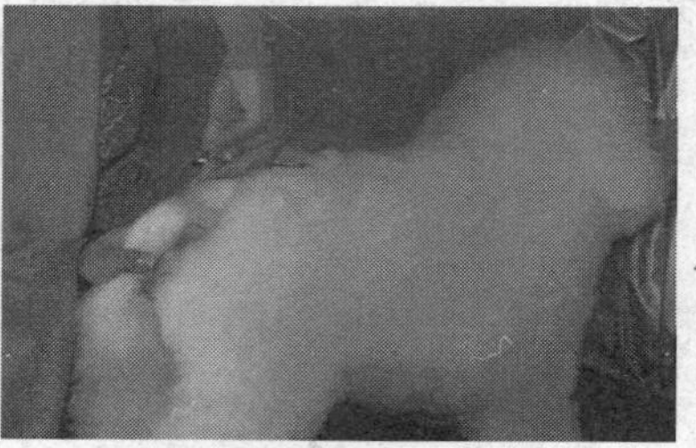

尾轴要剪成高出背线 2 厘米。

修剪背线。

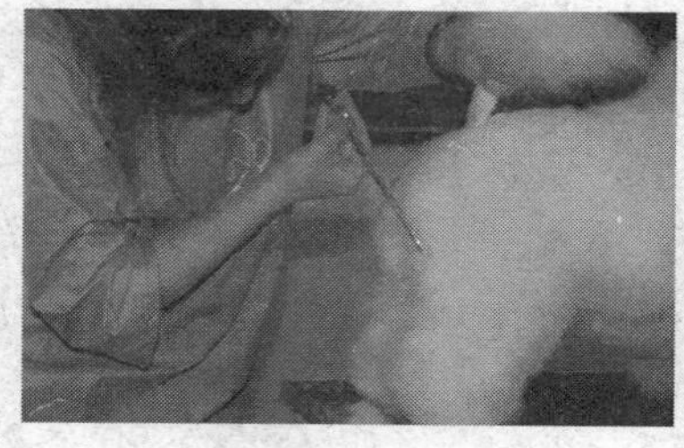

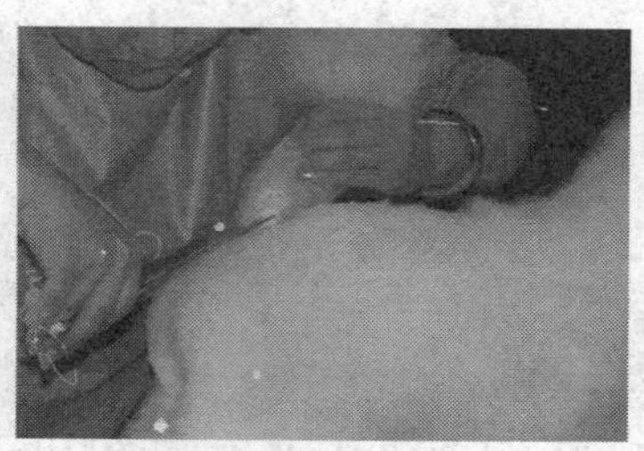

沿坐骨端向下修剪出微微向前的弧线，注意屁股后部的毛不要留得过分夸张。

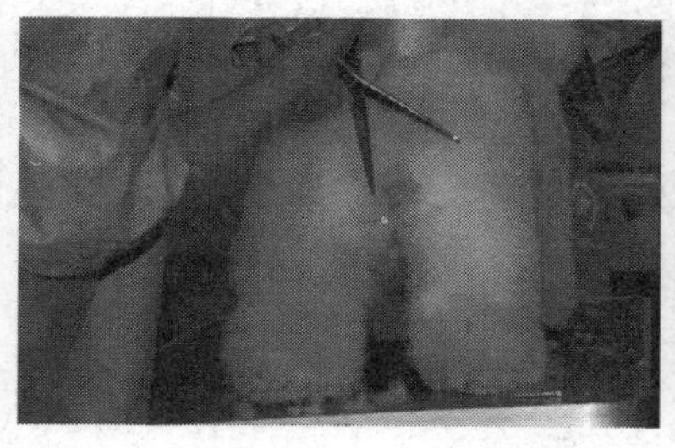
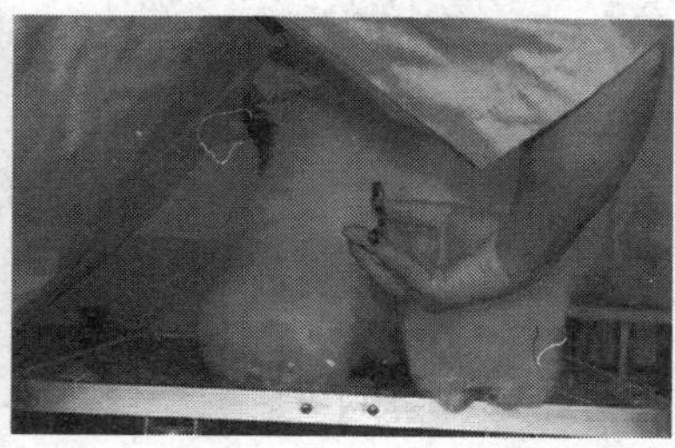

肛门下面的毛用剪刀剪短。
后肢飞节上修剪成丰满的圆筒形。

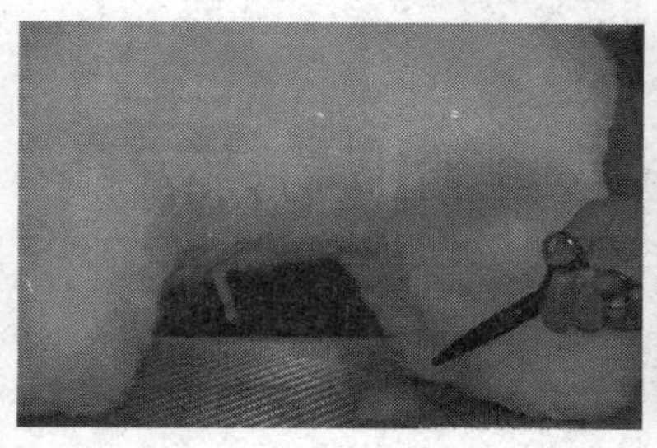
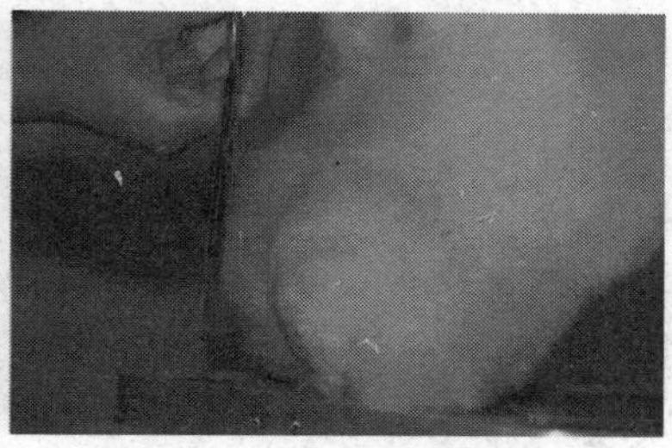

修剪后肢前侧。
修剪后肢后侧,跗关节向下垂直。

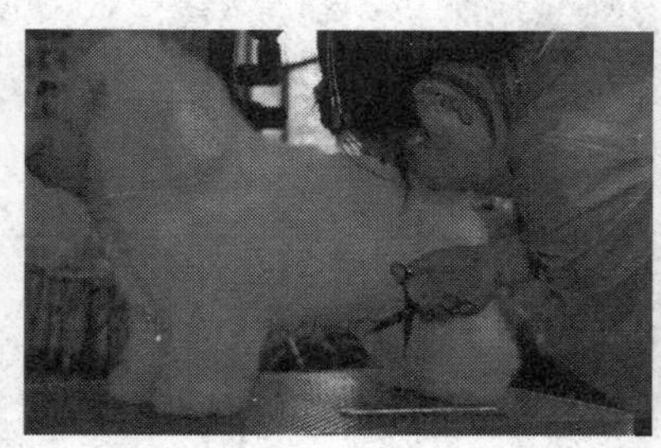
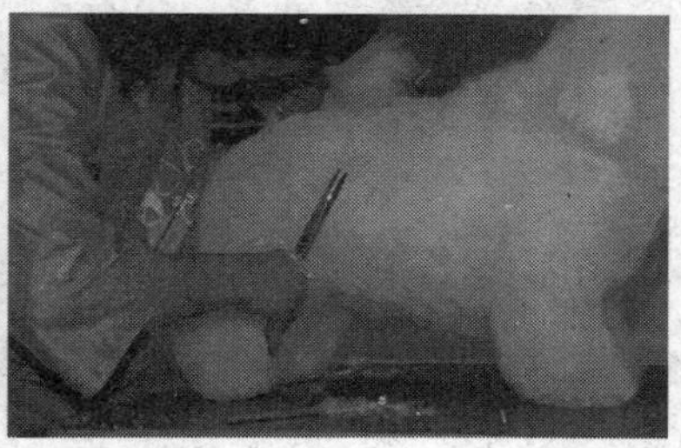

修剪膝皱褶处毛。
修剪右侧腰部毛。

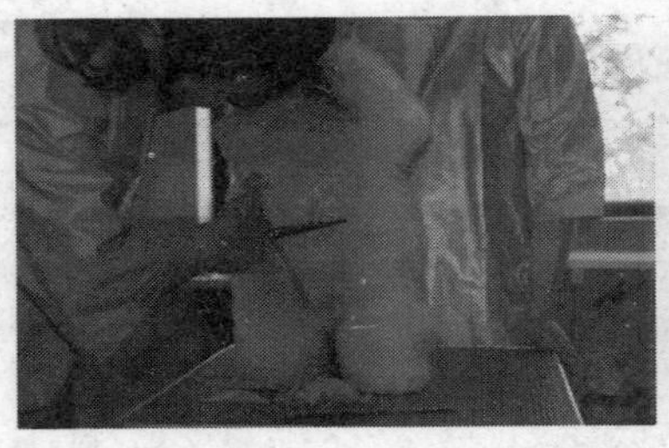

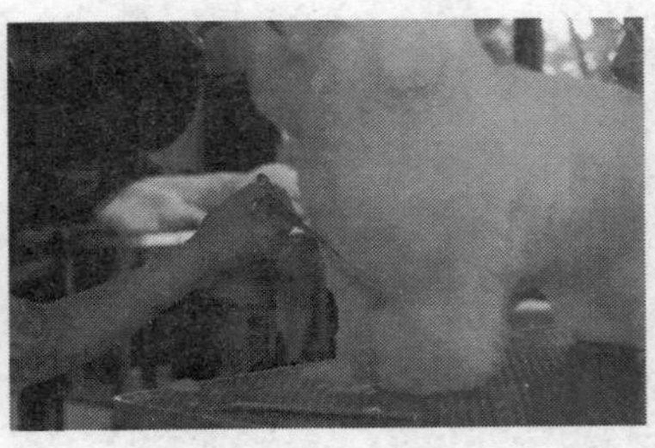

从嘴到下巴的被毛要剪成圆形覆盖状，前胸的被毛保持缓和圆形曲线,剪短。鼻梁到下巴处的毛要剪得最短。

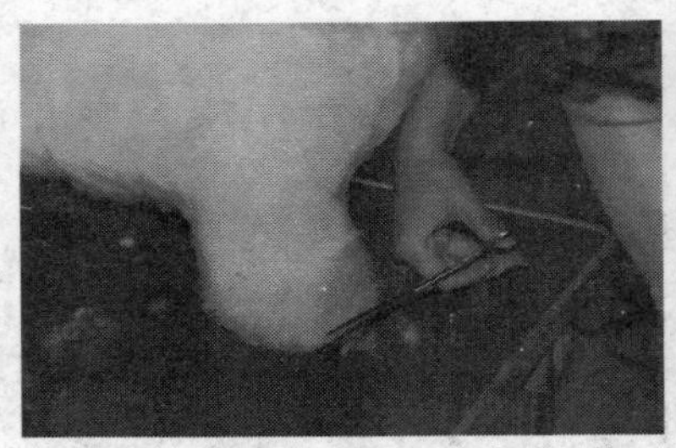

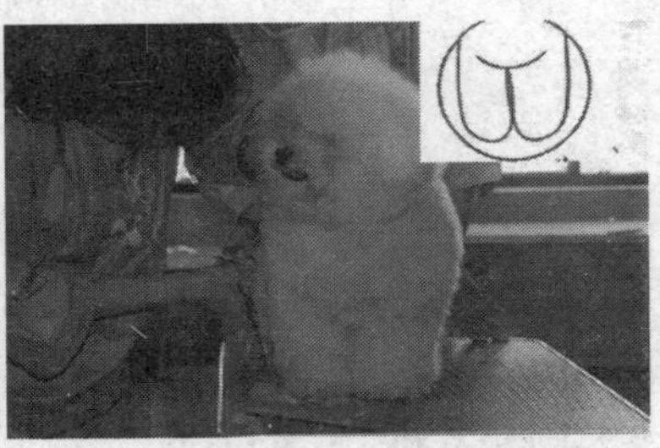

修剪足底与足边的毛,要露出脚掌。

把前肢修剪成筒状。从前面望去两前肢之间没有缝隙。

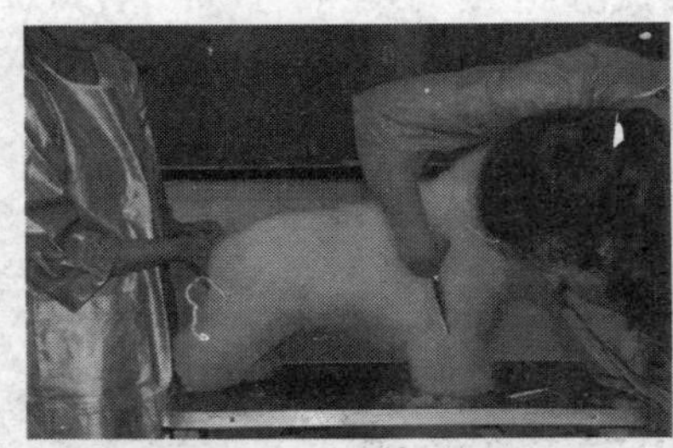

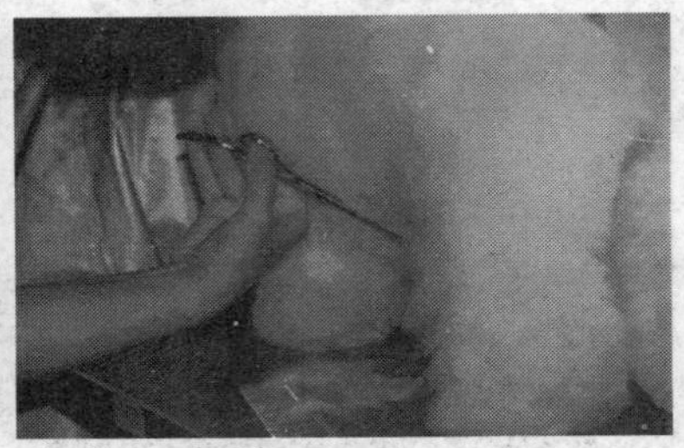

修剪前肢可以旋转剪。

修剪前肢肘后毛。

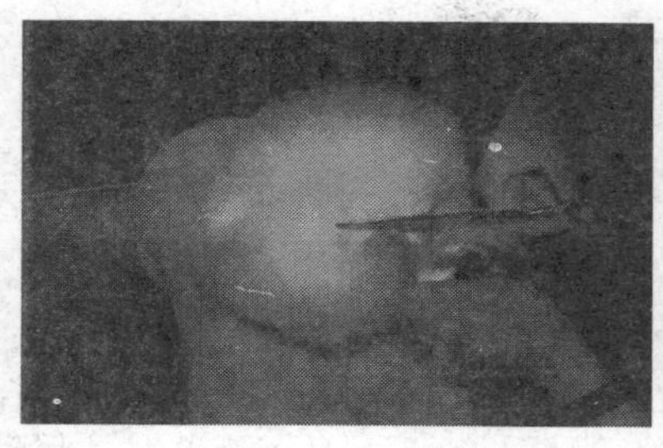
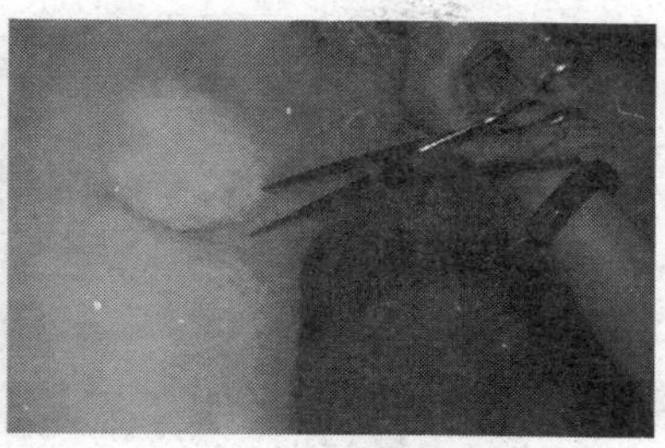

剪去两内眼角之间的毛，鼻镜到眼睛部分的毛分成左右两部分和胡须一样往下，剪去鼻镜处的多余的毛。

耳朵上的饰毛应同头部整体轮廓相衔接，不能突出而破坏整体效果。

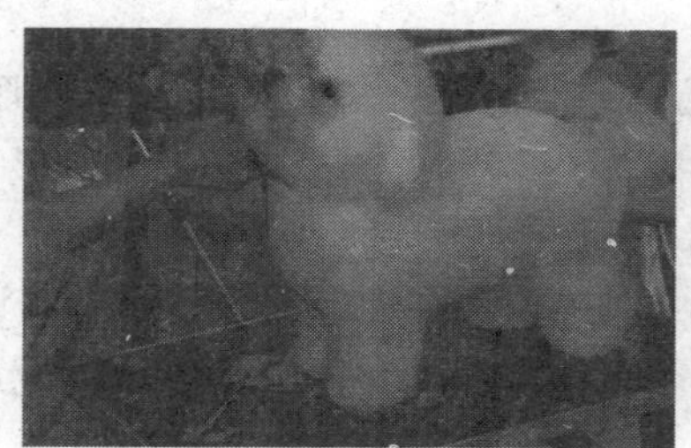
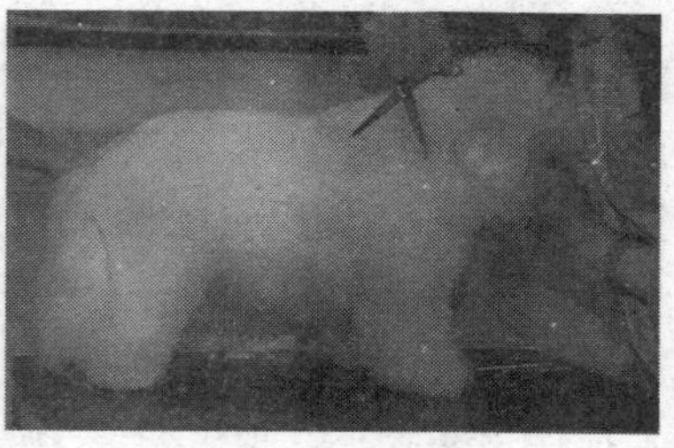

加工头形，由下唇边至头部下边线修剪成饱满的圆弧。

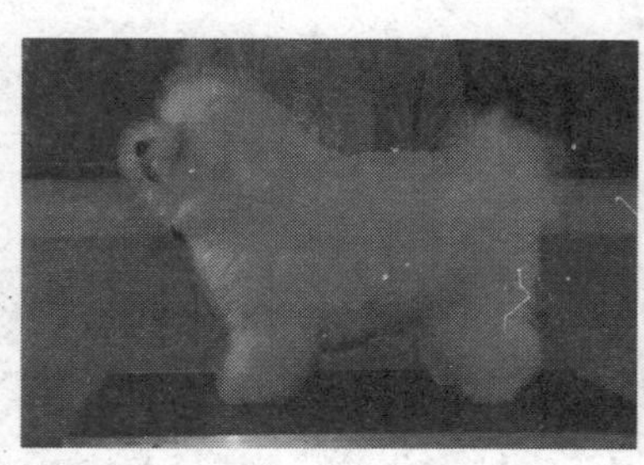
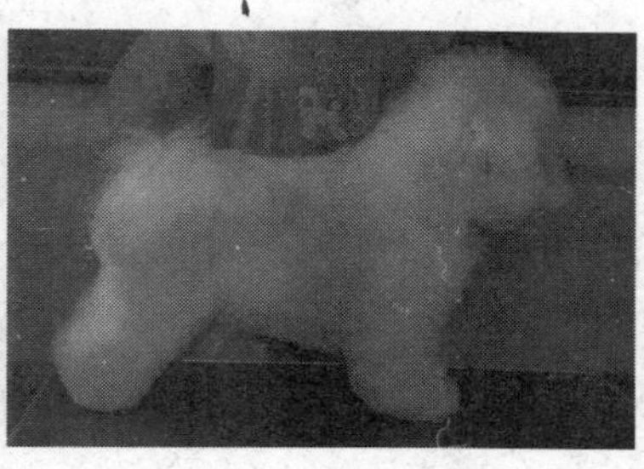

比熊犬修剪前与修剪后造型效果图。

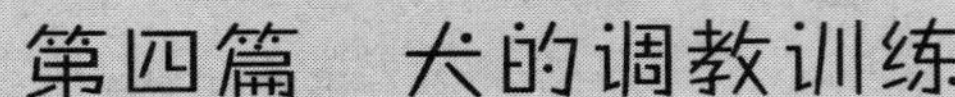

# 第四篇　犬的调教训练

家庭养犬时，主人通常都希望犬能会一些基本技能。如果把犬送至专业人士训练，不难学到一些本领，但犬学成归来后能否保持原有成果却成了一大难题。因此，家庭养犬过程中，主人应部分担任调教的工作职责，掌握犬调教训练的一些基本原理和常见科目的训练方法，这样才能让犬更好地在我们的工作、学习、生活中发挥伴侣动物的功能。

# 第一章　驯犬基本原理

犬是一种适应能力很强的动物，具有较发达的神经系统。和人类一样，犬大脑神经系统的基本活动过程是反射活动，犬的训练是以条件反射原理为基础的。条件反射是建立在非条件反射的基础上，经过反复调教刺激后天获得，是高级神经活动的基本方式，也是脑的高级功能之一。

## 一、非条件反射与条件反射

### （一）非条件反射

犬的非条件反射就是人们所称的“本能”，是先天遗传的恒定且巩固的神经联系，是建立条件反射的基础，如仔犬生下来就会吃奶、呼吸、排泄、自卫等。非条件反射大多是局部受到刺激后通过固有的神经通路，发生简单而又固定的活动，有些则属于复杂的有层次序列性的链锁行为，如性本能和猎取反射。这些本能不仅受到外界的随机刺激而产生活动，而且当机体内潜在的活动达到一定生理状态时，也可被相应的刺激所引发而表现特定的行为方式。与犬的生存有密切关系，并且在犬的训练中可充分利用的非条件反射主要有以下几种。

1. *食物反射*　犬借以获取食物，以维持生存所需。通过饲养管理，保证犬的正常生存和发育，建立和加强犬对主人的依恋性。在训练中，可以利用犬的食欲，以食物刺激为诱饵，引诱犬做出某些动作，并通过食物奖励来加强和巩固犬的正确动作，加速能力的培养。

2. 自由反射 犬爱与主人玩耍，喜欢到户外运动，借以挣脱对自身活动的限制，获得自由。为了防止犬在训练过程中产生紧张和厌恶情绪，影响训练效果，常用“游散”作为一项重要的奖励手段，同时也是缓和犬紧张的神经系统活动状态或消除超限抑制的有效措施。自由反射还有助于发展犬的活动、耐力和技巧，对发泄训练后的过剩能量也有一定的好处。

3. 猎取反射 犬寻觅或捕获某些猎物为食，以维持生存，这是野生犬生存采食的主要手段。这一特性在犬家畜化后在某种程度上已逐渐退化，在训练中已转化为获物性质的反射。在训练中，可通过耐心细致而巧妙的诱导，充分调引和培养犬对获取所求物的高度兴奋和强烈占有欲，是培养追踪、鉴别、搜索等专业能力的重要基础。

4. 探求反射 犬为了保持与生存环境动力平衡，必须及时觉察外界环境和事物的变化，探明与自身的利害关系，以便采取相应的行动。犬的探求反射与犬的学习行为关系密切，在训练中可采取新异好奇的刺激手段和方法，以引起犬对特定事物的探究与警戒反应，培养犬细致嗅认并保持高度警惕性的能力，是培养犬警戒能力和诱导犬嗅认气味的基础。

5. 防御反射 犬为了维护自身安全表现出对陌生人的警惕，并对之采取扑咬或躲避的方式，这是犬对自身生存的自卫表现。表现为扑咬的是主动防御，表现为躲避的是被动防御。在训练过程中，可根据训练科目能力培养的要求，采取相应的机械刺激手段，迫使犬产生适度的被动防御反射而做出相应的动作；也可通过较强的机械刺激，达到制止犬的某些不良行为。犬的防御反射是培养犬扑咬、守候、看守等专业能力的生理基础。

6. 姿势反射 犬的活动必须保证躯体维持正常的姿态平衡。在训练中，可利用犬固有的自然动作姿态及机体平衡运动反应，通过正确的诱导和适当的强制，使犬完成某些基础科目的动作，并逐步形成规范化要求的各种动作。

7. 性反射　是犬借以繁衍后代、绵延种族的能力，是犬繁殖育种的重要基础。因受到性外激素的影响，在训练时犬与犬之间可能会相互干扰，而且妊娠后期的犬也不宜受训，性反射活动常常对犬的训练和使用有不同程度的不利影响。因此，在训练过程中应谨慎对待犬的性反射活动。

**（二）条件反射**

人类对犬的训导实质上是要求犬对按照某种口令或手势等外在刺激做出快速而准确的应答，即通常所指的条件反射。

1. 反射　犬是一种适应能力很强的动物，具有发达的神经系统和高级神经活动的功能。犬之所以能用各种相适应的行为回答外界刺激，是由于犬具有各种敏锐的感受器，如听觉、视觉、嗅觉、味觉、皮肤的感受器等，来分别感受相应的声、光、化学、温度、机械的刺激，并把这些外界刺激的能量转达变为神经兴奋过程。兴奋就沿着传入神经纤维到达神经系统的中枢部分，再通过神经中枢的联系作用后，一方面把兴奋传递到大脑皮层相应部分，另一方面新的兴奋就沿着传出神经纤维，到达相应的效应器官，从而发生这种或那种的回答反应。这种对刺激作用由感受器感受，又沿着传入神经纤维传递，并借助于神经中枢的联系所引起的回答反应为反射。反射就是在中枢神经系统参与下，机体对内外环境刺激所做出的规律性反应，是实现犬行为的生理基础，其活动的结构基础是反射弧，反射弧是由感受器、传入神经、神经中枢、传出神经、效应器 5 个部分组成（图 4-1-1）。

2. 条件反射　条件反射不是先天就有的，而是在非条件反射的基础上后天培养获得的。在不断变化的外部环境中，犬只仅具有非条件反射是很难保证正常的生理活动的，必须在非条件反射的基础上借助高级神经中枢建立起更多、适应性更强的条件反射。条件反射是在一定的条件下发生和存在的，是暂时的和极不稳定

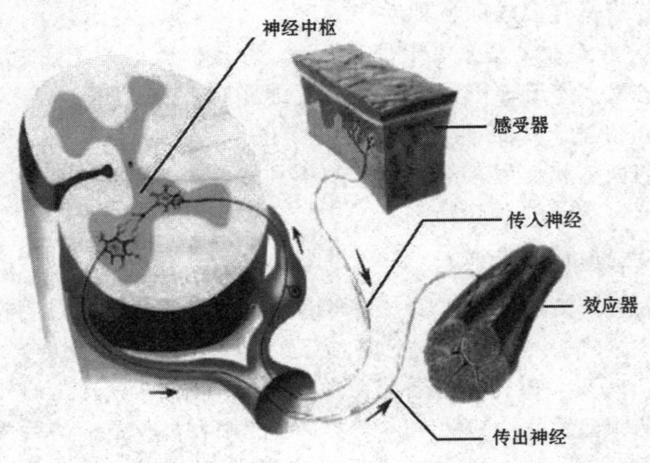


图 4-1-1　反射弧示意图

的，很容易退化。因此，对犬已形成的条件反射，必须定期地反复训练，不断强化，动作才能得到巩固。

(1)条件反射的机制　条件反射是犬在后天的个体生活过程中，对周围环境的多个刺激，在大脑皮层内所形成的暂时性的神经联系。条件反射在建立之前，仅存在着结构上的联系，功能上并没有接通，没有神经冲动在这种联系上形成规律性的通过。只有当不同的多种刺激重复而固定地作用于犬，并在大脑皮层的不同部位共同引起相应的兴奋活动时，才会使相关的神经元之间在功能上建立起暂时的神经联系，即形成条件反射。这种暂时性的联系是由于大脑皮层中引起的较强的兴奋部位（由非条件刺激作用引起）能吸引较弱的兴奋部位（由条件刺激作用引起）向其联系，于是两部分之间才发生神经联系。

条件反射的形成，就使原先的无关刺激获得了一定的信号意义，从而变成了具有指使犬体发生某一活动作用的条件刺激，因此,只单独使用这一条件刺激,也可以引起和使用非条件刺激效果相同的活动。此后,条件刺激作用一旦发生,就能同时导致相关部位产生兴奋,因而条件反射也就形成。因此,条件反射形成的标志是大脑皮层多个兴奋点的接通。

例如,为使犬对于"坐"的口令这一声音刺激形成条件反射,就需要在发出这一声音刺激的同时或稍后伴以能引起犬表现坐的非条件反射的刺激(按压犬的腰角),迫使犬做出坐下的动作。最初"坐"的声音刺激通过犬的听感受器的感受,并将这一刺激所引起的兴奋沿传入神经传向相应的中枢传递,在大脑皮层的某一区域内产生了一个兴奋点,这时犬就表现出倾听声音的动作。接着用手按压犬的腰角,犬通过皮肤触觉压力感受器的感受,把这一刺激所引起的兴奋沿另一条传入神经传向相应的中枢,同时也在大脑皮层的另一区域内产生了另外一个兴奋点,犬为了维持姿势平衡马上坐下。如果把两种刺激结合起来使用,就会同时在犬的大脑皮层不同区域内产生两个兴奋点,重复使用若干次后,这两个点兴奋后就从生理功能发生联系接通起来。当两者接通后,只要使用"坐"的声音刺激,而不用再施以按压犬就能做出坐下的动作,表明条件反射已经形成(图 4-1-2)。

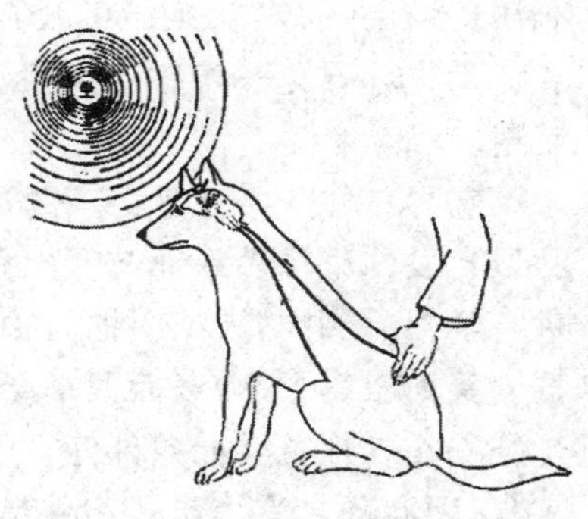

图 4-1-2 "坐"科目训练

条件反射的形成对动物的生存和发展具有重要的现实意义。条件反射的信号作用使动物对环境的反应预做准备,即有一定的预见性。条件反射在一定的条件下形成,也能在一定的条件下消退。这样,动物的行为就能随着客观情况的变化而变化,正确而适时地适应经常变化的环境。

(2)条件反射的两种形成过程

①古典式条件反射:俄国生理学家巴甫洛夫在他的生理研究实验中以犬为对象,采用一种原来与犬无关的刺激(如灯光)和另一种对犬有生物学意义的非条件刺激(如食物)结合作用,引起犬出现食物反射。经过多次重复结合试验后,只单独使用灯光刺激而不结合使用食物刺激,同样能引起犬的食物反射,说明灯光对犬已具有食物信号的作用。犬的这种行为的产生是在一定条件下通过学习获得的经验,它的反应程序是刺激在前,行为在后,行为是刺激的结果,而犬对刺激的反应是既定的。它的联系表现为:刺激→动作→强化→条件信号活动,这种条件反射称为古典式条件反射。

②操作式条件反射:又称"试错法"学习,这种方式表现为动物常以自发的试探性活动与偶然获得正确或错误的行为效果相联系进行学习。例如,犬笼中的犬由于偶然触及挂在笼外的自动饮水器乳头而获得了水,以后便学会通过吮吸饮水器乳头而获得饮水。这样操作杠杆之类的条件性行为反应就成了借以获得奖励强化的工具,因此称之为操作式条件反射。这种试探行为的结果可能是获得成功受到奖励的经验,也可能是遭受失败挫折得到惩罚的教训,因此,"机会训练法"或"行为整形"就是这种学习方式的体现。根据具体训练科目的要求,利用能诱使犬做出相应动作的机会,当犬的适宜行为一出现,就应立即给予奖励强化。这种学习方式较为实用,有调动犬主动学习的积极性。它的反应程序是行为在前,效果在后,行为的后果又能成为下一行为的原因。它的联系表现为:自发动作→强化→冲动→条件性主动活动。

(3)条件反射建立的条件　建立条件反射需要一定的条件,否则暂时性的神经联系不能形成,其基本条件主要有以下 5 个方面:

第一,必须将条件刺激与非条件刺激结合使用。条件反射是条件刺激与非条件刺激相结合的结果，是大脑皮层两个兴奋点的接通，没有非条件反射，条件反射是不能形成的，只有将两者结合使用，才能使无关刺激受到非条件刺激的直接强化即直接支持，而获得与非条件刺激作用相同的信号意义。如训练犬“坐”的科目，犬主先发出“坐”的口令（无关刺激），紧接着用手按压犬的腰角（非条件刺激），迫使犬坐下。当犬坐下后，即给予奖励和抚摸。经多次这样的结合训练，当犬听到“坐”的口令而不需要按压腰角，就能立即坐下时，说明大脑皮层两个兴奋点已接通，即条件反射形成了。

第二，条件刺激的作用应稍早于非条件刺激的作用。从两种刺激的作用时间来看，条件刺激的作用应稍早于非条件刺激的作用。在训练过程中使用的口令和手势引起犬的听觉和视觉反应，紧接着给予非条件刺激，引起犬相应的非条件反射，从而做出相应的效应动作，这样建立条件反射就快，并且也巩固；否则，条件反射就很难形成，即使形成也是很缓慢、不巩固。因为非条件刺激的作用要比条件刺激的作用强得多，先使用它会在大脑皮层内引起相当强的兴奋点，与此同时，在它周围就诱导出相当强的抑制过程，从而阻碍了无关刺激所引起的兴奋，条件反射难以形成。这就要求我们在驯犬时，给犬的口令、手势等条件刺激必须先于扯拉牵引带、按压犬身体的某个部位等非条件刺激。

第三，必须正确掌握刺激的强度。训练过程中除了应考虑到刺激信号的强弱，还需注意犬的神经类型和它对刺激的敏感程度，往往同一强度的刺激作用于不同的犬时，其效果是不一样的。一般来说，只有当条件刺激的生理强度弱于非条件刺激的强度时，才能建立起条件反射。因此，在驯犬的过程中要因犬而异，分别对待，以实际训练效果来衡量刺激的强度。

第四，必须使犬的大脑皮层处于清醒和不受其他刺激所干扰的状态。建立良好的条件反射，必须使犬的大脑皮层处于清醒和不受其他刺激所干扰的状态。因为犬处于抑制过程时，无关刺激发挥不了作用，条件反射的形成就会很慢，甚至不可能形成。同样，由于外界各种声响、气味等与建立条件反射不相干的刺激，或犬体内的其他刺激，如大小便、疾病引起的疼痛等，则会在大脑皮层内引起高度的兴奋，这种兴奋会阻止条件反射的建立。所以，在训练初期应选择安静环境、外界干扰很小的地方进行。

第五，与建立条件反射相关联的非条件反射中枢必须处于相当的兴奋状态。非条件反射是建立条件反射的基础，如果与建立条件反射相应的非条件反射中枢缺乏足够的兴奋，条件反射的形成是十分困难的。例如，犬在吃饱后参加训练，此时犬的食物中枢的兴奋性就很低，如再用食物作为非条件反射刺激来强化条件刺激，则其作用就不大，甚至没有效果。

## 二、驯犬基本原则

### （一）循序渐进，由简入繁

犬的每一个完整动作不是一下能完成的，必须循序渐进、由简入繁地通过逐渐复杂化的训练过程，由每种单一条件反射组合而成为动力定型。如在衔取动作中，它包括了去、衔、来、左侧坐、吐等一系列条件反射，形成一个固定的动力定型，以后只要听到这一体系中的第一信号，就会完成这一系列动作。在完成动作训练（或称能力培养）过程中，一般应经过以下 3 个阶段。

1．培养犬对口令起基本条件反射的阶段　这阶段总的要求是让犬根据口令要求做出规定动作。训练时要做到以下几点：选择安静的环境，减少外界引诱刺激的干扰；对犬的正确动作要及时予以奖励；对犬的不正确动作要耐心予以纠正。

2．条件反射复杂化阶段　这个阶段训练的目的是使犬将上个阶段学会的条件反射行为有机地联系在一起，具备初步完整能力。如第一步仅要求犬听到“来”的口令走近训练员，而第二步则要求犬来到训练员前后，必须靠着训练员的左侧坐下。此外，还要求犬对训练员的口令达到迅速而顺利执行的程度，同时在犬对口令形成条件反射的基础上，建立对手势的条件反射。为了加速培养和巩固犬的能力，在本阶段训练中应注意如下几点：训练环境仍不宜复杂化，但不一定拘泥于一处，可以换个新训练场所，这也锻炼了犬适应环境的能力，并要在日常散放活动中加强环境锻炼，为第三阶段的训练打下基础。为了使犬顺利而正确地执行口令，对犬的不正确动作和延误执行口令的行为，必须及时加以纠正，并要运用强迫手段，适当加强机械刺激的强度，而对犬的正确动作也要及时给予奖励。

3. 环境复杂化阶段　要求犬在有外界引诱的情况下，仍能顺利执行口令，应注意因犬而异，训练条件难易结合，易多难少的原则，培养犬适应复杂环境的能力。犬能在没有干扰的外界条件下完成规定动作，并不代表能在实际生活中完成这个动作，因此要使训练环境复杂化。在本阶段训练初期，犬可能会对新刺激产生探求反射或防御反射，而对口令不发生反应或延误执行口令。在这种情况下，训练员必须加强口令的威胁音调，并结合强有力的机械刺激迫使犬按命令行事，然后给予充分的奖励。为使犬尽快适应环境，本阶段仍应加强日常的环境锻炼。

**(二)因犬制宜，分别对待**

虽然每只犬都有嗅、闻、衔取等本能，但由于每只犬的神经类型不同、个性不同以及饲养目的不同，因此训练中应根据犬的不同特点，分别对待。

1. 兴奋型犬　这种犬的特点是兴奋性强，抑制性弱，形成兴奋性条件反射快而巩固，形成抑制性条件反射则慢而易消失。因而在训练中主要是培养、发挥其抑制过程，不要急躁冒进，以免引起不良后果。

2. *活泼型犬*　这种犬的特点是兴奋和抑制过程都很强，转换也灵活，训练中形成兴奋和抑制性反射都很快。训练方法不当，易产生不良联系，因而要特别注意手段，采取相应的方法。

3. *安静型犬*　这种犬的特点是兴奋和抑制过程都较强，但转化灵活性较差，其抑制过程相对的要比兴奋过程稍强。也就是说，在训练过程中形成抑制性条件反射较快，而且形成的反射也较巩固。所以，在训练中应着重培养犬的灵活性，适当提高兴奋性。

4. *被动防御反应型犬*　这种犬的特点是遇到惊吓或害怕的事物，就采取消极的被动防御，影响训练的进行。对于这种犬，主人（或训练员）接近它时，一是要用温和的音调和轻巧的动作，防止突然惊吓，使之长期不敢接近主人（或训练员）而影响亲和关系的建立。二是遇到犬害怕的事物，要采取耐心诱导的方法，使犬逐渐消除被动心态，并使之适应。

5. *探求反射较强的犬*　这种犬对于周围环境中的某些新异刺激很敏感，经过多次接触，仍不减退和消失，这与犬的灵活性和适应性不良有关。对待这种犬平时应注意多进行环境锻炼，使之逐步适应。每次训练前，先让犬熟悉环境，尽量选择安静、无外界刺激诱惑和干扰的训练场地。训练中出现探求反射时，主人要设法把注意力引到训练科目上来，也可适当使用强制手段抑制探求反射。

6. *食物反应强的犬*　应充分利用所长，多用食物刺激进行训练。但食物反应强的犬，容易接受各方来的食物，影响有关科目动作的建立。一条训练良好的警犬或玩赏犬，应拒食别人给的食物和不随地捡食。因此，要加强“禁止”训练，使犬养成良好的习惯。

7. *凶猛好斗的犬*　这种犬基本属于兴奋性高的犬，要适当加强机械刺激，发挥其抑制过程。在管理训练中要严格要求，加强依恋性、服从性和扑咬训练，以充分利用其所长。但要防止乱咬人、畜。对于少数凶猛而胆小的犬,应加强锻炼,防止过分刺激,使犬逐渐变得胆大。

## 三、刺激信号

刺激是指作用于犬机体并能引起反应的一切因素,训练中的刺激是指在训练过程中主人和助训员为达到训练目的而采取的训练手段或方法。训练人员通过多种形式表达训练手段和方法,这些表达形式,如口令和手势等则称为刺激信号。

### (一)刺激的分类

1. 按刺激的性质分类

(1)物理刺激　常用的能引起犬的触觉和痛觉,并带有一定强制性的刺激,如按压、拉扯等。

(2)化学刺激　利用局部麻醉药或兴奋剂,对犬神经中枢及外周神经进行有效的调节和控制,调整犬的兴奋和抑制状态。

(3)辐射刺激　利用辐射有目的地改变犬的动作电位,促进或阻断训练信息的传导,加快条件反射的形成,消除对犬的不良联系。

(4)生物刺激　根据犬内在的趋力安排各种科目的训练,如利用饥饿、口渴、活动欲望等安排训练。

2. 按刺激的特点分类　按刺激的特点可分为非条件刺激和条件刺激。

### (二)刺激的应用

1. 非条件刺激及其应用　凡引起非条件反射的刺激均称为非条件刺激,主要包括机械刺激、食物刺激、引诱刺激等。

(1)机械刺激　直接作用于犬的皮肤并能引起犬的压觉、触觉和痛觉,迫使犬做出相应的动作和制止犬的不良行为的刺激称为机械刺激。犬对这种刺激，都会不同程度地表现出被动反应的状态。机械刺激能迫使犬做出各种与刺激相适应且符合训练要求的规范动作，并具有强化条件刺激的作用。采用机械刺激训练的动作，一般都比较刻板、固定、不易变形，如果奖励不充分，犬的动作行为将很不自然。

使用机械刺激时注意的事项主要有以下几点：

第一，刺激强度要适当。不同强度的机械刺激能引起犬的不同反应。在训练中，既要防止使用超强刺激，又要避免不敢使用刺激或刺激过轻妨碍条件反射的形成和巩固。因此，在一般情况下，采用中等强度的刺激较适宜。

第二，因犬制宜，区别对待。一般来说，对于胆量较小及皮肤敏感的犬刺激量要小些，对胆大、凶猛及反应迟钝的犬刺激的强度就要大些。

第三，刺激部位要准确。使用刺激时，必须根据训练科目的要求，选择与训练动作相适应部位，才能收到应有的效果。

第四，要掌握好刺激的时机。使用刺激时，要与犬的动作相吻合，不早不晚，恰到好处，否则影响条件反射的形成和巩固，通常机械刺激应稍晚于口令或手势刺激。

第五，要区别科目性质，恰当使用刺激，基础科目、兴奋科目训练适宜多用。

第六，与食物刺激相结合使用。由于机械刺激容易使犬产生被动防御，在犬做出正确的动作后，立即给予食物奖励，可以起到缓和犬的紧张状态和调整犬兴奋性的作用。

(2)食物刺激　用食物来奖励犬的正确动作和诱导犬做出某些动作的刺激，称为食物刺激。食物刺激对犬具有重要的生物学意义，易于引起犬的食物反射，富有引诱性，能使犬处于主动趋向状态，犬做出的动作比较兴奋活泼，表现自然，但动作往往不够规范，且易产生不良联系。当食物用来强化条件刺激和奖励犬的正确动作，直接作用于犬的口腔，引起咀嚼、吞咽等非条件反射时，食物就是非条件刺激；当食物以其气味和形态作用于犬，使犬做出一些基本动作时，它就属于条件刺激。

使用食物刺激时注意的事项主要有以下几点：

第一，根据犬的状态，充分利用犬的食物反应。食物刺激对食物反应强的犬或食物中枢正处于兴奋的犬，使用效果比较显著。因此，在犬饱食后或犬的食欲不好时不宜使用。

第二，要选用适口性好的食物进行正确奖食。在训练中，食物作为诱饵或奖励使用的量不宜多，但要精，且因犬而异。一般地说，肉类食品(鸡肉味)比较理想。

第三，区别科目性质，掌握好使用时机。食物刺激对大多数训练科目是适用的，但食物刺激引起的强兴奋，很容易抑制犬正在做的科目动作，或解除延缓抑制及分化抑制。

第四，与机械刺激及“好”的口令结合使用。食物刺激与机械刺激结合使用，可以相互取长补短，达到既能保持犬的作业兴奋性，又能保证训练动作的规范、准确。

(3)引诱刺激　指通过相应的声响、物品、动作等诱使犬做出正确的动作。引诱刺激具有一定的诱发性，对于条件刺激有增效作用，可提高犬相应神经中枢的兴奋性，同时有助于集中犬的注意力，并能直接诱发犬的某一动作或增强某一动作的反应强度，以弥补其他刺激的不足。引诱刺激诱发的动作兴奋活泼，表现自然，但易受外抑制影响，巩固性较差，容易形成抵消条件刺激作用的不良联系。

使用引诱刺激时注意训为主，诱为辅。引诱刺激在训练中一般作为辅助手段，不可过多依靠这种刺激，而且要注意使用得当，防止以引诱刺激完全代替正式的口令、手势。如训练“前来”时，只能在犬注意力转移或前来不迅速的情况下，适当以口哨音或反向的假跑动作，弥补口令的不足。如经常使用这些诱因，就会使犬形成只靠引诱而不听指挥的不良联系。因此，随着训练的进展，应逐渐取消引诱。

2. 条件刺激及其应用　凡用以建立条件反射的信号刺激均称为条件刺激，主要包括口令、手势以及主人的情绪等。

(1)口令　口令是由一定语言组成的声音刺激，通过犬的听觉引起相应的活动。口令本来对犬是无关刺激，只有将一定口令与相应的非条件刺激结合使用后，才能使犬形成条件反射，同时应经常给予非条件刺激的支持，犬对口令形成的条件反射才能得到巩固。由于犬有敏锐的听觉，不仅能对口令形成条件反射，而且还能对同一口令的不同音调形成相应的条件反射，更有利于主人对犬的行动掌握。训练中所使用的口令音调基本分为 3 种：普通音调，用中等音量发出，并带有严格要求的意图，用来命令犬执行动作；奖励音调，用温和的声音发出，用来奖励犬所做出的正确动作；威胁音调，是用严厉的声音发出，用来迫使犬执行动作和制止犬的不良行为。

编定和使用口令注意的事项主要有以下几点：

第一，口令既然是一种条件刺激，那么在编定和使用口令时应注意每一个口令的独立性，声音要洪亮清晰，且口令用语要简短。

第二，口令一经采用不能任意更改，不宜附加口令或随意用其他语言指挥犬，以免造成犬反应混乱。

第三，口令强度、音调的应用应根据犬的具体表现、指挥距离、风力、风向等情况灵活掌握。

第四，三种不同音调的作用，只有在结合相应非条件刺激建立条件反射后才能有效。

(2)手势　利用手和臂的一定姿势和动作组成的具有指令性的形象刺激，通过犬的视觉引起相应的活动。犬对手势条件反射的形成，需要结合非条件刺激，同时应经常给予非条件刺激的支持，犬对手势形成的条件反射才能得到巩固。与口令一样，手势能在一定的距离内指挥犬的行为。

编定和使用手势注意的事项主要有以下几点：

第一，手势要形象、明显。手势应与人们日常的习惯动作有所区别，不同的手势要有独特性，一经采用的手势不要任意更改，同时应绝对地保持手势的定型与准确性。

第二，使用手势要始终保持规范，且每一动作仅能使用一种手势，以便犬明辨而不至于混淆。

第三，只有在犬注视主人时使用，手势才能起作用。因此，在使用手势之前，应让犬注视主人。

第四，手势应保证一定的挥动速度。发出手势的速度应根据犬的具体情况和指挥距离而定，且快慢要适中。

(3)主人的情绪　在有关条件刺激的应用问题上，主人态度表情对犬的影响也不容忽视。因为主人在对受驯犬实施各种相关刺激的同时，常常因训练效果的好坏而有意无意地流露出自己的情绪，或高兴，或恼怒，或激动。这些态度表情既与相关刺激组成复合动因，也能直接形成条件刺激而发生作用，在训练中，有时犬会通过“察言观色”发生相应反应。正常而自然的态度表情是适合训练需要的，如严肃的指挥、和蔼的奖励、活泼的动作等，而有些情绪的表现如狂欢、暗示、生气、愤怒等对训练是不利的。因此，主人要注意保持沉着、冷静，慎重行事。

## 四、驯犬方法

由于各种犬的神经类型、性格特点和训练目的不同，所以在训练中，应因犬制宜，分别对待；否则，采取最好的训练方法也是无效的。训练员在整个训练过程中，为使犬对所训练科目迅速地形成条件反射，并不断巩固和提高犬的能力，保证犬在各种较复杂的条件下顺利地执行动作，就必须正确地掌握运用诱导、强迫、禁止、奖励等训练要领，这是训练的关键。

(一)诱　导

诱导是指训练时采用一切有利的时机和各种各样的刺激，如食物、物品、自身的行为等诱使犬做出一定的动作，借此加速建立条件反射的一种手段，如利用食物引诱犬做出坐、卧、来、靠等动作。对于幼龄犬的训练，因为它们的体质和神经系统的发育尚不健全，忍受强迫的程度较差，使用这种手段尤其适宜。此方法的优点是犬做动作比较兴奋自然，其缺点是不能保证犬在任何情况下都能按要求顺利、准确地做出动作。运用诱导时应注意：一是根据犬的特点，注意掌握好时机。不要始终不变地使用，防止以此取代口令、手势的作用。二是要善于利用各种地形、地物。三是诱导手段与机械刺激和奖励手段相结合，当诱导犬做出动作之后，即应以机械刺激固定犬的正确动作，同时用奖励手段加以强化。四是平时诱导与正规训练相结合，使犬的动作逐步走上正轨。

(二)强　迫

强迫是指训练只使用机械刺激和威胁音调的口令，迫使犬准确而顺利地做出相应动作的一种手段。在运用强迫手段时应注意：

一是威胁音调的口令必须伴以较强的机械刺激，否则犬对威胁音调不能形成条件反射。

二是强迫必须与奖励相结合，因为强迫是为了迫使犬做出动作，奖励则是为了强化巩固犬的动作，消除强迫手段引起的副作用。

三是强迫手段必须根据犬的特点分别对待。对那些能忍受强刺激的犬，刺激强度可适当大些；对那些皮肤敏感，灵敏性较强的犬，特别是比较胆小的犬，刺激度则应适当小些。

四是不要滥施强迫，因为过多地使用强迫，会使犬产生害怕训练员和逃避训练的现象。因此，只有在犬正领会动作而延缓执行动作时才能使用强迫。

### (三)禁　止

禁止是制止犬的不良行为而采用的一种手段。用威胁音调发出“NO”的口令，同时伴以强烈的机械刺激，以停止犬的不良行为。运用禁止手段时应注意：

一是“NO”的口令必须与强有力的机械刺激结合使用，态度、表情要严肃认真。

二是制止犬的不良动作要及时，不失良机，最好在犬刚出现不良行为时加以制止。

三是当犬停止不良动作，应及时给予奖励。

四是刺激强度必须根据犬的特点分别对待，特别在对幼犬的管、训中尤为注意。

五是禁止的使用只能用于制止犬的不良行为。在训练过程中，如犬延迟执行指令或服从性差而不能按要求执行指令时，不能使用“NO”的口令，只能施行强迫方法。

### (四)奖　励

奖励是巩固、强化犬的正确动作，鼓励犬执行动作，调整犬的神经系统而采用的手段。奖励的方法包括：“好”的口令、抚拍、给犬游散、衔物等。

#### 1. 奖励方法的正确运用

一是在每一科目训练初期，为了使犬迅速形成条件反射，对犬的每一准确动作都必须给予充分的奖励，并且要以食物、抚拍奖励为主。

二是当犬对“好”的口令形成条件反射后，食物奖励则可逐渐减少，可以单独运用“好”的口令或与抚拍相结合进行奖励。但是，为了防止犬对“好”口令产生消退，有间断性的结合食物奖励还是必需的。

三是当犬在经过一段时间的训练或在完成一项比较紧张的作业以后，让犬游散片刻，以此来缓和犬的紧张神经状态，这也是一种很好的奖励手段，在训练中应当加以运用。

四是训练员利用犬对衔物品的高度兴奋，满足它的衔取欲，这也是一种很好的奖励方法。

2. 奖励时的注意事项

一是奖励时态度要和蔼可亲，经常用“好”的口令、食物、抚拍强化。

二是奖励要及时和掌握时机，当犬做出正确动作后要及时加以奖励，不但能加速条件反射的形成，而且能养成犬迅速执行动作的习惯。

三是奖励要有目的，不应不加控制地发出“好”的口令，奖励了错误的动作就会让犬产生不良联系。

四是根据不同的科目和各个科目的不同阶段采用不同的奖励手段。

五是要根据各个不同阶段的训练要求，正确运用奖励。

# 第二章 幼犬训练

当自己喜欢的犬购回后，首要任务是重视犬的修养培训，使犬养成与主人共同生活的行为，如果不注意对犬修养的培训，可能很快使犬养成多种不良行为，招来许多麻烦。下面主要介绍一些适合家庭养犬时的常见科目训练。

## 一、呼名训练

### (一)方 法

1. **给幼犬取名** 可根据犬的毛色、性格及自己的爱好来取名，最好选用容易发音的单音节和双音节词，使幼犬容易记忆和分辨。如果幼犬有 2 只以上，名字的语音更应清晰明了，以免幼犬混淆。

2. **选择适宜的时间和地点** 应选择在犬心情舒畅、精神集中时，与主人或别人嬉戏玩耍或在向你讨食的过程中进行。训练必须一鼓作气，连续反复进行，直到幼犬对名字有了明显的反应时为止。当幼犬听到主人呼名时，能迅速地转过头来，并高兴的晃动尾巴，等待命令或欢快的来到主人的身边，训练就初步成功。

3. **利用食物奖励和抚慰训练方法** 在幼犬对呼名有反应后，立刻给予适当的奖励(如食物奖励或抚拍)。

4. **呼名语气要亲切和友善** 在训练过程中要正确掌握呼唤犬名字的音调，同时表情和蔼友善，以免造成唤犬名时引起犬害怕，尤其是当犬一听到呼名即做出反应或马上跑回到主人身边时，不仅要轻轻抚拍它，而且也要表现得很亲近温和，使犬逐渐形成一种条件反射，呼叫来就必须过来，就会得到奖励。

**（二）注意事项**

1. 犬名只能固定一个，不能随意更换　如果不同的家人、不同的场合和不同的阶段对犬名的叫法不一样，就会给犬造成混乱，也不便于犬对名字形成牢固的记忆和条件反射。

2. 犬名要有易辨性　在幼犬调教和训练过程中，如果犬名与常规训练科目同音，会造成犬将主人的呼唤名字与要求执行口令相互混淆。同时，由于犬与主人及家人同在一个生活环境中，如果犬名与家人名字有同音字，则容易造成呼唤犬名的混淆。

## 二、亲和性培养

培养宠物犬对主人的依恋性，除了先天易于驯服的特性外，主要是主人通过精心饲养管理而建立起来的。就新购的幼犬来说，主人更要悉心陪伴它，与它建立感情，也能为后期的训练打下坚实的基础。

**（一）方　法**

1. 给犬准备一个舒适的窝箱　幼犬购回后，应将犬放在准备好的室内犬床上或犬窝中，而不应放在院中或牲畜棚中，使犬与主人建立初步感情。

2. 亲自喂食　食物是犬生存的第一要素，远古的犬类就是因为发现和人类在一起经常会得到人类打猎食后遗弃的食物残骸，才主动与人类相伴到今天。因此，在早期培训与调教阶段一定要亲自喂食，满足犬的第一需要，以增进彼此的信任和情感，使犬的依恋性不会受他人喂食的诱惑而减弱。

3. 多与幼犬接触　幼犬购回后，主人每天必须抽时间来陪伴和调教它，设法与幼犬交谈、游玩、逗乐，使幼犬感到无穷的乐趣，喜欢与主人在一起戏耍，对主人产生依恋性。

4. *带幼犬适当进行运动* 带幼犬适当运动，可以消除犬的戒备，获得自由活动的机会，在跑动中愉快地呼唤犬的名字，并适度地抚拍，从而增进犬对主人的依恋性。

**(二)注意事项**

1. *主人应始终保持良好的情绪* 这要求主人要通过欢快的声音、轻柔的抚拍、正确的奖励等方法，积极地和幼犬交流，让它感觉到和你在一起是件非常愉快的事情。

2. *训练初期的环境要清静* 清静的环境使犬把注意力放在主人的身上，只对主人产生信任和依赖。

3. *关注幼犬的攻击行为* 幼犬之所以有时攻击陌生人甚至主人，完全是出于一种自我保护。对带有攻击性的幼犬，主人一定要特别关注，在没有取得犬的完全信任前，不要去谋求和它进一步的接触。应给予充分时间，用喜欢的食物喂它，在它解除了对你的防备后，再寻求和它进一步接触。

## 三、散步训练

幼犬 80～90 日龄时，因其已能习惯戴上脖圈，拴上牵引带，所以在这一阶段应加强幼犬散步的调教与训练。

**(一)方　法**

1. *使犬适应牵引带* 幼犬的牵引带，可用系有一轻质牵引钩的短棉网绳制成，长 0.8～1 米，脖圈则可用软而平滑的尼龙带制成，宽以 0.6 厘米左右为宜。先让它每次系着牵引带玩耍或奔跑 20 分钟左右，让犬习惯于牵引带的限制，训练结束后取下牵引带。

2. *掌握牵引带的正确使用* 将牵引带末端的套环挂在右手拇指上，轻轻把牵引带靠套环一端 1/3 段折叠握于右手，右手抬至齐腰高度。在训练时，即使折叠的一段牵引带被犬挣脱了，主人仍然握住了牵引带套环控制好犬只。

3. 选择较安静场所　开始散步时，宜选择一个安静的地方训练，可减少环境因素对犬只的影响。如出现犬因环境因素注意力不集中时，应用温和的语调呼唤犬的名字，并用新奇物品逗引犬，引犬来到身边后应充分奖励。

4. 户外训练的时间逐渐延长　第一次散步的时间一般不超过 10 分钟，随后几天逐渐延长训练时间，一般 1 周后散步时间可延长到 20 分钟，6 月龄之前的犬散步时间不超过 30 分钟，6～9 月龄可延长到 1 小时。

**(二)注意事项**

主人在实际接触幼犬前，应跟有经验的人士学习使用牵引带，学会利用牵引带来控制犬。如纠正幼犬不良行为时，扯拉牵引带用力不可过猛，以免伤害幼犬颈椎。

牵引带不宜扯得太紧，应有紧有松，灵活适度，以保证犬颈部运动自由。如果牵引带缠绕主人或犬的四肢，应停下来慢慢解开牵引带。

带幼犬散步时，应始终让犬在主人的左侧，为下一步进行随行科目训练打下基础。

## 四、定点排便训练

幼犬常在墙角或乱草丛中排便，为了防止幼犬外出时随意排便而污染环境，家庭养犬必须要培养幼犬定点排便的良好行为习惯。

**(一)方　法**

1. 选择排便地点　排便地点应较隐蔽，在卫生间的某一固定角落，放置一张报纸或塑料布，上面撒些干燥的煤灰或细沙，放上几粒犬粪，表明过去曾有犬在此大小便。

2. *关注犬排便前的举动* 多数幼犬排便前有不安、转圈、嗅寻、下蹲等表现，当幼犬有上述表现时，主人立刻将犬抱至选择好的排便处，训练犬“如厕”。

3. *正确奖励方法* 幼犬在规定的地方排便结束后，应立即进行奖励，可给以食物或抚拍，然后再在犬熟悉的环境里游戏、玩耍后，让犬回犬窝休息。经过 5～7 天，幼犬一般就会主动到自己的厕所或固定地点排便。

**(二)注意事项**

不能用粗暴的方法惩罚。在犬已排便后训斥是毫无意义的，甚至有人把犬拖到排便物前，按下犬头让它嗅闻，边打边训斥，这种方法是极其错误的，只会给犬造成“被虐待”的坏印象。这种印象一旦形成，会使犬产生上厕所是件可怕的事，即使你再带它到厕所里，它也不会排便，甚至会躲避主人，事后在一些隐蔽地方排便。

选定的排便地点要固定，这样有利于犬形成条件反射。如果经常更换，会给犬造成可在任何地点排便的假象，定点排便也就失去意义。

定点排便训练前应掌握幼犬的生活规律，同时还要注意犬的健康、饮食等方面。犬通常在采食后 0.5～1 小时及睡觉前后 0.5～1 小时排便的可能性较大，应重点加强这两个时间段内幼犬的定点排便训练。幼犬如果患上痢疾，首先要进行治疗，恢复健康后，再进行排便训练。

排便时要保持安静。看见幼犬遗便要保持安静，不可失声喊叫，否则会使犬受惊，影响犬的排便训练。

如犬能在指定地点排便后，即可进行定时排便训练，定时排便训练必须保证饲喂的定时。

## 五、定时定点采食训练

有些犬主因工作较忙，每天早晨给犬足够的食物，以便犬全天采食。这种做法极不科学，也很不卫生，特别是夏天，由于食物放得太久容易变质，犬采食后就会导致腹泻。幼犬习惯在固定的场所采食，如经常更换采食地点，可能会引起犬的食欲不正常。因此，养成幼犬定时定点采食的良好习惯是很有必要的。

### （一）方　法

1. 定时采食　幼犬期间，每天不管是喂 1 次还是 2 次，最好都在相对固定的时间内喂食。定时饲喂可以使犬每到喂食时间胃液分泌和胃肠蠕动就有规律地加强，饥饿感加剧，使食欲大增，对采食及消化吸收大有益处。如果不定时饲喂，则将破坏这一规律，不但影响采食和消化，还易患消化道疾病。

幼犬通常每天喂 3 次，早、中、晚各 1 次，且每次的饲喂时间应相对固定。不同季节的饲喂时间不尽相同。通常春季、冬季饲喂应早餐宜晚、晚餐宜早，夏季、秋季饲喂应早餐宜早、晚餐宜晚，以保证幼犬的正常睡眠时间，但应注意同一季节内的饲喂时间应相对固定。犬采食后离开食盆时，即使食物还没有吃完，也要拿走食盆，这样做既卫生又方便饲养管理，更利于定时采食习惯的养成。

2. 定量采食　每天饲喂的日粮要相对稳定，不可时多时少，防止犬吃不饱或暴饮暴食。随着幼犬的生长，应及时调整饲喂量以满足幼犬的生长发育。应注意，不同个体间的食量可能有差异，中小型犬按每千克体重饲喂 20～25 克饲料，基本能满足幼犬的营养需要，同时可保证幼犬在 10 分钟左右的时间内不间断地吃完。

当然犬主应根据幼犬采食时和采食后的行为来判断喂量是否合适。幼犬如果在 5 分钟左右采食结束，且仍然舔食盆上残留的饲料，表明饲喂量可能不足，需要适量添加；如幼犬在 15 分钟内不能吃完，且在采食过程中时而离开，时而返回继续采食，表明饲喂量可能过多，需要适量减少。

**(二)注意事项**

在正常饲喂幼犬的时间内进行，但必须保证幼犬处于饥饿状态，这样才能准确地把握每次的饲喂量。

在进行定点定时采食训练时，可与幼犬不良采食行为的纠正同步进行，这包括拒绝吃陌生人的食物、不偷食、不随地捡食等。

## 六、安静休息训练

宠物犬对人的依恋性很强，与人在一起时会安心地卧在脚旁或室内某一角落。当主人休息或外出时，它会发出呜咽或嗷叫，尤其是小型的伴侣犬、玩赏犬，从而影响主人休息或周围的安宁。家庭养犬时，主人应能学会对宠物犬进行安静休息的训练。

**(一)方　法**

选择合适的犬窝。首先要为幼犬准备一个温暖舒适的犬窝，里面垫一条旧毯子。先与犬游戏，待犬疲劳后，发出“休息”的口令，命令犬进入犬窝休息。如果犬不进去，可将犬强制抱进令犬休息，同时给幼犬以奖励。休息时间可以由最初的3～5分钟慢慢延长到10～20分钟，直至数小时。

为犬放置一些玩具。把小闹钟或小半导体收音机放在犬不能看到的地方(如犬窝垫子下面，垫子要固定)，当主人准备休息或外出时，令犬进去休息。因为有小闹钟和收音机的广播声(音量应很小)可使犬不觉得寂寞，从而避免犬乱跑、乱叫。也可放置一些宠物专用玩具于其中，让幼犬在窝中玩耍。经过数次训练之后，犬就形成安静休息的条件反射。

### (二)注意事项

在安静休息的培训与调教过程中,除了主人以外,其他人员在对幼犬的教育训练上应保持同样的认识,采用统一的口径。对幼犬做出的某一件事,如果有人态度暧昧,有人斥责,幼犬就会很迷惑,不能分清是对是错、该不该做。如幼犬发出呜咽或嗷叫时,应立即斥责批评;当幼犬按照指令安静休息时,则要奖励。在训练中最重要的是必须坚持不懈。

## 七、握手训练

犬的握手训练是培养犬与人握手的能力,要求犬在听到主人发出握手口令或手势后能迅速地伸出一条前肢与人握手。口令是"握手"、"你好",手势是伸出右手,呈握手姿势。

### (一)方　法

握手对任何品种的犬来说都很容易训练,而北京犬、博美犬等小型犬甚至不用训练,当你朝它的前肢伸出手时,它都会主动地伸出前肢与你握手。训练时,让犬与主人面对面坐着,然后主人伸出一只手,并发出"握手"或"你好"的口令,如犬抬起一条前肢,主人就握住并稍稍抖动,同时发出"你好、你好"的口令,以进行奖励。如此经过多次训练后,犬就会形成对握手口令和手势的条件反射(图 4-2-1)。

图 4-2-1　握手示意图

如主人发出“握手”的口令后，犬不能主动抬起前肢，主人可抚摸犬的头部并用手轻轻推动它的肩部，使其重心移向左前肢，同时伸手抓住犬的右前肢，上提并抖动，发出“你好、你好”的口令，予以鼓励，也可抚摸犬的颈下、前胸或以食物奖励，并要求犬保持坐势。如犬不能执行命令，也可用食物引诱，当犬想获得食物时就会伸出前肢扒在主人握食物的手上，此时发出“握手”的口令，并用另一只手握住它的前肢，上提并抖动，与此同时，以食物进行奖励。经过一段时间的训练，犬能根据口令，在主人伸出手的同时，递上前肢进行握手。

**(二)注意事项**

对少数神经质明显的犬训练时，不能贸然伸手与之握手，以防犬伤人。

用食物引诱训练时，通常奖励食物与引诱物不能混用，奖励时机要恰当。

利用机械刺激强迫犬伸出前肢时的刺激强度要适宜，以防犬的身体失去平衡而产生抑制反射。

## 八、感谢训练

犬的感谢训练是为了培养犬与人作揖的能力，要求犬能根据主人发出的口令和手势迅速地做出谢谢或作揖的动作。口令是“谢谢”、“作揖”，手势是两手掌心向下，提至胸部，五指并拢，手指上下自然摆动。

**(一)方　法**

“感谢”训练应在“站立”训练的基础上进行，对小巧玲珑型的犬，如博美犬、玩具型贵宾犬来说很容易训练。训练时，主人在犬的对面，先发出“站”的口令，当犬站稳后再发出“谢谢”、“作揖”的

图 4-2-2　感谢手势示意图

口令(图 4-2-2),同时用手抓住犬的前肢,轻轻上下摆动,重复数遍后给予奖励。然后逐步拉大距离,发出口令,不用手辅助,让犬独立完成。

如犬不能执行命令,也可用食物引诱。将犬感兴趣的食物放到犬眼前上方,当犬想获得食物时就会用嘴去吃食物,此时主人可将食物慢慢地向犬头上方移动,并保证犬不能吃到。为了能顺利地吃到食物,犬会抬起前肢,努力地想获得食物,此时主人发出"谢谢"的口令,并用手握住它的前肢,上提并抖动,与此同时,以食物进行奖励。适时加入手势训练,犬做到主人发出口令后把站立和作揖的一系列动作一气呵成。

**(二)注意事项**

要注意感谢与握手口令和手势的区别,不能相互混淆。

少数对主人依赖性强的犬在训练时需要先培养其对主人的依恋性。

此科目训练的最佳时机应在犬呈半饥饿状态下进行,这样利用食物进行奖励时更有利于形成条件反射。

## 九、接物训练

犬的接物训练又称衔取抛出物训练,是为了培养犬在空中接住抛出物品的能力,要求犬能在物品落地之前用嘴接住抛出物,而不能在物品落地后再叼起抛出物,其口令是"接"。

## 九、接物训练

**(一)方　法**

训练时,先令犬正面坐好,主人手持犬喜爱吃的小块饼干或牛肉干,让犬先闻一下,然后轻轻上举 30～50 厘米,注意上举过程中犬必须目不转睛地盯着主人手中的食物,然后松手,同时发出“接”的口令,如犬能顺利接住食物,则需立即进行奖励。在此基础上,主人可向后退几步,将食物抛向犬的嘴上方,同时发出“接”的口令,如犬能顺利接住,则给予抚摸奖励;如不能接到,可降低抛出的高度,减慢抛出的速度,此时一般犬都能顺利接住。反复多次训练后,犬就会明白主人的动机是要求它接住抛出的物品。

在犬能顺利地接住抛出的小物品后,可用犬感兴趣的玩具或飞盘训练(图 4-2-3)。先给犬叼一下,并试着从它嘴中夺回,以激起它的兴奋性。然后将夺回的玩具或飞盘抛出去,同时发出“接”的口令。这时犬会竭尽全力地去追赶,如能在跑动中跳跃起来,并在空中接住,则要给予口令奖励,命令其叼回后再给予食物奖励。

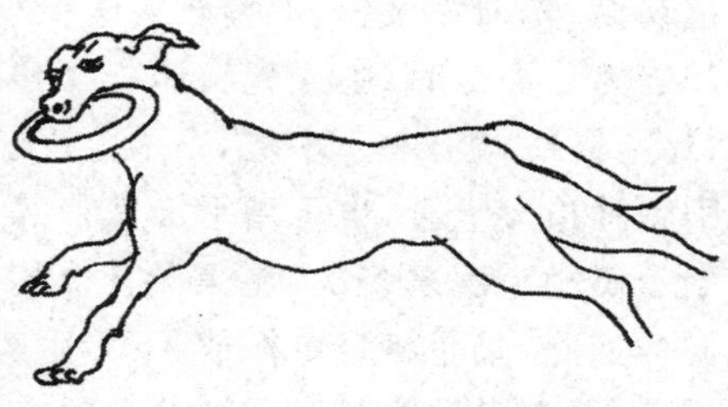

**图 4-2-3　犬接飞盘示意图**

**(二)注意事项**

此科目可在平时给犬饲喂颗粒饲料或零食时加以训练。

利用玩具或飞盘训练时,初期抛出的速度不能太快,以防犬跟不上而影响训练效果。

玩具或飞盘的尺寸应与犬的体型相适应,一般不适合小型玩赏犬(如博美犬、吉娃娃犬等)和体态较胖、呼吸道较短的犬(如腊肠犬、斗牛犬等)。

## 十、乘车训练

犬的乘车训练是为了培养犬上下车的能力，为带犬外出就诊、参展、参赛或长途旅行提供方便，要求犬能根据乘车口令准确、自然地做出上、下车动作，且保证连续行车不晕不吐。口令是"上"、"下"，手势分别是指向车上、指向车下地面。

### (一)方　法

首先让犬熟悉各种车辆，消除犬对车辆的消极防御反射。训练初期，先训练犬上、下踏板式摩托车或电瓶车，再训练上、下汽车的能力。训练时，主人先将摩托车停好，手提牵引带，发出"上"的口令，同时做出上车手势，令犬上车。如犬不能执行，则可轻提牵引带强迫犬上车，也可用手推其臀部，协助其上车；犬上车后，立即给予奖励。反复多次，使得犬建立对上车的条件反射。下车训练同样如此，只是将口令换成"下"，手势改为指向车下地面。在此基础上，可在启动摩托车后训练犬的上、下车。

训练犬上、下汽车前，先让犬熟悉汽车车厢中的环境，在训练过程中可在车厢中放一些犬感兴趣的食物或玩具。在训练犬上、下车门较高的汽车时，犬可能感到害怕，此时可先训练其学习跳平台，训练其根据"跳"的口令做动作。训练平台要由低到高，逐渐升高，要保证犬的第一次跳跃不能失败，否则会增加犬的恐惧感，主人可通过提拉牵引带或托住犬的臀部来帮助犬完成第一跳。

### (二)注意事项

一般不要进行犬上、下自行车的训练，以防犬的摔伤。

有晕车现象的犬不能进行乘车科目的训练。

犬在乘汽车过程中应少喂料，适量给水即可。

# 十一、跳舞训练

犬的跳舞训练是为了培养犬学会跳舞的能力，能够加大养犬的乐趣。要求犬能抬起前肢，只用后肢在地上行走，并能随着音乐的节奏有转圈的动作，其口令是“跳舞”。

**（一）方　法**

本科目需犬在学会站立的基础上进行，多数小型的玩赏犬极易学会。训练时，主人首先让犬站立，用双手握住犬的前肢，并发出“跳舞”的口令，同时手牵着犬的前肢来回走动，同时说“好”进行奖励。最初犬可能掌握不住重心，此时主人要多给予鼓励。当犬来回走几次后，放下其前肢，给予犬充分的表扬和奖励。经过多次的辅助训练，犬的能力有了进一步提高后，应逐步放开手，鼓励犬独自完成，并不停地重复“跳舞”口令（图 4-2-4）。

也可把犬爱吃的食物置于犬头的上方诱惑犬，犬想吃则需向前跨一步，主人此时就势向后退一步，并在犬头的上方适当呈转圈式移动食物，调整犬的姿势，并发出“跳舞”的口令，注意犬移动的步伐不能太大，以免犬扑到主人身上或摔倒。只要犬能跟着转圈，则给予食物奖励。反复多次，直至不用食物引诱，犬也能做到闻令起舞。以后可在一边训练的同时，一边放着音乐，主人根据音乐的节奏用手上、下抖动，来指挥犬的移步，如果犬的心情好，可能会跳跃起来，这样跳舞的气氛就形成了。

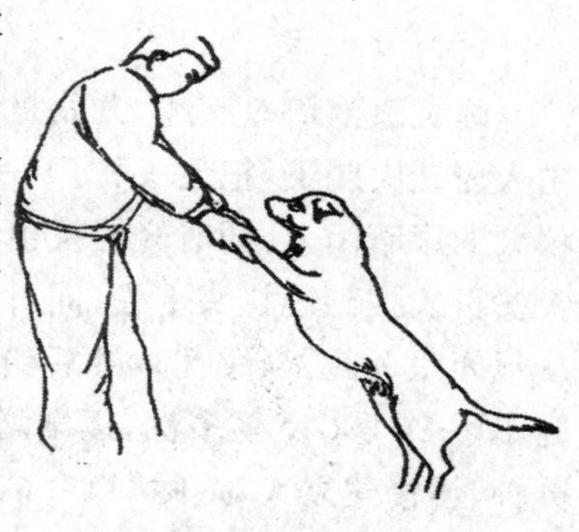

**图 4-2-4　跳舞示意图**

开始时训练时间不要过长，一般只能训练几秒钟，在意识到犬可能支持不住时要停止训练，并给予奖励。随着犬舞蹈能力和体质的提高，可逐步延长训练时间，最终可达到3～5分钟。

**(二)注意事项**

本科目通常只适用于小型玩赏犬，不适用于大型犬的训练。

训练初期对犬的要求不宜过高，时间不宜过长，次数不宜过多，劳逸结合，使犬慢慢养成对“跳舞”口令的条件反射。

跳舞应有转圈动作，防止在训练过程中犬只跳不转。

## 十二、睡觉训练

犬的睡觉训练是为了培养犬在清醒的情况下假装睡觉的能力，要求犬能在听到口令的同时闭眼睡觉，睡姿自然，其口令是“睡”。

**(一)方　法**

睡觉表演简单有趣，尤其是学会侧躺的犬更易训练。训练时，主人先让犬躺下，把犬头枕到一小枕头上，轻抚犬的额头后，用手将犬的眼睛闭上，同时轻轻发出“睡”的口令。如果犬抬头，则应把犬头再次按到小枕头上去，同时发出“睡”的口令，通常犬此时会顺从地闭眼假睡，延缓几秒钟后给予食物奖励。最初犬假装睡觉时间10～20秒，反复多次，逐渐增加假睡的时间，直至延长到5～6分钟，慢慢建立犬对“睡”口令的条件反射。以后逐步减少食物奖励，采用抚摸或口令“好”进行奖励。随着犬表演能力的提高，要注意经常锻炼犬适应复杂环境，培养犬能在多种复杂干扰环境下进行表演，当犬能按照要求完成表演后，应给予充分的奖励，增加犬的信心与自豪感。

在训练过程中，如能增加一条小毛毯，在犬假睡时盖到犬的身上，更能添加表演的色彩，但要注意最好是犬平时用过的毛毯，这样犬对其不会产生不适应的感觉。

**(二)注意事项**

犬呈假睡状态时不能有动头、动爪、动尾等多余的动作。将睡觉与回笼结合训练趣味性会更大。

## 十三、回笼训练

犬的回笼训练是为了培养犬自动回到犬笼中休息的能力，特别在有客来访或主人休息时可减少不必要的麻烦，要求犬能在听到口令后自然地返回笼中休息。口令是“回”或“进”，手势是右手食指指向犬笼(图 4-2-5)。

**图 4-2-5　回笼示意图**

**(一)方　法**

对于小犬，主人可直接将其抱到准备好的卧处，一手按住它的颈部，一手轻拍它的臀部迫使其进笼，同时发出“回”或“进”的口令。如犬不执行，则可加大拍臀的力度，或在笼中放入犬喜爱吃的食物诱使其进去，待犬进去之后，可给予食物奖励或轻拍其头部，并以“好”的口令进行奖励。反复多次，以巩固已形成的条件反射。

犬形成上述条件反射后，可训练其在笼中延缓 10～20 分钟。起初犬可能在笼中不安心，很激动，又咬又踹，恳求放其出来，此时可很严厉地发出“静”的口令，命令其静止；也可装着看不见，通常几分钟后犬就会安静。

**(二)注意事项**

回笼训练不需要太大场所，从犬幼时训练，形成的条件反射更牢固。

回笼与静止科目结合训练，效果会更好。

大型犬的神经活动不太兴奋，训练起来往往比小型犬更容易。

## 十四、打滚训练

犬的打滚训练是为了培养犬根据指挥迅速执行打滚动作的能力，要求犬听到“滚”的口令或看“滚”的手势迅速做出打滚动作，从躺下的一侧侧身翻滚到另一侧，甚至在地上连续翻滚。口令是“滚”，手势是右手在“躺”的手势基础上，翻掌心向下，然后向右翻转。

**(一)方　法**

打滚训练主要包括培养犬建立口令、手势的基本条件反射和培养犬滚的延缓和距离指挥能力两方面的内容。

1. *建立犬对口令和手势的条件反射*　对于中小型犬，选一清静平坦的环境，主人令犬正面躺好，随后对犬发“滚”的口令和手势，然后手持犬的左前肢向右翻转，待犬滚过之后，用手按压犬的肩胛部，防止犬起来，然后给犬以奖励，如此反复训练，直到不用刺激可以翻转。

对大型犬,也可令犬正面卧好,左手拿食物放在犬的鼻子上方对犬进行引诱,右手按住犬的身体,以防犬起身。此时犬想获得食物,可将食物慢慢朝犬翻滚的方向移动,以引诱犬翻滚,同时发出"滚"的口令。如果犬翻滚,则要及时给予奖励;如果犬不能做出翻滚,则可用右手协助犬进行翻滚,如此反复。当犬对口令形成条件反射时,可加入手势同时进行训练。

2. 培养犬滚的延缓和距离指挥能力　当犬在口令和手势下能迅速地执行翻滚动作时,可以培养犬的延缓静止和距离指挥。主人令犬躺下,然后向前走出 50～100 厘米左右,发出"滚"的口令和手势。如犬不执行动作,回原位刺激迫使犬执行动作;如犬执行动作,应立即给予奖励,如此距离渐渐拉长,直至达到 30 米以上为止。犬翻滚后应逐渐培养延缓能力,主人可以在犬面前来回走动,吸引犬的注意力,如犬要破坏姿势,则立即回原位给予纠正,如此反复训练直至达到 5 分钟以上为止。

**(二)注意事项**

食物引诱时的刺激动作不宜太突然,应慢慢由一侧移到另一侧。

奖励要及时恰当,不能用引诱物进行奖励。

为了防止犬翻滚后立起,以刺激犬的前胸、胛部为主要部位。

通常先进行右侧翻滚,再进行左侧翻滚训练,不能一会左侧翻,一会右侧翻,使得犬左右为难。

## 十五、跳跃训练

犬的跳跃训练是培养犬跳过障碍物的能力,要求犬能根据指挥迅速跳过有一定高度的障碍物,并保证障碍物不被碰倒。口令是"跳",手势是右手向障碍物挥去。

### (一)方　法

训练先从跳高30～40厘米的障碍物开始。主人手提能引起犬兴趣的玩具把犬牵到离障碍物2～3步处令犬坐下,然后持牵引绳一端,走到障碍物侧面对犬发出“跳”的口令,同时向障碍物的方向扯牵引绳,主人也可与犬一起跳过障碍物。当犬跳过去后,及时给予抚摸或食物奖励,重复3～4次。主人也可将玩具从障碍物的上方扔到另一侧,同时发出“跳”的口令。为了获得玩具,犬通常会顺利地跳过去;如犬不执行命令,可向障碍物前上方拉牵引绳,使犬跳过。

图 4-2-6　跳跃栏杆示意图

第二步要训练犬根据口令和手势独立跳跃的能力。先让犬在距离障碍物3～5米处坐下,主人手持伸缩式牵引绳的一端,跨过障碍物,面向犬发出“来”的口令,当犬接近障碍物时,立即发出“跳”的口令(图4-2-6),并用牵引绳引导犬跳过。当犬能熟练跳过时,可转入直接用口令与手势,并逐步增加障碍物的高度,或根据需要训练犬跳跃栏杆、圈环等。

当犬对一般障碍物有一定的跳跃能力后,训练员可伸出右腿至一定的高度,鼓励犬跳跃,然后再逐步提高腿的高度,直至水平位置。采用以腿作为训练障碍的方法趣味性更强,在犬平时的训练中应经常使用。

### (二)注意事项

障碍物的表面要光滑,不能有铁钉、铅丝或木质的刺头等,以防犬在跳跃障碍物时划伤皮肤。

采取强迫方式训练小型犬跳跃障碍物时，刺激的力度要适宜，防止出现犬在地面滑行现象，从而使犬产生抑制反射。

训练场地要平坦，防止犬在跳跃落地时扭伤四肢。

## 十六、绕桩训练

绕桩在犬的敏捷表演中较多见，主要是为了培养犬平衡性和灵活性的能力，要求犬能根据指挥迅速而准确地做出绕桩动作，并保证不间桩、不跳桩。口令是“绕”，手势是右手指向需绕的木桩或树桩。

### (一)方　法

这是在犬较兴奋的情况下进行的一项训练，通常用来提高犬的平衡性和灵活性，除了利用人工制作的器械外，也可选择排列整齐的几棵小树进行训练。

训练初期，在平坦的地面上每隔 0.5 米立一根木桩，一般可立 3～5 根。主人用牵引带控制犬，采取强迫的方式与犬一起进行绕桩训练，同时发出“绕”的口令(图 4-2-7)，绕完所有木桩后给予食物或抚摸奖励，也可以“好”进行奖励。主人也可一手提牵引带，另一手握犬感兴趣的玩具在前方引诱，同时发出“绕”的口令，诱使犬前进逐步绕过每一根桩，当绕完最后一根桩时，把玩具抛出，待犬衔回后再给予食物或抚摸奖励。如此反复多次，建立犬对绕桩口令的条件反射。

**图 4-2-7　绕桩示意图**

在犬建立对绕桩口令的条件反射后，可在每次训练的同时加入手势训练，逐步使犬建立口令与手势的神经联系，当犬能独立完成每一个动作后都要及时给予奖励，以增加其下次完成训练的勇气和信心。

主人也可以自己的双腿作为木桩，在缓慢的前行中训练犬在腿间穿梭前行。采用此种方法训练时，主人可借助双腿的力量强迫犬绕腿前行，而且这种训练通常不需要其他辅助器材，也不需要太大空间，在家庭中即可完成，深得犬主人的喜爱。

**(二)注意事项**

用牵引带强迫时，牵引带要短，也可直接以手抓住犬的颈圈，这样更方便犬只的控制。

训练过程中，必须及时纠正犬的间桩、跳桩现象。

以主人的双腿作为木桩进行训练的方法只适用于中小型玩赏犬。

# 第三章　服从科目训练

犬的服从性必须通过基础科目的训练进行培养形成，因此犬的服从科目又称为基础科目。在宠物犬的家庭饲养过程中，可着重进行随行、游散、前来、坐、卧、立、吠叫、前进、后退等服从科目的训练，增加家庭饲养宠物犬的乐趣。

## 一、随行训练

培养犬靠近主人左侧并排前进的能力，要求犬的前肢与主人两腿并齐随行，略有超前5～10厘米也可以，犬距离主人10～15厘米。

口令为“靠”、“快”、“慢”，手势是左手轻拍左腿。

### (一)方　法

随行训练的内容主要有建立犬对口令和手势的条件反射、随行中方向和步伐速度的变换、脱绳随行等。

图 4-3-1　随行示意图

1. *建立犬对口令和手势的条件反射*　左手反握牵引带，将牵引带收短，发出“靠”的口令，令犬在主人的左侧行进(图4-3-1)，如犬不能很好地执行，可用牵引带强迫。当犬有了一定的随行基础后，可结合手势进行训练。训练过程中，主人在发出口令的同时，左手轻拍左腿外侧，做出随行的手势，给犬以适当的机械刺激，如此多次地将口令和手势相结合，逐步养成犬对随行的条件反射。

2. 随行中方向和步伐速度的变换　步伐变换是指犬在随行过程中的快步、慢步和跑步的相互转化，方向改变是指在行进中左转、右转和后转的相互转化，使犬能在随行中跟上主人的步伐。训练时，要注意每次变换步伐和方向时，都应预先发出“靠”的口令和手势，并轻轻拉扯牵引带对犬示意，不能使犬偏离位置，当犬能准确地进行步伐和方向的变换时，应及时对犬奖励。在此训练中，犬行进中方向和步伐速度的变换是随着主人动作的节奏而改变的。

3. 脱绳随行　脱绳随行必须在牵引随行的基础上训练。首先把牵引带放松，使其对犬起不到控制作用，当犬离开预定位置后，用口令和手势令犬归位，如犬不能很好地执行，可用牵引带强迫其归位。在此基础上，可将牵引带拖于地面令犬随行，经过一段时间的训练后，犬熟悉脱绳随行时，可进行解除牵引带的随行练习，但要注意犬脱绳随行不能太突然，而应在脱绳随行的过程中使犬在不知不觉中脱绳。当犬随行正确时要及时给予奖励，出现偏离时及时下令纠正；如犬不听从指挥，则应采用牵引带强制令其执行，不能任其自由行动，直至犬能服从指挥，正确随行时才能解除牵引带。如此反复多次训练，直到达到预定要求为止。

**(二)注意事项**

当犬对“靠”的口令和手势还未形成条件反射以前，不要过早地解除牵引带。

随行中主人不要踩着犬的脚趾，防止犬产生消极防御反应，给训练增加难度。

随行训练要严格要求与日常管理密切结合，牵引散放犬时，不能让犬放任自流，否则会前功尽弃，半途而废。

每次训练过程中或训练结束都要给予适当的奖励和休息，让犬高兴地结束训练。

随行中如犬的注意力不集中,因疲惫或抑制性而落后时,应适当多给予食物、物品引诱奖励来刺激犬的兴奋性,同时尽量避免外界环境的影响。

## 二、游散训练

培养犬养成根据指挥进行自由活动的良好服从性,并以此缓和犬因训练或作业引起的神经活动紧张状态,也是主人奖励犬的一种手段。

口令:"游散"。

手势:右手向让犬去活动的方向一甩。

### (一)方　法

本科目的训练分两个阶段进行,可与随行、前来、坐 3 个科目同时穿插进行,主要分建立犬对口令、手势的条件反射和脱绳游散两个阶段。

1. *建立犬对口令和手势的条件反射*　主人用训练绳牵犬向前方奔跑,待犬兴奋后,立即放长训练绳,同时以温和音调发出"游散"的口令,并结合手势指挥犬进行游散(图 4-3-2)。当犬跑到前方后,主人立即停下,让犬在前方 10 米左右的范围进行自由活动,过几分钟后主人令犬前来,同时扯拉训练绳,犬跑到身后,马上给予抚拍或美食奖励。按照这一方法,在同一时间内可连续训练 2～3 次,在训练中主人的表情应始终活泼愉快。经过反复训练,犬便可以形成游

图 4-3-2　游散示意图

散的条件反射。

除了专门进行训练外，还应在其他科目训练结束后结合平时散放时进行训练，尤其在早上犬刚出犬舍时，利用它急欲获得自由活动而表现特别兴奋之际进行训练，将会收到良好的训练效果。

2. 脱绳游散　当犬对口令、手势形成条件反射后，即可解去训练绳令犬进行充分的自由活动，训练员不必尾随前去。在犬游散时，不要让犬跑得过远，一般不要超过 20 米，以方便主人对犬的控制；离得过远时，应立即唤犬前来。

为了有效地控制犬的行为，防止事故的发生，脱绳游散的训练应与“禁止”科目相结合。

**(二)注意事项**

训练初期切勿要求过高，只要犬稍有离开主人的表现就应及时奖励，以后再逐渐延长游散距离。

犬在游散过程中，主人要严密监视，以便随时制止犬可能出现的不良行为。

游散应有始有终，不可放任犬自由散漫，以免形成不听指挥的恶习。

开始训练时，应采取群体训练，满足犬的逗玩欲望，而获得游散的机会，最好能自己控制或用牵引绳控制。

## 三、坐训练

要求犬能够闻令而坐，坐姿正确、活泼自然，具有持久性。正确动作应是犬前肢垂直，后肢弯曲，跗关节以下着地，尾巴平伸至于身体正后方地面。

口令：“坐”。

左侧坐手势：左手轻拍左腹部。

正面坐手势：右手臂外展，与肩平行，小臂垂直于大臂，掌心向前,呈“L”形。

**(一)方　法**

1. 建立犬对口令和手势的条件反射

(1)左侧坐　首先选择一个比较安静的平坦场地,让犬游玩,排除大小便,并熟悉周围环境,以消除犬的外抑制。

当犬基本熟悉环境后,主人将犬牵引到身体左侧站好,然后右手持牵引带的脖圈处,左手置于犬的后腰角部位,先发“坐”的口令,同时右手向上提脖圈,左手因犬适力按压后腰角,迫使犬坐下。当犬被迫做出动作后,主人不要立刻给犬游散,应及时用“好”的口令奖励,并伴随“抚拍”或“奖食”的强化,10～20秒后令犬游散,按此方法同一时间内可训2～5次。经过多次的重复训练,犬听到“坐”的口令即可在主人左侧坐下(图4-3-3),基本形成条件反射,在以后的训练中,适时加入手势训练。当犬对侧面坐口令和手势初步形成条件反射后,令犬坐的姿势不动,延缓3～5分钟时间,就可以转入正面坐的训练。

图 4-3-3　左侧坐示意图

当犬对左侧坐初步形成后,可结合随行进行训练。在随行过程中突然停步,令犬左侧坐,然后再随行,如此反复训练。也可结合前来进行训练,随行中主人突然后退,发出“来”的口令,并拉扯牵引带令犬前来,待犬来到主人正前方时,发出“坐”的口令和手势,犬坐下后立即给予奖励。

(2)正面坐　首先牵犬在主人的正面站好,主人拿出事先准备好的美食,举到犬的头上方,同时发出“坐”的口令,犬因想获得食物会顺势坐下，然后待 5～10 秒后以食物奖励犬，这种方法叫食物诱导法。利用食物诱导法形成科目的固定性程度不高，最好能结合机械刺激法，在发出口令和手势的同时，左手拉着犬的脖圈向上轻提，这样训练的效果会好得多。

也可在犬左侧坐形成后再进行正面坐的训练。犬侧面坐定后，主人发出“定”的辅助口令，然后将牵引带放长，逐渐离开犬身，重复发出“坐”的口令，并用“好”的口令及时强化。当犬有动的表现时，及时向上抖动手中的牵引带，同时做出正面坐的手势（图 4-3-4）。初期训练时间不可过长，在同一时间内训练不超过 5 次。也可在游散犬的过程中，将牵引带放长，当犬到主人正面时，立刻做出“坐”的口令和手势，同时向上抖动牵引带，当犬坐下后，及时强化，片刻后奖励游散犬。

**图 4-3-4　正面坐示意图**

当犬能够通过主人的指挥迅速执行动作时，条件反射基本形成，在以后应多进行强化，以巩固犬已形成的条件反射。

2. 环境复杂化训练　当犬在清静的环境中能顺利执行动作后，应加强环境复杂化训练，以增强犬的抗干扰能力。此时犬受外界新异刺激的影响，往往不能很好地执行主人发出的指令，可能出现乱动、张望等多余动作，或延缓时间不长，因此在训练时要适当地使用强迫手段进行机械刺激，以纠正犬在训练过程中的不正确动作。

**(二)注意事项**

在初期训练坐下科目时，最好是在早、晚比较清静的环境中进行；同时，不要让犬坐在水中、太热的水泥地上，草茬上或有损于犬皮肤的地方。

进行延长指挥距离的训练时，初期一定要把犬拴好，以防犬逃避训练，如犬逃避训练，主人应耐心引导犬回到自己跟前，绝不能追或追打后给犬机械刺激。因为这样对训练负面影响很大。

纠正犬自己解除坐的延缓要及时，最好是在犬欲动而未完全破坏时纠正，同时刺激量也要适当强些。

在长距离训练坐定延缓中，主人每次都要回到犬跟前，进行奖励，不能唤犬前来奖励，这样就破坏了训练的实际效果。

## 四、延缓训练

培养犬达到根据指令让犬保持原动作姿势不变的能力，要求犬的兴奋性不宜过强，也不宜过高，延缓时无多余动作。

口令:“定”。

**(一)方　法**

延缓训练就是对犬耐性和毅力的锻炼，保持原来命令下的姿势不变不动，尤其是坐、卧下、躺、滚、坐立、站立、匍匐等都必须具备相当程度的延缓能力。

以坐科目为例说明。选择安静的场所，让犬正面坐好，发出“定”的口令(图 4-3-4)，手提牵引带的末端缓慢后移一步，如果犬仍能保持坐势，则应及时回到犬身边对犬施以食物、玩具、抚拍或口令奖励，但仍然命令其坐着不动；继续向后侧移动几步，如果犬跟着移动，则立即回到犬的身边，发出“定”的口令，命令其坐好，如此反复多次，逐渐增加到20米以上，并确保其始终保持坐势，之后可逐渐延长坐的时间。延缓时间可由1分钟提高至5分钟，5分钟提高至10分钟，10分钟降至3分钟；3分钟后提高至20分钟，再降至10分钟；再提高至30分钟，再降至15分钟；再提高至50分钟，这样提高与降低相结合。

当犬具备以上能力后，可带其到较为复杂、有人干扰的场所训练。初期用牵引带加以控制，当犬受到外界刺激而不能服从命令时，就采取强迫和奖励的手段，迫使其把注意力集中在科目的训练上。当犬熟悉了此项训练后，可不用牵引带练习，并加大与犬之间的距离，直至主人在隐蔽处发出“定”的口令后，犬也能在原地静候待命。

**(二)注意事项**

延缓时间与距离要循序渐进，避免盲目提高，同时注意提高和降低的有效结合；对于小型宠物犬，每次训练的时间不宜过长，以免犬过度疲劳；训练中避免犬过度兴奋，以免影响延缓的养成。

## 五、衔取训练

通过训练，使犬养成根据指令将物品衔来交给主人的能力，要求犬的衔取欲望要强，寻找物品积极性要高，不破坏被衔取回来的物品。

口令：“衔”、“吐”。

手势：右手指向所要衔取的物品。

**(一)方　法**

1. 使犬对“衔”、“吐”的口令及手势形成条件反射

(1)诱导法　在清静的环境内，持犬对其兴奋而易衔取的附有

主人气味的物品于右手，对犬发出“衔”的口令后，将所持物品在犬前面摇晃几下，并重复“衔”的口令，如犬在口令和物品的引诱作用下衔取住物品时，主人即用“好”的口令或抚拍奖励(图 4-3-5)。让犬稍衔片刻后，再发“吐”的口令，使犬将物品吐出，再对犬进行奖励，在同一时间内可按照上述方法重复训练 3 次，当犬能衔、吐物品后，应逐渐减少和取消摇晃物品的引导动作，使犬完全根据口令和手势衔取、吐出物品。

**图 4-3-5　衔取示意图**

(2)强迫法　首先让犬坐于主人左侧，右手持衔取物发出“衔”的口令，用左手轻轻扒开犬嘴，将物品放入犬的口中，再用右手托住犬的下颌，同时发出“衔”和“好”的口令，并用左手抚拍犬的头部。犬如有用力吐出物品的表现，应重复“衔”的口令，并用左手抚拍犬的头部，并轻击犬的下颌，使犬衔住不动。训练初期，犬只要能衔住几秒即可发出“吐”的口令，反复训练，当犬能根据口令衔吐物品动作形成，即可转入下一步训练。

上述两种方法各有利弊，犬对诱导方法表现兴奋，但动作不易正规,强迫方法虽然正规,但犬易产生抑制。因此,应根据犬的具体情况,将两者结合使用,取长补短。

2. 培养犬衔取抛出和送出物品的能力

(1)抛物衔取　主人牵犬坐于左侧,当犬面将物品抛至10米左右的地方,待物品停落并使犬注意后,发出口令和手势,令犬前去衔取。如犬不去则应引犬前往,并重复口令和手势,当犬衔住物品后,即发出"来"的口令奖励,随后令犬吐出物品,再给予抚拍奖励。犬不仅要能兴奋而迅速地去衔取物品,还必须能顺利地衔回靠在主人左侧或正面坐,吐出物品在主人手中,犬如衔而不来,则应用绳控制纠正,抛物衔取应先近后远。

(2)送物衔取训练　先令犬坐,待延缓,主人将物品送到10米远左右能看见的地面上,再跑步到犬的右侧指挥犬前去衔取。犬将物品衔回后,令犬坐于左侧,然后发出"吐"的口令,将物品接下,再加以奖励。犬如不去衔物品,应引导犬前去;犬如衔而不来,应采取诱导或用训练绳掌握纠正。本阶段训练中,还要注意培养犬衔取不同物品的能力。

**(二)注意事项**

为保持和提高犬衔取的兴奋性,应选用和更换犬所兴奋的物品,一次训练衔取的次数不宜过多,对犬的每次正确衔取,都应给予充分的奖励。

要注意及时纠正犬在衔取时撕玩、咬耍和自动吐掉物品的毛病,以保持衔物品动作的正确性。

为防止犬早吐物品,主人的接物动作时机要恰当,不能太突然,食物奖励也不应过早、过多,只能在接物后给予奖励。

为养成犬按主人指令进行衔取的良好服从性,应制止犬随意乱衔取物品的不良习惯,包括衔取别人给的物品。

当衔取训练有一定基础后,要多采取送物衔取的方式,少做抛物衔取,防止犬养成衔动态不衔静态物品的毛病。

# 六、拒食训练

培养犬在脱离主人管理和监督的情况下，养成不随地捡食、拒绝他人给食或物品的良好习惯，要求犬能根据训导员的指令，迅速停止不良采食行为，并对陌生给食或引诱报以示威反应，最终达到让犬闻令即止的效果。

口令："NO"。

**(一)方　法**

拒食训练主要包括培养犬禁止随地捡食和拒绝他人给食两方面内容。

1. 禁止随地捡食　主人训练时将几个食物散放在训练场，然后牵犬到训练场游散，并逐渐接近食物。当犬有欲吃食物的迹象时，主人立即发"NO"的口令，并伴以猛拉牵引带的刺激，犬停止捡食之后，应给予奖励。按此种方法训练数次，以后经常更换训练场地，让犬达到嗅闻地上的食物或物品而不捡食或避开的习惯。在此基础上，可将食物藏在隐蔽的地方，主人用长绳控制犬，仍采取上述方法训练，直至解脱长绳，犬在自由活动中，能闻令而止，彻底纠正犬捡食的不良习惯。在以后的训练中，应结合平时的饲养管理随时进行，否则会前功尽弃。

2. 拒绝他人给食　主人牵引犬进入训练场，助训员很自然地接近犬，手持食物给犬吃。如犬有吃食物的企图时，主人用手轻击犬嘴，同时发出"NO"的口令，然后助训员再给犬食物，如犬仍有吃的欲望，主人可加大刺激力度，同时发"注意"、"叫"的口令，并假打助训员或让助训员慢慢退后，表示害怕犬的攻击，以激发犬的主动进攻防御反射，当犬对助训员狂叫时，助训员边逗引边假装逃跑后隐蔽。如此反复训练，使犬形成条件反射，不但不吃他人给的食物，反而攻击乱给食物的人。

有了上述基础之后，主人可将犬牵引带拴在树上，隐蔽起来监视犬，助训员走近犬先用食物给犬吃，犬若有吃的企图，则轻击犬嘴；犬若不吃，并有示威举动，助训员扔下食物离开犬，若犬捡食，助训员猛然回头刺激犬，训练员则在隐蔽处发“NO”的口令和“注意”的口令。犬如有不捡食而攻击的表现，则应及时给予奖励，3～5次训练后即可形成条件反射。

**(二)注意事项**

禁止犬的不良行为应长期不懈地进行，不可一劳永逸，否则会有反复。

因训练“拒食”科目造成犬过分抑制而影响其他科目的训练时，应及时暂停，以缓和犬紧张的神经活动。

机械刺激的强度要把握准确，奖励要充分、及时。

## 七、吠叫与安静训练

培养犬养成根据指令进行吠叫和安静的服从能力，要求犬听到口令和手势后能迅速做出吠叫和安静动作，是犬警戒和护卫等科目训练的基础。

吠叫口令：“叫”。

手势：右手食指在胸前轻点。

安静口令：“静”。

**(一)方　法**

1. 吠叫训练

(1)利用食物引诱　在犬饥饿状态下或喂食前，主人端起犬食盆或手持食物，站在犬舍外引诱犬，犬由于急于获得食物，表现出兴奋，这时主人发出口令和手势(图4-3-6)，同时用食物在犬面前引逗，犬由于急于想获得食物而又得不到，就会发出叫声，这时主人立即将食物给犬，并给予抚拍。初期只要犬有叫的动作，就应给予鼓励，也可在叫的声音大的完成 1 次之后，给一点食物，以后逐渐减少食物，直至完全根据指令发出叫声。此法适用于食物反射强的犬。

图 4-3-6　吠叫示意图

(2)利用犬主动防御反射　当犬在熟悉的犬舍内时，发现有陌生人走近或他人引逗时发出叫声，主人可及时发出口令、手势，犬如有狂叫、狂咬声，应给予奖励。也可让主人牵犬，助训员由远及近，并引逗犬，当引起犬注意之后，主人用右手指向助训员并对犬发“叫”的口令，当犬有吠叫表示时，主人奖励犬，助训员停止引逗或隐蔽起来，然后接着引逗犬吠叫。如此训练以后可减少或免除助训员的引逗，只用口令和手势指挥。此法适用于防御反射占优势的犬。

(3)利用犬的依恋性　将犬带到清静而陌生的环境里，拴在物体上，主人先设法引犬兴奋起来(如用物品、食物引逗等)，然后离开犬，边走边喊犬的名字。犬由于看到主人离开并喊它的名字，就会发出叫声，这时主人用口令和手势指挥犬叫几声之后，立即跑回去，给犬奖励，重复训练 2～3 次后，放犬游散。此法适用于依恋性较强的新犬。

(4)利用犬衔取欲望　用犬喜欢的物品引逗犬，当犬兴奋性很高时，将物品举起或放到犬衔不到的地方，此时犬由于急于获得物品而发出叫声。此法适用于猎取反射强的犬。

2. 安静训练　这一训练应在犬形成吠叫条件反射之后，需有助训员参与完成。方法是主人牵犬进入训练场(或某一室内环境)，助训员鬼鬼祟祟地由远及近，逐渐靠近主人，当犬欲发出叫声时，主人及时发出“静”的口令，并用手轻击犬嘴。当犬安静之后，立即给予奖励，然后助训员继续活动。主人则根据犬的表现，也可以加大刺激量，经过反复训练，直到使犬对口令形成条件反射。在此基础上，训练犬养成能在复杂环境下安静的能力，可选择在犬舍附近具有不同强烈声响刺激的地方进行训练。

**(二)注意事项**

在吠叫时的奖励要及时，防止犬频繁的吠叫而产生抑制反射。

远距离指挥犬吠叫时，犬易向前移步，因此应多进行近距离指挥，以便及时纠正，待近距离吠叫能力规范后，再逐步进行远距离的指挥。

吠叫属兴奋性科目，不能用训练吠叫来调节犬在其他科目训练中产生的抑制现象，以防犬降低对吠叫科目的兴奋性。

刺激犬嘴令犬静止时要注意掌握强度，防止犬过于被动，影响其他科目的训练效果。

## 八、卧下训练

培养犬养成根据指令迅速地执行卧下动作，并保持卧下延缓静止的持久性，要求犬前肢着地平伸向前，后肢着地，头部自然抬起，尾巴平伸，卧姿正确、兴奋、自然，延缓卧的动作3分钟以上。

口令："卧下"。

手势：侧面卧时，右手侧面从犬面前向前下方挥伸；正面卧时，右手正面上举，然后向前平伸，手掌向下。

**(一)方　法**

卧下科目的训练必须在坐的基础上进行，通常分3个阶段进行，即建立对卧下口令和手势的条件反射、距离指挥和延缓的培养、复杂环境中训练。

1. 建立犬对口令和手势的条件反射　令犬坐于左侧，主人右腿向前一小步，身体弯向前下方，右手持物品向前下方引诱，同时发"卧下"的口令，并以左手向前下方拉扯牵引带，或用手按压犬的肩部，犬卧下以后，立即给予奖励。如此反复训练，直至形成条件反射，以后应逐步减少引诱刺激。在以后的训练中，适时加入手势训练，使犬对手势形成条件反射(图 4-3-7)。

**图 4-3-7　左侧卧示意图**

2. 远距离指挥和延缓能力的培养　令犬坐下，主人持牵引带到犬前方1～2步距离处，面对犬发出"卧下"的口令和手势的同时(图 4-3-8)，左手向前下抖动牵引带，迫使犬卧下，然后给予奖励。当犬能顺利执行动作后，应加强距离指挥，逐步延长距离，用训练绳指挥,适当加强强迫手段,直至达到30米以上,但应做到有近有远。

**图4-3-8　正面卧示意图**

3. 复杂环境中训练　在清静而平坦的环境中,犬能顺利地执行动作后,应加强环境复杂化训练,可带犬到公路、居民区进行训练。当犬在复杂环境中,因外界干扰而不执行动作时,应适当增加强迫性,迫使犬执行动作,然后奖励犬,直至犬在复杂环境中能顺利地执行动作。

**(二)注意事项**

保证犬的卧姿正确,防止犬半躺半卧。

掌握机械刺激和食物引诱的时机,同时奖励要及时、恰当。

训练过程中应注意"前来"对延缓的破坏,在卧待延缓尚未巩固前,不宜结合"前来"训练。

训练初期,口令和手势要结合使用,后期再分开单独使用。

当犬对卧的能力有一定基础时,可结合随行训练随行中卧下。

## 九、前来训练

培养犬根据指令,顺利而迅速地回到主人身边,并于主人面前坐下的服从性，要求犬的动作兴奋、自然、迅速、取捷径回到主人前面坐好，抬头认真看着主人的脸色，等待发口令。

口令："来"。

手势：左手向右屈臂，而后向左平伸，随即放下。

**(一)方　法**

前来科目的训练可分 3 个阶段进行，同时可与游散、坐、随行科目结合进行。

1. 犬建立对口令、手势的条件反射　主人带犬游散后令犬呈正面坐好，后退数步，发"来"的口令和手势(图 4-3-9)，一边拉扯训练绳。当犬来到面前之后，给予奖励，也可以用食物或物品引逗犬前来。如此反复训练，犬对"来"的口令即可形成条件反射，以后逐渐减少诱导或拉扯训练绳，在此基础上可适当加入手势，使之也能尽快形成条件反射。

**图 4-3-9　前来示意图**

2. 使前来复杂化　当犬来到主人跟前后，应使犬坐于前面，目视主人，方法是当犬快到达主人身前时，主人转身面对犬，用食物或物品从下到上诱导犬，使犬面对主人坐好，3～5 秒后将物品给犬。也可以利用提拉犬牵引脖圈，按压犬腰角令犬正面坐下，等

3～5 秒后给予奖励，经反复训练，直至犬能主动来到主人面前坐好，这表明条件反射基本形成。

3. 复杂环境中锻炼前来的能力　视复杂的情况，以带绳、去绳穿插进行训练。初期以带绳为主，当犬由于新异刺激影响，出现延误时，立即拉扯训练绳迫使犬前来，直至在复杂的环境中，只要听到主人的呼唤声，就根据指令迅速前来为止。

**(二)注意事项**

要正确使用训练绳，不得妨碍犬前来的动作。

应防止犬在前来时绕行，在采用机械刺激时要掌握刺激时机和强度。

犬不执行前来时，应采用诱导与刺激强迫相结合，不宜追赶犬只。

前来坐和靠坐的结合训练次数不宜过多，间隔的时间也不能有规律，以防犬形成不根据口令自动靠坐的不良联系。

## 十、立训练

培养犬根据指令迅速执行动作，并能保持一定立待延缓的持久性和在一定范围内进行远距离指挥的能力，要求犬姿势正确，目视主人，四肢伸直并垂直着地，头自然抬起，尾自然放松。

口令："立"。

手势：右臂以肩为轴由下而上直臂前伸至水平位置，五指并拢掌心向上。

**(一)方　法**

1. 建立犬对口令和手势的条件反射　带犬到清静环境，主人令犬坐下后，走到犬前 1～2 步远处，面向犬，左手持牵引带，右手做出让犬立的手势，同时发出"立"的口令(图 4-3-10)。如犬立起，应及时给予奖励；如犬不能在发出口令和手势的同时做出立的动作，则主人应走近犬，重复指挥，同时用左手或左脚伸入犬腹部，轻轻地向上一托，迫使犬立起后，及时给予奖励。如此反复训练，直至建立对口令和手势的条件反射。

图 4-3-10　立示意图

2. 远距离指挥立　当犬能在距主人 1～2 步远的距离内根据指挥顺利地做出立的动作后，就可以利用训练绳掌握，逐渐延长到指挥距离 10 米。在此过程中，要不断地巩固犬的动作，适当加强强迫手段，切不可单纯地追求延伸距离。只有在犬服从指挥并能顺利地表现动作的基础上，才能继续延伸指挥距离，逐步延伸到 30 米以上。指挥距离也应远近结合，不能只远不近，否则不利于巩固和及时纠正犬的不正确动作。训练中，口令和手势通常要结合使用，在训练后期要单独分别使用，这样可以达到使犬分别建立对口令和手势条件反射的目的，有利于指挥犬的灵活性。

3. 延缓立　距离指挥站立的基础上，要求犬能在较长的时间内延缓立的动作。最初犬只要在几秒到十秒之内立着不动时，应立即给予犬奖励，然后再逐步延长立的延缓时间。采取边巩固边提高的方法，最终能达到立延缓 5 分钟以上。在训练过程中，距离要远近结合，时间要长短结合，交替使用。

当犬对立的能力有一定的基础之后，可结合随行继续训练，即在随行的途中突然停止，令犬站立。如犬能闻令即止，则应及时给予奖励，否则应采取强迫的手段进行纠正。然后再随行，如此反复训练，随行中的站立能力即可形成。

**(二)注意事项**

在距离指挥时，犬易向前移步，应及时近距离纠正犬的不正确动作。

犬不能准确做出动作时，主人的手或脚尖对犬的刺激部位要准确，强度要适当。

在距离指挥初期训练的距离应近多远少，以利于对犬的控制。

奖励要及时，多发“定”、“好”的口令，且最好多采用归位奖励，以免破坏立延缓。

在立延缓的基础不巩固时，不宜结合“前来”的训练。

## 十一、躺下训练

培养犬养成根据指令正确躺的服从性，并能保持延缓的持久性，要求犬听到口令必须迅速做出躺的动作，要求犬身体一侧着地，头部、四肢和尾部自然平展于地面。

口令：“躺”。

手势：右臂直臂外展45°，右手向前下方挥，掌心向前，胳膊微弯。

**(一)方　法**

1. 建立犬对口令和手势的条件反射　选一安静、平坦的训练场地，主人令犬卧好，发出“躺”口令的同时，用手掌向右轻击犬的右前肩胛部位，迫使犬躺下。犬躺下之后，立即给犬以食物奖励，并发出“好”的奖励，或给予游散，如此反复训练，直至犬能根据口令迅速执行动作。在此基础上，逐步加入手势进行训练，以便犬能准确地对“躺”的口令和手势做出动作。在以后的训练中，犬能在主人发出口令和手势后准确而迅速地做出躺下的动作后，可让犬坐起来或让犬游散，或直接以“好”的口令进行奖励，一般不再采用食物来进行奖励，以免犬产生有食即躺，无食不躺的不良习惯。

2. 距离指挥和延缓能力的培养　在犬对口令、手势形成基本条件反射后，主人令犬卧下，走到犬前 50～100 厘米处，发出“躺”的口令和手势(图 4-3-11)，如犬能顺利执行动作，应立即回原位奖励。如果犬没有执行动作，立即回原位刺激强迫犬躺下，然后奖励犬，延缓 2～5 分钟，令犬游散或坐起。如此反复训练，即可使犬形成条件反射。

图 4-3-11　躺示意图

当犬能在 1～2 米左右距离迅速执行动作后，可用训练绳控制犬，逐渐延长距离，适当加强使用强迫手段，直至达到 30 米以上才达要求。培养犬躺延缓的能力同坐的科目训练方法一样，距离远近与时间长短结合，奖励适当。

**(二)注意事项**

当犬不能很好地执行口令和手势时,对犬的刺激强度应因犬而异。

犬的躺下训练应注意与坐、卧等科目结合使用。

注意及时纠正犬的小毛病,如躺的动作不到位等。

## 十二、坐立训练

培养犬根据指令迅速地执行坐、立动作的能力,要求犬坐立姿势必须端正,臀部和后肢着地,前肢抬离地面,腕关节向下弯曲,延缓原地 3 分钟以上。

口令:“坐立”或“蹲”。

手势:右臂以肩关节为轴自然后摆,前臂以肘关节为轴上抬至水平,五指并拢,掌心向上提至腰部。

**(一)方　法**

1. *建立犬对口令和手势的条件反射*　在清静的环境中,让犬坐好,主人到犬身后,两脚夹住犬的后股部,左手握住牵引带,右手拿着犬喜欢的物品或食物置于犬眼的前上方,发出“坐立”或“蹲”的口令后,左手上提牵引带,右手用物品引逗犬,使犬的前肢离开地面,犬背部依靠在主人的双腿中间,同时发“好”的口令。如犬能持续 5～10 秒时,即可给犬食物或物品奖励,以后的训练中适时加入手势训练。另一方法是让犬在主人前面坐好,背对着主人,主人将犬坐立的姿势调整好后,置犬于两腿间,借助于两腿力量将犬夹住,同时发“坐立”或“蹲”的口令,当犬能倚靠着主人坐立时,可慢慢让犬脱离依靠主人双腿的习惯。如此反复训练,左手提牵引带离开犬 30～50 厘米,犬如依然能够坐立住,即建立了口令、手势的条件反射。

**2. 远距离指挥坐立延缓能力的培养** 主人先让犬坐好，然后向前或向右侧走出 30～50 厘米，发出“坐立”或“蹲”的口令和手势（图 4-3-12），如犬执行动作，给予食物或物品奖励或“好”的口令奖励，延缓 10～20 秒后，带犬跑开原地游散奖励；如犬不执行动作，应结合强迫手段，迫使犬执行动作。如此训练，逐步延长指挥距离和犬坐立延缓时间，直至达到 20～30 米，并延缓 3 分钟左右。随着犬坐立能力的提高，应带犬到复杂环境中锻炼、强化。

图 4-3-12 坐立示意图

**（二）注意事项**

要注意坐立与坐、立的手势区别，并能及时纠正犬的非标准动作。

对犬实施奖励时要及时充分，正确把握奖励时机。

刺激犬的部位要准确，刺激强度要恰当，不能引起犬的抑制反射。

## 十三、站立训练

培养犬养成根据指令迅速使犬站立的能力，要求犬站立时，后肢着地，犬体立起，前肢掌握平衡，站立姿势稳，不前后左右移动。

口令：“站立”。

手势：右手上举，食指和中指向天空伸去，其他手指自然握于掌心。

**(一)方　法**

1. 建立犬对口令和手势的条件反射　选择清静环境，带犬游散片刻后，用犬喜欢的玩具放置犬的眼前上方引逗犬，当犬的兴奋性达到一定程度之后，将玩具上举于犬的头部上方，犬由于急于想得到玩具，眼睛一直注视着玩具，会身体后仰站立起来衔玩具，这时主人即发出“站立”的口令、手势，左手轻提牵引带，使犬保持站立的姿势(图 4-3-13)。初期训练，犬有站立的意向或能站立几秒钟时，立即将玩具抛给犬，注意不要让犬向前跳，并发出“好”的口令。但也要注意，不能频繁地与犬做这种游戏，如果犬对此感到厌烦时，就应立即停止训练。

**图 4-3-13　站立示意图**

如果犬拒绝站立，可走过去用右手温柔地拉起脖圈，左手放在其腹下，将其轻轻地托起，同时发出“站立”的口令与手势，然后再进行抚拍奖励。如此反复多次训练，中途留有几分钟的休息时间，犬对“站立”的口令与手势就极易形成条件反射。

2. 远距离指挥站立能力的培养　当犬在主人的正前面能持

续站立10～20秒后，根据实际情况主人在犬原地站立的基础上，向后退1～2米距离，发出口令，犬如能执行动作，站立延缓5秒，就令犬放下，游散奖励，然后再进行训练。

3. *站立延缓能力的培养* 站立延缓训练应采取时间长短、距离远近相结合的原则。犬站立延缓10～20秒在1～2米的距离指挥，犬在此基础上可提高至5米的指挥距离站立延缓5秒，最后可提高至10米的指挥距离站立延缓3秒，在此基础上突然可降低为3米指挥距离站立延缓1分钟左右，如能完成再大胆提高距离和延缓时间。

**(二)注意事项**

训练时应根据犬的反射活动的不同来选择训练食物或玩具。

奖励应在犬站立状态下进行，否则容易破坏已形成的条件反射，从而影响训练效果。

训练时注意延缓时间和指挥距离的循序渐进、难易结合、长短结合的原则。

尽量在训练过程中不使用机械刺激，而多采用诱导的方式，这样犬做出的动作更自然、更准确。

训练时注意结合犬的实际体能。

## 十四、前进训练

培养犬在没有任何诱导因素的情况下，能根据主人指令向正前方快速跑出30米以上的距离，然后听到主人发出“卧”的口令后迅速面向主人卧下的能力，要求犬的前进方向准确，前进时动作快速、兴奋。

口令：“前进”或“去”。

手势：右臂前伸，掌心向内，指向前进方向，同时右脚向前一步呈右弓步。

(一)方 法

1. 建立犬对口令和手势的条件反射 带犬到安静的训练场上,用长牵引绳控制犬,一头从 50 米远前方固定滑轮中穿过,让犬在指定位置左侧位坐好,并发出“定”的延缓口令,然后主人跑步把一能令犬兴奋的物品或食物送到犬正前方 30～50 米以外的地方,跑回到犬的右侧位后奖励犬,并发出“前进”或“去”的口令,同时做出前进的手势指挥犬前进(图 4-3-14)。如果犬能迅速地跑到物品处,则应立刻对犬发出“卧下”的口令,最好让犬回头看着主人;如果犬不前进,主人轻拉牵引绳,慢慢地将犬强迫拉到滑轮边,然后主人跑步到犬身边给予奖励,此时如使犬保持卧下的姿势 3 分钟后再令犬前来正面坐好给予奖励,则效果会更好。犬如果能顺利完成 30～50 米距离前进,可以根据犬的能力,把前进距离增加到 50～100 米。由于口令与手势的结合使用,犬便会对手势形成条件反射。也可将手势稍早于口令来结合训练,使手势的作用得到口令作用的支持。

图 4-3-14 前进示意图

2. 培养犬在没有物品或食物引诱下的前进能力 在训练之前,助训员提前在训练场地放置好物品,主人带犬进入训练场地指挥犬前进。如犬在没有任何送物动作的诱导下不按口令前进时,主人要积极地向前跑动引导犬前进获得物品,使犬在没有送物作用的引诱下,同样可以通过前进而获得物品。经过这样反复训练,犬就会自动排除送物动作的诱导作用形成按口令、手势前进的能力。在此基础上,应逐步减少提前在训练场放置物品的训练,直至取消诱导作用。

3. 前进中卧下的训练 前进训练一般是用犬最感兴趣、能引起犬兴奋的物品,以送物的方式引诱犬而达到前进的目的。因此,当犬前进到一定的距离后,寻物欲望较高,无论主人采取的是真送物品还是假送物品的形式,犬的兴奋点都集中在寻找的物品上,从而影响了犬对卧下的执行。在卧下训练时,可用较长的训练绳进行训练,当犬快要获得物品时,主人猛拉训练绳迫使犬卧下,但要掌握好刺激的强度,以防犬前进过程中形成前进速度慢、回头、自动卧下等不良联系。在平时训练中多多加强卧下的服从性训练,可对前进中卧下的训练起到一定的辅助作用。

**(二)注意事项**

主人要根据犬的实际能力正确把握训练的进度和次数,以免造成抑制,一般每次训练最多不超过 5 次。

初训期的场地环境要清静、宽广,后期的训练场地要经常更换,以提高犬在各种环境下的前进能力。

训练中对犬奖励要及时、恰当。

送物诱导、假送诱导以及取消诱导的使用和结合不能规律化,以防犬形成不良联系。

## 十五、后退训练

培养犬在各种复杂环境的表演中听到命令,迅速完成后退动作的能力,要求犬退后的姿势正确,方向要正,表现兴奋自然,无其他不良多余动作。

口令:“退”。

手势:主人正面对着犬,右胳膊伸平,与匍匐的手势掌心摆动相反。

**(一)方　法**

带犬到熟悉的训练场所,先挑逗引起犬的兴奋性,然后将犬喜欢衔咬或吃的物品放在它的头部后上方，左手牵训练绳发出“退”的口令，主人正面对着犬头走前几步，犬自然会向后退去，此时对犬进行奖励；重复多次训练后，适时介入手势训练，加强犬对后退手势的条件反射。

也可由主人牵犬到事先安排好的宽 40～50 厘米、长 10 米以上的屏风围栏通道，在犬立的基础上，主人正面迎着向犬尾方向前进，犬在无法回头或转身的情况下只有后退。主人一边发出“退”的口令和手势(图 4-3-15)，一边发出“好”的口令奖励犬，犬很快就会对退的口令、手势形成条件反射。

**图 4-3-15　后退示意图**

**(二)注意事项**

训练犬后退的方法要有技巧，要因犬而宜，刺激量也要因犬而用。训练犬后退的能力、指挥距离与坐的方法一样，要讲究远近结合，诱导与机械刺激相结合。每次训练必须成功，不能失败，次数不宜超过 5 次。

# 第五篇　犬的保健与疾病防治

# 第一章　宠物犬饲养的相关规定

## 一、城市居民宠物犬饲养的现状

据北京市公安局的统计数据，2003 年，北京市登记注册的犬只数量为 410 472 只，2004 年为 421 401 只，2005 年为 458 773 只，2006 年为 600 096 只，2007 年 7 月上升至 703 879 只。根据重庆市政府公众信息网提供的数据，该市“农村饲养犬只数量已经有 300 万余只，城市饲养犬只数量已经有 25 万多只。”2006 年上海市居民饲养的宠物犬只数量超过 50 多万只，平均每 29 人饲养 1 只宠物犬。全国其他城市情况亦基本类似。各大中城市从产供销的宠物犬市场到宠物犬医院等服务业亦日益兴旺。

城市居民饲养宠物犬只数量的迅速上升主要有以下 4 个方面的原因：

第一，人民生活水平的显著提高。我国很多城市人均 GDP 已经超过了 3 000 美元，为饲养宠物犬提供了巨大的经济支撑。

第二，随着我国计划生育政策的实施，每个家庭子女减少，独生子女成家立业后与老人分居，老人们便会产生寂寞与孤独感。

第三，城市居民的娱乐、休闲、消费方式日趋多样化，饲养宠物犬成为一种生活时尚。

第四，竞争压力的加大与生活节奏的加快，导致人们在工作、生活中面临许多烦恼、困惑。由于宠物犬具有活泼、可爱、乖巧、善解人意等特性，人们在饲养的过程中可以把宠物犬作为一种精神寄托，充实生活，饲养宠物犬的人便越来越多了。

## 二、城市居民宠物犬饲养的相关规定

在我国现阶段，有关城市居民饲养宠物犬的相关规定主要分为3个方面，一是《中华人民共和国治安管理处罚条例》(以下简称《治安管理处罚条例》)与《中华人民共和国民法通则》(以下简称《民法通则》)对饲养宠物危害社会治安秩序行为所作的规定。二是其他法律、法规如《中华人民共和国传染病防治法实施办法》等亦有少量条文涉及宠物犬饲养方面的内容。三是各城市出台的有关养犬方面的地方性法规与规章制度。

**(一)相关法律、法规建立健全**

《治安管理处罚条例》与《民法通则》对饲养宠物危害社会治安秩序行为所做的处罚与赔偿规定。

1.*《治安管理处罚条例》相关规定*　对饲养宠物危害社会治安秩序行为所作的处罚规定。《治安管理处罚条例》第七十五条规定："饲养动物，干扰他人正常生活的，处警告；警告后不改正的，或者放任动物恐吓他人的，处200元以上500元以下罚款。驱使动物伤害他人的，依照本法第四十三条第一款的规定处罚。"这里，饲养动物，干扰他人正常生活，主要是指所饲养的动物因缺乏管教，经常发出噪声扰乱他人生活。放任动物恐吓他人，主要是指宠物的主人对所养的动物不加以必要的约束，对其恐吓他人的情形持放任态度，对他人造成了精神上的惊吓。驱使动物伤害他人是指故意驱使动物伤害他人，其行为的性质是故意伤害他人，情节较轻的，按照《治安管理处罚条例》处理，构成犯罪的，按照《刑法》有关规定处理。

2.*《民法通则》相关规定*　对因饲养宠物造成他人损失所作的赔偿规定。《民法通则》第一百二十七条规定："饲养的动物造成他人损害的，动物饲养人或者管理人应当承担民事责任。"根据《民法通则》第一百二十七条,因饲养动物引起的侵权行为的责任主体为动物所有人或占有人。对宠物致人损害侵权行为,适用无过错责任原则,也就是只要发生损害,不管是否存在过错,饲养人都应当承担民事责任。只有出现《民法通则》第一百二十七条规定的两种情形才可以不承担责任,即"由于受害人的过错造成损害的,动物饲养人或者管理人不承担民事责任;由于第三人的过错造成损害的,第三人应当承担民事责任。"也就是因故意挑逗、殴打、投掷等行为惹恼宠物以及由于他人唆使等第三人过错造成的,饲养人可不负责任。但如饲养人与被害人共同造成,则由双方共同承担责任。如果无法查明第三人,也由饲养人承担责任。同时,最高法院《关于民事诉讼证据的若干规定》第四条第五款规定:"饲养动物致人损害的侵权诉讼,由动物饲养人或者管理人就受害人有过错或者第三人有过错承担举证责任。"因此,如果发生宠物犬伤人事件,除非饲养人有足够证据,能够证明动物伤人是由于受害人本人或者第三人的过错引起的,否则,都应当承担民事责任。

**(二)地方性法规与规章制度**

目前,全国很多大中城市都制定了有关城市居民养犬方面的法律规定。例如,1993 年上海市制定了《上海市犬类管理办法》,1994 年北京市通过了《北京市严格限制养犬规定》,1995 年天津市通过了《天津市养犬管理条例》,同年武汉市出台了《武汉限制养犬规定》,深圳颁布实施了《深圳经济特区限制养犬规定》,杭州市颁布实施了《杭州市限制养犬规定》等。随后,各地基于先前养犬管理办法的缺陷和不足,又不断进行调整和改进。如 2003 年,北京市制定并颁布实施《北京市养犬管理规定》;南京市则在 1997 年对原养犬规定做了修订,并于 2002 年制定出台《南京市犬类管理办法》,2004 年又进一步修改等。有关城市居民养犬方面的法规与规章制度的内容及其特点主要如下。

1. *坚持控制养犬总量的方针*　我国各个城市所制定的养犬

管理规范,均体现了限制养犬的立法精神,强调对养犬实行总量控制的方针。为了达到限制养犬的目的,绝大多数城市采取高收费设定养犬条件的手段,以价格杠杆限制市民养犬的动机。

2. *以公安机关管理为主,相关职能部门分工配合* 除郑州、长沙、深圳分别以市容环境卫生行政管理部门、市畜牧兽医行政部门、城市管理局为养犬管理主管机关以外,国内其他城市养犬规定都明确由公安机关主要负责管理工作,以强制手段负责养犬登记和年检、处罚违法养犬者、查处无证养犬、捕杀流浪犬、无证犬等,其他职能部门分工配合。

3. *管理范围通常被划分为禁养区、限养区和非限养区* 很多城市都将养犬管理范围划分为禁养区、限养区、非限养区。限养区一般为规划中的主要城区,而一般限养区则指城市郊区和所辖农村地区。管理区域的划分对养犬条件许可、管理收费标准、犬类品种规格、管理要求等方面均有区别。

4. *犬类管理规定的条文普遍体现严格管理的原则* 各地制定的养犬管理规定条文中都体现了严格管理的原则:一是定期注射狂犬病疫苗;二是对携犬出户的时间进行严格限定;三是不得携犬乘坐除小型出租汽车以外的公共交通工具;四是养犬不得妨碍、干扰他人正常生活等。

## 三、依法养犬,减少社会问题

### (一)城市居民养犬引发的社会问题

宠物犬一直受到人们的喜爱和重视,但是,宠物犬饲养也给城市卫生、安全、环境等带来了一系列隐患,引发诸多社会问题。

1. *宠物犬伤人问题* 在全国各大中城市,宠物犬伤人事件每天都在大量发生。根据 2006 年 8 月 11 日河南省疾控中心公布的

《河南省2006年7月法定传染病疫情报告》，仅2006年7月份，该省就有18人发生狂犬病，16人死亡。根据北京市卫生部门的统计数据，2005年、2006年与2007年，北京市每年发生的犬咬人事件均超过10万起。根据上海市卫生行政部门的统计数据，2001年，上海市犬伤门诊就诊人数为5.1万，2005年就诊人数猛增至9.9万人，2006年被犬咬伤人数首次突破了10万人。再以上海市徐汇区为例，仅2005年徐汇区公安部门捕捉的无证犬就达1 800余条，犬咬伤人事件不断发生并呈上升趋势。2004年为3 970起，伤口处理类费用为794 000元，2005年为4 365起，伤口处理类费用为936 735元。

2. 噪声扰民问题　一些住宅小区由于动物鸣叫干扰邻里生活，引起大量的邻里纠纷。特别是部分新建小区，宠物犬的数量多，有的宠物犬夜晚狂吠，周围居民无法休息，怨声载道。个别居民无法忍受，只好向公安"110"求助。

3. 动物遗弃问题　据统计，北京与上海分别都有超过40万只流浪宠物犬出没在各个角落。各大城市都存在遗弃犬问题。宠物犬遭遗弃的原因是多方面的：担心宠物犬传染疾病；宠物犬残疾；非法宠物犬市场宠物犬价格低廉；多头管理造成饲养成本过高等。这些被遗弃的犬只由于缺乏管理，无人饲养，整天在垃圾堆里寻找食物，到处乱窜乱蹦，乱排粪便，极易传染疾病。

4. 宠物犬医院设立不够规范　目前，我国宠物犬医院大部分设在居民小区内，没有安全防护设备、没有生物安全设施、没有无害化处理条件等，严重影响小区内居民的生活与安全。

### (二)依法养犬

针对城市居民饲养宠物犬引发社会问题不断增多的现状，笔者认为，从社会学的角度来看，为了促进宠物犬与城市居民间的和谐共处，必须依法养犬。

一是坚决不在市区内的住宅小区内饲养大型犬和烈性犬；二

是要对宠物犬实行强制免疫和检疫制度，每年进行 2 次狂犬病强制免疫注射；三是要对宠物犬实行定时定点牵养，不携带宠物犬进入商场、宾馆、饭店、体育场等公共场所，携带宠物犬经过市区最好在每天的清晨或者傍晚；四是宠物犬在户外排便，应由牵领人立即予以清除，发现患病或疑似患病宠物犬应及时隔离或就诊；五是要增强养犬的法律意识，防止出现无证犬、超标犬、一户养多只犬等违法行为，了解处置宠物犬伤人事件的措施，防止各类宠物犬伤人事件的发生。

# 第二章 家庭养犬的误区及保健

## 一、常见养犬误区

如今人们的生活水平提高了，在享受物质生活的同时也不断追求精神上的享受，很多人把饲养宠物犬当成生活中的乐趣。但是近几年发现养犬人在饲养方面普遍存在着误区，由于饲养不当导致宠物犬代谢性疾病的发生并呈上升趋势，给养犬人带来了苦恼。因此，应当引起养犬人的重视。宠物犬饲养方面存在的误区有以下几方面。

一是饲料单一化。有相当一部分养犬人给自己的宠物犬长期饲喂玉米饼子掺鸡肝，最终导致自己的爱犬B族维生素的缺乏，而引起多发性神经炎，严重者导致瘫痪。

二是饲料肉食化。有的养犬人认为犬是肉食动物，所以犬饲料长期以肉食为主。由于大量食肉使宠物犬体内蓄积大量不饱和酸类物质，这种酸类物质与盐结合形成结石，最终导致爱犬患膀胱结石、尿道结石等疾病。

三是饲料狗粮化。随着宠物饲养量的大大增加，各种成品宠物饲料应运而生，犬的这种饲料统称狗粮。现在市场上各种狗粮鱼目混珠，为了促销狗粮经销商都是不遗余力进行美化宣传。因此，一部分宠物犬饲养者听信了宣传，长期以成品狗粮饲料作为爱犬的主食。这里暂且不说成品狗粮的营养成分是否全价，单说狗粮在生产过程中为了防止霉变而添加了防腐剂，这种防腐剂具有致癌物质，所以近几年来宠物犬的各种肿瘤病时有发生，经调查，患肿瘤病犬大部分有长期食用狗粮史。

四是饲喂大量骨头。犬爱吃骨头，但不能一次饲喂大量骨头，特别是鸡鸭等小而尖的骨头，以防扎伤或卡在犬消化道内。

五是光照或户外活动不足。宠物犬大多住在小区的楼层内，大部分时间都待在室内，而且有的主人害怕其爱犬感染上传染病，不敢带其到户外，从而限制了犬到户外活动和光晒，时间一久，不但会引起犬的骨软症或佝偻病，增加妊娠犬的难产率，而且会改变犬的脾气，使犬内分泌失调而变得神经质，甚至有时会攻击主人。

六是用人的洗浴用品给犬洗澡。宠物犬皮肤上的皮脂腺发达，分泌油脂保护皮肤。成人洗浴用品碱性大，能把犬皮肤上的油脂洗脱得非常干净，长期使用，犬的被毛就容易脱落，皮肤的保护作用减退，容易感染细菌性、真菌性或寄生虫性皮肤病。

造成上述误区的主要原因为：一是养犬人自己经验不足；二是对犬的生理特性了解不多；三是外界非专业技术人员的错误指导。

## 二、主要保健措施

### （一）适时加强免疫

1. *体质检查后再免疫*　给宠物犬免疫接种时，一定要到正规的动物医院。接种前，一定要进行健康检查，凡体温较高、体质虚弱、用药期间或疾病期间的犬，都不能进行疫苗注射，等病情好转或健壮后再注射。否则，可能降低疫苗的效果，并且使原来的病情恶化，严重时可能引起死亡。

2. *新购犬暂不免疫*　刚从市场上购买的犬只，由于可能感染上某种疫病，不宜马上进行疫苗注射，因为给感染疫病的犬进行免疫注射，常常导致急性发病。一般新购犬 1 周后，待犬只身体强壮，适应新环境后，再进行免疫注射。

3. *适时免疫*　针对狂犬病、犬瘟热、犬细小病毒、犬传染性肝炎等危害较严重的传染病,结合犬的实际情况,幼犬一般于42~49日龄进行首免,首免2周后进行二免,二免4周后进行三免,以后每隔半年免疫1次。小于以上日龄的犬,体内母源抗体还没消失,注射疫苗不利于抗体的生成,不能达到注射疫苗的目的。

**(二)注意防寒保暖**

由于宠物犬家庭饲养,其体质相对较弱,抵抗疾病的能力下降,平时加强饲养管理尤为重要。在夏季,要防止中暑,因为犬的汗腺不发达,皮肤上没有汗腺,散热功能较弱。但也要避免犬长时间吹空调,否则很容易感冒;在冬季,防寒保暖非常重要,室内和室外温差较大,在进行外出散步等户外活动时,要给犬穿上衣服,防止天气突变时感冒和支气管炎的发生。

**(三)定期驱虫**

定期驱虫是预防内寄生虫感染的有效途径,可以定期口服或注射驱虫药。目前,通常采用在幼犬断奶后2月龄左右驱虫,此后根据体检情况决定驱虫时间。

**(四)犬患病期间合理用药**

1. 正确运用退热药 发热是机体的一种防御性反应,使抗病力增强,所以病初体温不高于正常体温1℃时,在对症治疗的基础上,建议不用退热药,但体温持续过高或持续性发热使机体的新陈代谢发生严重障碍时,应及时使用退热药。

2. 合理使用止吐药 犬的呕吐中枢发达,患病时极易呕吐。如果不了解病情乱用止吐药,不但不能止吐,反而使呕吐加重。若能进食少许食物,应选用甲氧氯普胺(胃复安)等动力性止吐药,若拒食数天,胃肠空虚,应选用氯丙嗪等药物,以利于胃肠道静息。同时,辅助给予维生素$B_6$,促进氨基酸代谢,达到止吐目的。

3. 不滥用抗生素 结合临床症状和病因,要有针对性地使用抗生素,滥用、大剂量应用抗生素,不仅达不到治疗目的,反而易产生耐药性。长期使用抗生素还会导致肠道正常菌群失调，影响正常的生理功能，造成机体体质下降。

4. 适时输液　若犬的病程已持续一定时间，进食少，需要补充能量，如果病犬呕吐、腹泻引发严重脱水，建议去正规的宠物医院进行输液治疗。

# 第三章 犬病的识别

## 一、保定方法

**(一)犬的接近**

远处观察宠物犬的精神状态,以温柔的语气呼唤宠物的名字,给以欲接近的信号,从后侧方逐渐接近,用手轻轻抚拍背、颈部,或挠痒,以给它们安全感和建立亲和关系。

**(二)犬的常见保定方法**

1. 扎口保定 用一段绷带或绳索,在中间绕两次成圈,套在犬上、下颌上,在其两颌间隙系紧。其两游离端沿下颌拉向耳后收紧打结;对于短嘴犬,扎口时在鼻背侧留一活圈,将正常扎口在颈部打结后的绷带一端向前穿过鼻背侧活圈,再返回颈部与绷带的另一端打结(图 5-3-1,图 5-3-2)。

**图 5-3-1 长嘴犬扎口保定**

**图 5-3-2 短嘴犬扎口保定**

2. 口套保定　选择大小合适的口套，利用连接绳将其固定在犬的颈部。

3. 项圈保定　选择合适的伊丽莎白项圈，将其围成圈环套在犬颈部，然后利用其上面的扣带将其固定。

4. 环抱保定　保定者站在犬一侧，两只手臂分别放在犬胸前部和股后部将犬抱起，然后一只手将犬头颈部紧贴自己胸部，另一只手抓住犬前肢限制其活动。此法适用于对小型犬和幼龄犬进行听诊等检查，并常用于皮下或肌内注射(图 5-3-3)。

5. 站立保定　保定者蹲在犬一侧，一只手向上托起犬下颌并捏住犬嘴，另一只手臂经犬腰背部向外抓住外侧前肢。此法适用于对比较温顺或经过训练的大、中型犬进行临床检查，或用于皮下、肌内注射(图 5-3-4)。

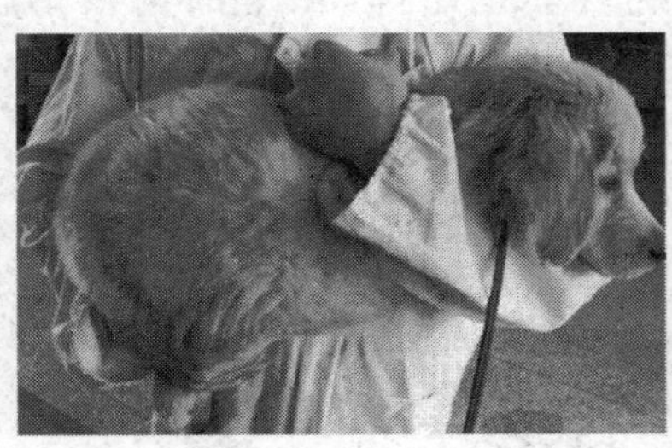

图 5-3-3　环抱保定

图 5-3-4　站立保定

6. 侧卧保定　保定者站在犬一侧，两只手经其外侧体壁向下绕腹下分别抓住内侧前肢腕部和后肢小腿部，用力使其离地，犬即卧地，然后用两前臂分别压住犬的肩部和臀部不使其站立。此法适用于大中型犬腹壁、腹下、臀部和会阴部等短时快速的检查与治疗(图 5-3-5)。

7. 倒提保定　保定者提起犬两后肢小腿部，使犬两前肢着地。此法适用于犬的腹腔注射、腹股沟阴囊疝手术、直肠脱和子宫脱的整复(图 5-3-6)。

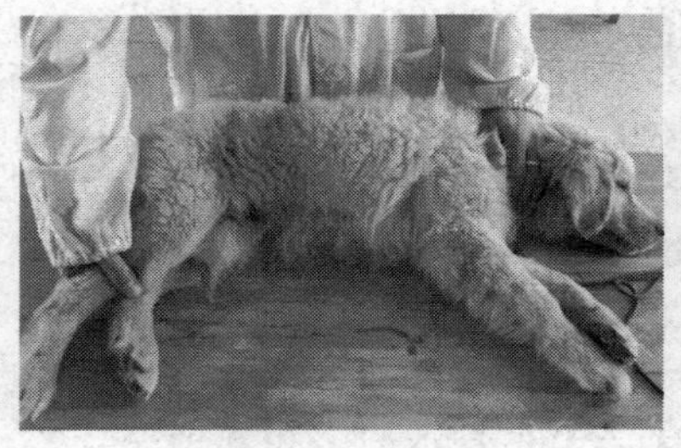

图 5-3-5　侧卧保定

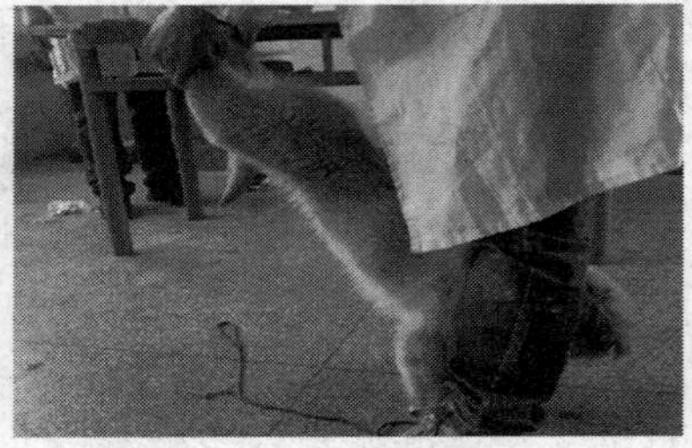

图 5-3-6　倒提保定

8. 犬笼保定　将犬放在不锈钢制作的长方体笼内，推动活动板将其挤紧，然后扭紧固定螺丝，以限制其活动。

9. 体架保定法　根据犬颈围和体长，取一根铝棒，在其中间各弯曲一圈半，其环用绷带缠绕后套在颈部，圈上的两根铝棒向后紧贴两侧胸壁，然后用黏质绷带围绕腹壁缠绕将其固定。根据需要，可将两腹壁铝棒向后延长至尾部，固定。此法主要防止头回转舔咬躯干、肛门和跗关节以上部位，限制尾活动（图 5-3-7）。

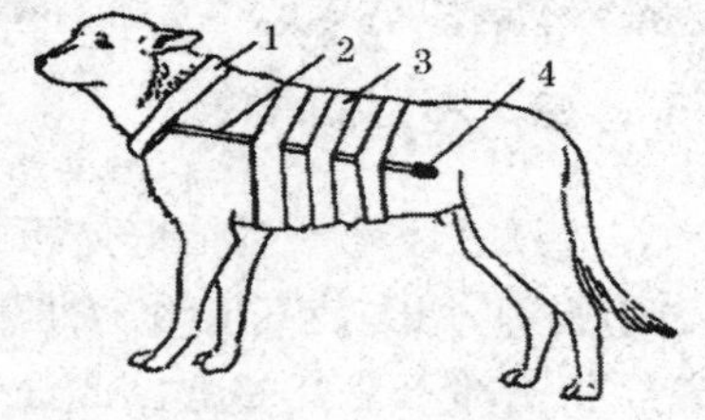

图 5-3-7　体架保定示意图

1. 铝环包扎起来　2. 铝棒　3. 绷带　4. 棒末端缠上胶带
5. 铝棒弯曲　6. 棒末端固定在尾部

## 二、常用检查方法

### (一)视　诊

站在距离犬合适位置的地方,先远后近,先整体后局部,先静态后动态的次序对犬只进行观察。观察内容包括:

1. 整体状态　如体格大小、发育程度、营养状况、体质强弱、躯体结构、胸腹及肢体匀称性等。

2. 精神及体态,姿势与运动行为。

3. 表被组织的病变　如被毛状态,皮肤及黏膜颜色,体表创伤,溃疡,肿物等外科病变位置,大小,形态和特点。皮肤的视诊可以采用放大镜。

4. 检查与外界直通的体腔　并注意其黏膜的颜色及完整性的破坏情况,并确定其分泌物、渗出物的数量、性质及其混合物。

5. 注意其生理活动的异常　如呼吸动作,有无咳、喘,进食、咀嚼、吞咽等消化活动等。

### (二)触　诊

利用手指、手掌或手背,也可以借助拳或借助器械(如胃管等)对动物身体某部位进行检查。一般用一只手或双手的掌指关节或指关节进行触诊。触摸深层器官时,使用指端触诊。按照面积由大到小,用力先轻后重,顺序由浅入深,敏感部从外周开始逐渐向中心的原则触诊。根据检查目的不同,分别操作以下内容:

1. 检查体温、湿度　用手背进行,注意躯干与末梢、左右两侧、健部与患部的对比。

2. 检查局部与肿部的硬度及性状　用手指轻压或揉捏,根据感觉及压后的现象判断。

3. 检查敏感性　用手或针刺激犬只的某个部位，根据犬只的反应判断。

4. 内脏器官的深部触诊　依被检查的器官、部位的不同选用适宜的方法：①按压触诊法，两手对侧放于被检部位，同时按压，以感知其内容物性状与敏感性。②冲击触诊法，以拳或手掌在被检部位连续进行2～3次，以感知腹腔部器官的性状与腹膜腔的状态。也可以两手对侧放置，一手紧贴犬只身体以感知，另一手在对侧位置拍击。③切入触诊法，以一个或几个并拢的手指，沿一定部位进行深入的切入或压入，以感知内部器官的性状。

5. 直肠触诊　将指甲修剪，消毒，用食指(中指)徐徐伸入动物的直肠，感知直肠内部状态。

**(三)叩　诊**

直接叩诊法。用一个或数个手指并拢且呈屈曲的手指，向动物体表的一定部位轻轻叩击。采用该法直接叩击脊柱、鼻窦，多次练习感受。

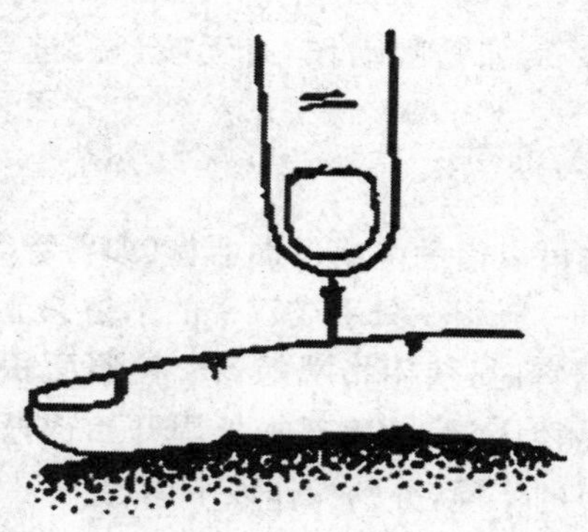

**图 5-3-8　指指叩诊法**

指指叩诊法(图5-3-8)。以左手的中指(或食指)腹侧紧密贴在检查部位上作叩诊板，右手的中指(或食指)，在第二指关节处呈90°的屈曲，用该指端向作叩诊板用的手指的第二指节上，垂直地轻轻叩击。对肺脏、心脏、肝脏分别进行叩诊检查，区分清音、浊音、鼓音。

**(四)听　诊**

用听诊器在欲检查器官的体表相应部位进行听诊。尝试听取心音、肺泡呼吸音。

**(五)嗅　诊**

嗅诊是借助检查者的嗅觉，嗅闻宠物犬的口腔、呼出气体、皮肤和分泌物、自然腔道排泄物的气味以及其他病理产物来提示或建立诊断。

## 三、犬的一般检查

**(一)整体状态检查**

观察记录犬的精神状态、营养、发育、体格结构、站立姿势和步态，区分对比正常状态和病理状态。

精神状态检查。主要观察犬的神态，注意其耳的活动，眼和面部的表情及其他反应和举动。

营养、发育和体格结构检查。营养检查主要根据肌肉的丰满度、皮下脂肪的蓄积量及被毛情况判定；发育和体格结构检查，利用目测或体尺，观察测量动物的头、颈、躯干及四肢、关节各部的发育情况及其形态、比例关系。

站立姿势和步态检查。观察犬只站立时呈现的状态，然后对犬只进行牵遛运动，观察其步样活动。

**(二)被毛皮肤检查**

观察毛的清洁、光泽及脱落情况；通过视诊和触诊检查动物皮肤的颜色、温度、湿度、弹性及疹疱，区分对比正常状态和病理状态。

温度。用手背贴于被检部位，分别检查耳、鼻端、胸侧、腹侧及四肢，注意观察皮温是否均匀。

弹性。在颈侧、胸脊部、肩部等位置用手将皮肤捏成皱褶并轻轻提起，然后放开，观察皱褶恢复的速度。在2秒以上恢复的，可判定弹性降低。

### (三)可视黏膜检查

检查眼结膜、鼻黏膜、口腔黏膜、阴道黏膜，观察黏膜颜色，区分对比正常状态和病理状态。重点操作眼结膜检查，用两手拇指分别打开上、下眼睑，正常眼结膜颜色为淡红色，双眼对比。

### (四)浅表淋巴结检查

对颌下淋巴结、耳下淋巴结、颈浅淋巴结(肩前淋巴结)、腋下淋巴结、腹股沟淋巴结、膝窝淋巴结等采用视诊、触诊检查其位置、大小、形状、硬度及表面状态、敏感性、可动性(图5-3-9)。

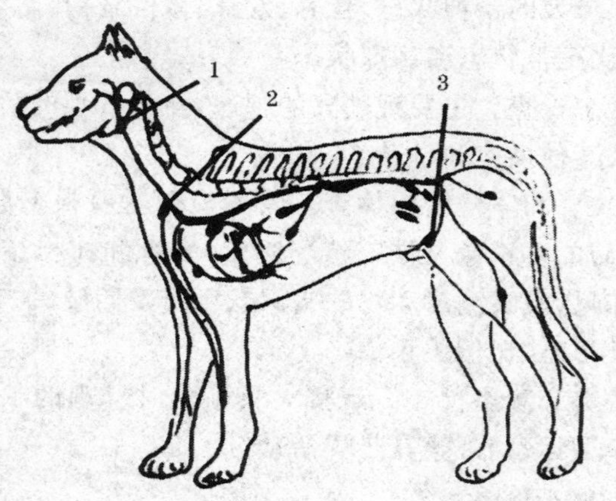


**图5-3-9　浅表淋巴结示意图**

1. 颌下淋巴结　2. 颈浅淋巴结　3. 腹股沟淋巴

### (五)体温、脉搏及呼吸数的测定

体温主要测直肠温度。测温时,甩动温度计使水银柱降至35℃以下,用酒精棉球擦拭消毒,提举犬尾根,将体温表缓慢插入肛门内,经3～5分钟取出,读数。正常成年犬的体温为37.5℃～39.0℃,幼犬相对较高可达39.5℃(图5-3-10)。

脉搏主要测后肢股内侧的股动脉。检查时,检查者用一手握住犬一侧后肢的下部,另一手的食指及中指放于股内侧的股动脉上,拇指放于股外侧。正常成年犬的脉搏为70～120次/分(图5-3-11)。

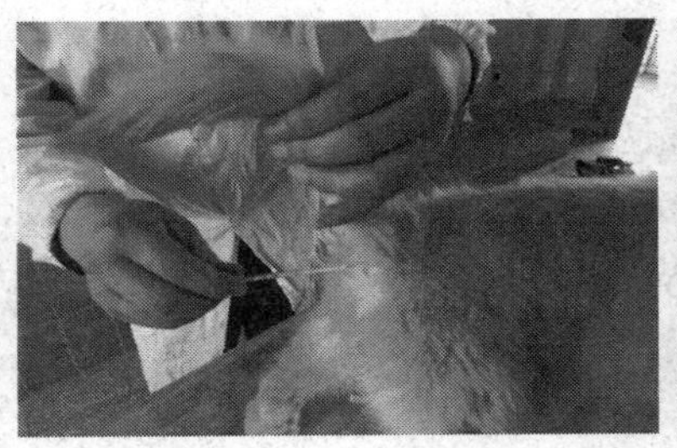

图5-3-10　体温测定

图5-3-11　脉搏测定

呼吸数根据犬胸腹部的起伏或鼻翼的开张来测定。检查者立于犬的侧方,注意观察其腹胁部的起伏,一起一伏为一次呼吸。也可用手背放在鼻前感知呼吸数。正常成年犬的呼吸数为10～30次/分(图5-3-12)。

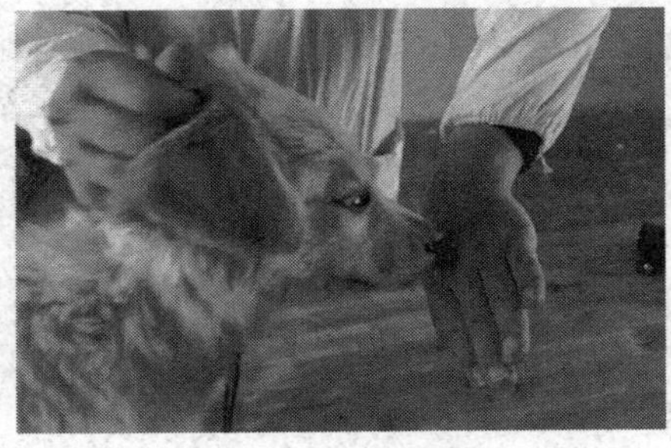

图5-3-12　呼吸数测定

## 四、常见症状识别

### (一)发　热

体温高于正常体温0.5℃即发热。常见病因有:全身性或局部性感染,包括细菌、病毒、真菌、原虫或其他病原微生物的感染;体内毒素包括蛋白破坏(心肌梗死、肾梗死、肺梗死、烧伤、放射性损伤等),出血(消化道出血、脑出血等),溶血、贫血等;血清、疫苗及某些药物引起的过敏反应等。

### (二)呕　吐

呕吐是指胃内容物通过食管逆流出口腔的一种反射性动作。犬为易呕吐动物。犬呕吐时,最初略显不安,然后伸颈将头接近地面,此时腹肌强烈收缩,并张口做呕吐状,如此数次即发生呕吐。常见原因有:

1. 咽、食管异常

(1)咽痉挛　断奶期发病,吞咽困难,咳嗽,流鼻液,持续性呕吐。

(2)食管梗塞　吞咽困难,流涎,不安。

(3)食管痉挛　断奶期发病,食欲正常,突然呕吐,发育迟缓,消瘦。

(4)食管狭窄　吞咽困难,流涎,食欲减退,咳嗽,消瘦,衰弱。

(5)食管憩室　食欲减退,消瘦,吞咽困难,流涎,吐出消化食物。

2. 胃肠炎症

(1)急性胃炎　食欲减退,胃部压痛,腹痛,口腔恶臭。

(2)慢性胃炎　食欲减退,消瘦,贫血。

(3)胃肠炎　腹泻,腹部有压痛,脱水,食欲废绝。

(4)胃肠溃疡　吐血,血便,胃部有压痛,贫血,消瘦,食欲不振。

(5)犬瘟热　双相热型,呼吸道炎症,结膜炎,腹泻,神经症状,皮肤发疹,硬脚掌。

(6)犬细小病毒病　腥臭血便,呕吐,不食,脱水,心肌炎,突然死亡。

(7)冠状病毒感染　腹泻,精神不振,食欲减退,血便,脱水,突然死亡。

(8)沙门氏菌病　见于幼犬,腹泻,发热,脱水,腹痛。

(9)钩端螺旋体病　口炎,舌炎,黄疸,发热,血便,肾区有压痛。

3. 胃肠异常

(1)胃内异物　采食后呕吐,食欲不定,胃部压痛,消瘦。

(2)胃扩张　突然腹痛,腹围增大,触诊可摸到球状扩张胃,见于大型犬。

(3)胃肿瘤　吐血,血便,胃部有压痛,消瘦,贫血。

(4)肠梗阻　腹围增大,黏液便,腹痛,腹胀,多饮。

4. 泌尿生殖器官疾病

(1)子宫蓄脓症　多饮多尿,腹围增大,阴门肿胀有分泌物,食欲减退。

(2)肾功能不全　少尿或多尿,蛋白尿,精神沉郁,脱水,贫血。

(3)尿毒症　体温降低,神经症状,血清尿素氮和肌酐增加。

5. 中毒及其他

(1)鼠药中毒　剧烈呕吐,急速死亡。

(2)铅中毒　腹泻,腹痛,贫血,神经症状。

(3)蛔虫病　食欲减退,腹泻,神经症状,消瘦。

(4)伪狂犬病　不食,不安,呕吐,奇痒,皮肤有病变,头颈和口部肌肉痉挛,呼吸困难。

(5)晕车症　流涎,呕吐,不安。

(6)急性胰腺炎　腹泻,腹痛,食欲废绝,突然死亡。

(7)腹膜炎　腹痛,弓背,腹水,腹壁紧张,发热。

(8)慢性肝炎　食欲减退,黄疸,肝区有压痛,消瘦,尿黄。

(9)腹腔内肿瘤　腹围增大,腹腔内有肿物。

**(三)腹　泻**

腹泻是指肠蠕动亢进、大肠内的水分吸收不全或吸收困难,以至含有多量水分的肠内容物被排除的状态。

1. 急性腹泻

(1)胃肠炎　呕吐,腹部有压痛,腹痛,脱水,发热,血便,不食。

(2)急性结肠炎　排便用力,贫血,脱水,血便。

(3)犬细小病毒病　呕吐,腥臭血便,脱水,心肌炎,突然死亡。

(4)犬瘟热　双相热型,结膜炎,流鼻液,呼吸道炎症,腹泻,神经症状。皮肤发疹,硬脚掌。

(5)蛔虫病　食欲减退,呕吐,神经症状,肺炎,消瘦。

(6)弓形虫病　发热,咳嗽,视力障碍,运动障碍,神经症状。

2. 慢性腹泻

(1)不耐乳糖症　腹鸣,腹痛,有饲喂乳制品史。

(2)慢性胰腺炎　腹泻,粪便恶臭,脂肪便,腹痛,食欲亢进,消瘦。

(3)绦虫病　软便,消瘦,食欲增加,摩擦臀部,粪中可见米粒状节片,神经症状。

(4)类圆线虫病　湿疹性皮炎,支气管炎,发热,排带血丝的黏液血便。

3. 血便及黏液便　粪便中带有血液或黏液,常见病因有:

(1)见于传染病

①犬细小病毒病:腹泻,番茄汁样的血便,呕吐,脱水,心肌炎,突然死亡。

②弯曲菌病:见于4月龄以下的犬,腹泻,血便,脱水,发热。

③钩端螺旋体病:口腔溃疡,舌炎,口臭,黄疸,发热,血便,肾区有压痛。

④沙门氏菌病:见于幼犬,黏液血便,腹泻,发热,脱水,呕吐,腹痛。

⑤冠状病毒病:呕吐,精神沉郁,食欲废绝,血便,突然死亡。

⑥轮状病毒病:多见于1周内仔犬,多发于冬季,黏液血便,末期体温低下,循环衰竭。

(2)见于寄生虫病

①钩虫病:黏液血便,贫血,消瘦,步态强拘,虚脱,嗜酸性粒细胞增加。

②鞭虫病:黏液血便,消瘦,贫血,腹痛,食欲减退,里急后重,脱水。

③球虫病:红色血便,脱水,贫血,发热,食欲减退。

④毛滴虫病:见于5～8周龄幼犬,黏液血便,腹泻,食欲减退,消瘦,贫血,嗜睡。

⑤小袋虫病:红色血便,结肠炎。

⑥贾第虫病:见于幼犬,黏液血便,腹泻,里急后重。

(3)见于胃肠功能障碍

①胃肠炎:呕吐,腹泻,腹部有压痛,脱水,发热,血便,食欲废绝。

②肠套叠:黏液血便,呕吐,腹腔有香肠样硬物,腹痛,脱水。

③急性结肠炎:腹泻,排便用力,贫血,脱水,红色血便。

④急性胰腺炎:呕吐,血性腹泻,腹痛,休克,食欲废绝,突然死亡。

⑤胃出血:黑色血便,吐血,贫血,消瘦。

⑥胃溃疡:呕吐,吐血,黑色血便,胃部有压痛,消瘦,食欲减退。

**(四)黄 疸**

指血液中胆红素浓度升高从而引起可视黏膜(眼、口腔)及皮肤黄染现象。常见原因如下。

1. 梨形虫病 贫血,发热,脾肿大,消瘦,血红蛋白尿。

2. 洋葱中毒 血色素尿,贫血,腹泻,海恩茨氏小体,红细胞再生象。

3. 钩端螺旋体病 口炎,舌炎,呕吐,口腔恶臭,发热,血便,肾脏压痛。

4. 肝炎 呕吐,腹泻,肝区压痛,神经症状,出血倾向,消瘦,尿黄,谷丙转氨酶增高。

5. 肝硬化 消瘦,腹水,昏睡,贫血。

6. 自身免疫性溶血性贫血 贫血,呼吸急促,脾肿大,血红蛋白尿,红细胞压积容量(比容)降低。

此外,胆结石,胆道蛔虫,胆囊炎等也出现黄疸。

**(五)咳 嗽**

咳嗽是一种保护性反射动作,能将呼吸道异物或分泌物排出体外。咳嗽也是病理状态,当分布在呼吸道黏膜的迷走神经受到温热、机械和化学因素的刺激时,通过延髓呼吸中枢反射性地引起咳嗽。常见原因如下。

1. 支气管炎 鼻液,肺泡音粗厉,肺部有啰音。

2. 支气管肺炎 发热,鼻液,肺部啰音和捻发音,呼吸困难。

3. 犬瘟热 双相热型,结膜炎,鼻液,呼吸道炎症,腹泻,神经症状。

4. 传染性支气管炎 肺泡音粗厉和啰音,人工诱咳阳性,呕吐,发热,呼吸急促,黏液脓性鼻液。

5. 喉炎 咽下困难,流涎,下颌淋巴结肿大,呼吸困难,局部压痛。

6. 肺水肿　呼吸急促，呼吸困难，黏膜发绀，张口呼吸，体温升高，粉红色泡沫性鼻液，肺部有啰音和捻发音。

7. 肺出血　呼吸困难，咯血，黏膜发绀，肺部有啰音。

8. 弓形虫病　发热，流鼻液，呼吸困难，腹泻，视力障碍，运动障碍，神经状态。

9. 组织胞浆菌病　腹泻，发热，淋巴结肿大，消瘦，眼炎。

10. 球孢子菌病　呼吸困难，发热，各脏器有肉芽肿，腹泻。

11. 副流感病毒病　鼻液，发热，扁桃体肿大，突然群发。

12. 类圆线虫病　皮炎，支气管炎，腹泻，贫血，恶病质。

13. 肺吸虫病　支气管炎症状，发热，腹痛，腹泻，血便。

14. 血吸虫病　当幼虫移行到肺脏时，表现咳嗽和支气管肺炎症状。

**(六)跛　行**

跛行是四肢功能障碍的临床综合征，表现为某肢体或四肢不敢负重。常见原因有：

1. 四肢疾病

(1)骨折　患肢举起，三肢跳跃前进，肢体变形，局部肿胀，疼痛，异常活动，出现骨摩擦音。

(2)脱位　关节变形，肿胀，肢势改变，关节下方内收或外展，异常固定，不能活动，他动时有弹拨感。

(3)关节炎　关节肿胀，疼痛，站立时关节屈曲，运动时跛行。

髋关节发育不全多见于幼犬，髋关节松离，变形或脱位，多两侧关节发病，后肢拖拽前进。

(4)肌病　四肢肌肉萎缩，张力降低，活动不灵活，站立时呈木马状。

(5)骨软症　多见于幼犬，软骨坏死，肌肉萎缩，X线检查才能确诊。

(6)前肢神经麻痹　前肢肌肉弛缓，极度伸展或偏斜，疼痛反应减退或消失。

2. 全身性疾病

(1)四肢风湿病　肌肉风湿病，患部肌肉疼痛，步态强拘，头颈歪斜或低头困难，背腰僵硬。

(2)关节风湿病　关节肿胀，疼痛，活动不灵活。疼痛有游走性，对称性和复发性。

(3)脊椎病　脊椎关节疼痛，背腰僵硬，常呈拱背姿势，X线检查方可确诊。

(4)佝偻病　骨质疏松，肢体变形，呈O形或X形腿，肋骨与肋软骨结合部呈串珠状，脊柱弯曲。异嗜，消化不良。

(5)甲状旁腺功能亢进症　骨质脱钙，骨质疏松，出现骨软症的症状。易形成尿道结石和消化道溃疡。

3. 后躯麻痹性疾病

(1)腰椎挫伤　有外伤史，突然发生截瘫，两后肢不能站立，后躯肌肉弛缓，痛觉减弱或消失，大小便失禁，尾力减退，受伤局部多有擦伤，肿胀，疼痛等变化。

(2)脊髓炎　后躯、后肢及尾的运动与感觉丧失，症状与腰椎挫伤相同，但逐渐发生。

(3)脊髓压迫症　见于椎骨畸形、椎骨骨折、椎骨脱位、椎间盘突出和椎管内肿瘤等。多有前躯症状，如感觉过敏、脊柱僵硬、行动谨慎、运动时疼痛嚎叫等，随后逐渐发生后躯麻痹。

# 第四章　家庭养犬常见病的防治

## 一、常见传染病防治

### (一)犬瘟热

犬瘟热是由犬瘟热病毒引起的犬科和鼬科动物的一种高度接触性、致死性传染病。早期双相热型,症状类似感冒,随后以支气管炎、卡他性肺炎、胃肠炎等为特征。病后期可见有神经症状如痉挛、抽搐,有的伴有皮炎。部分病例可出现鼻部和脚垫高度角质化(硬脚垫病)。

【临诊特征】　患犬的分泌物,如唾液、眼泪、鼻液、粪便、尿液等含有大量的病毒,并向外排泄,直接或间接传染给健康犬而发病。根据临床症状及流行病学特征做出初步诊断。目前宠物医院普遍采用犬瘟热快速诊断试剂板进行确诊诊断。

【防治要点】　一旦发生犬瘟热,为了防止疫情蔓延,必须迅速将病犬严格隔离,病舍及环境用火碱、次氯酸钠、来苏儿等彻底消毒。严格禁止病犬和健康犬接触。对尚未发病有感染可能的假定健康犬及受疫情威胁的犬,应立即用犬瘟热高免血清进行被动免疫,待疫情稳定后,再注射犬瘟热疫苗。补糖、补液、退热,防止继发感染,加强饲养管理等方法,对本病有一定的治疗作用。

定期进行免疫接种犬瘟热疫苗。免疫程序是:首免时间 50 日龄进行;二免时间 80 日龄进行;三免时间 110 日龄进行。3 次免疫后,以后每年免疫 1 次,目前市场上出售的六联苗、五联苗、三联苗均可按以上程序进行免疫。

### (二)犬细小病毒病

犬细小病毒病是犬的一种具有高度接触性传染的烈性传染病。

【临诊特征】 以急性出血性肠炎和心肌炎为特征。犬细小病毒对犬具有高度的接触性、传染性,各种年龄和不同性别的犬都有易感性,但以刚断奶至 90 日龄的犬发病较多,病情也较严重。据临诊发病犬的种类来看,纯种犬及外来犬比土种犬发病率高。病犬的粪便中含毒量最高。感染犬、隐性带毒犬是本病的主要传染源,康复犬也可长期带毒。病毒经病犬的粪便、尿液等排泄物中排出,污染周围环境,使易感犬发病。

【防治要点】 平时应搞好免疫接种。在本病流行季节,严禁将个人养的犬带到犬集结的地方。当犬群暴发本病后,应及时隔离,对犬舍和饲具反复消毒。对轻症病例,应采取对症疗法和支持疗法。对于肠炎型病例,因脱水失盐过多,及时适量补液显得十分重要。为了防止继发感染,应按时注射抗生素。发现本病应立即进行隔离饲养。

犬细小病毒病早期应用犬细小病毒高免血清治疗。每犬皮下或肌内注射 5～10 毫升,每天或隔天注射 1 次,连续 2～3 次。

用 5%糖盐水加入 5%碳酸氢钠注射液给予静脉注射。消炎、止血、止吐,庆大霉素 1 万单位/千克体重,地塞米松每千克体重 0.5 毫克混合肌内注射,或卡那霉素 5 万单位/千克体重加地塞米松混合肌内注射。维生素 K 每千克体重 30.4 毫克,肌内注射。胃复安每千克体重 2 毫克,肌内注射。

### (三)犬传染性肝炎

犬传染性肝炎(又称“蓝眼病”)是由犬传染性肝炎病毒(腺病毒)引起的急性败血性传染病。

【临诊特征】 临诊上以马鞍型高热、严重血凝不良、肝脏受损、角膜混浊等为主要特征。健康犬通过接触被病毒污染的用具、食物等，经消化道感染发病，感染病毒后的妊娠母犬也可经胎盘将病毒传染给胎儿。

【防治要点】 不能盲目由国外及外地引进犬，防止病毒传入，患病后康复的犬一定要单独饲养，最少隔离半年以上。防止本病发生的最好办法是定期给犬做健康免疫，免疫程序同犬瘟热疫苗。目前国内生产的灭活疫苗免疫效果较好，且能消除弱毒苗产生的一过性症状。幼犬 7～8 周龄第一次接种、间隔 2～3 周第二次接种，成年犬每年免疫 2 次。

在发病初期用传染性肝炎高免血清治疗有一定的作用。对严重贫血的病例，采用输血疗法有一定的作用。对症治疗，静脉补葡萄糖、补液及三磷腺苷（ATP）、辅酶 A 对本病康复有一定作用。全身应用抗生素及磺胺类药物可防止继发感染。

对患有角膜炎的犬可用 0.5%利多卡因注射液和氯霉素眼药水交替点眼。出现角膜混浊，一般认为是对病原的过敏反应，多可自然恢复。若病变发展使前眼房出血时，用 3%～5%碘制剂（碘化钾、碘化钠）、水杨酸制剂和钙制剂以 3∶3∶1 的比例混合静脉注射，每天 1 次，每次 5～10 毫升，3～7 天为 1 个疗程。或肌内注射水杨酸钠，并用抗生素液点眼。注意防止紫外线刺激，不能使用糖皮质激素。

对贫血严重的犬，可输全血，间隔 48 小时以每千克体重 17 毫升，连续输血 3 次。为防止继发感染，结合广谱抗生素，以静脉滴注为宜。

对于表现肝炎病状的犬，可按急性肝炎进行治疗。葡醛内酯每千克体重 5～8 毫克肌内注射，每天 1 次，辅酶 A 50～700 单位/次，稀释后静脉滴注。肌苷 100～400 毫克/次，口服，每天 2 次。核糖核酸 6 毫克/次，肌内注射，隔天 1 次，3 个月为 1 个疗程。

### (四)犬冠状病毒病

【临诊特征】 犬冠状病毒病是犬的一种急性胃肠道传染病，其临诊特征为腹泻。传染源是病犬，传播途径是通过污染的饲料、饮水，经消化道感染。发病急、传染快、病程短、死亡率高。如与犬细小病毒或轮状病毒混合感染，病情加剧，常因急性腹泻、呕吐、脱水迅速死亡。

【防治要点】 犬舍每天打扫，清除粪便，保持干燥、清洁卫生。每周用百毒杀(按说明书稀释)或 0.1%过氧乙酸溶液严密喷洒消毒 1 次。病犬圈舍用火焰消毒法消毒。饲料、饮水要清洁卫生，不喂腐烂变质饲料和污浊饮水。病犬剩余的饲料、饮水挖坑深埋，饲具要彻底消毒后再用。刚出生的幼犬要吃足初乳，获得母源抗体和免疫保护力，是预防此病的重要措施。也可给无免疫力的幼犬注射成年犬的血清预防。一犬有病，须全窝防治。立即隔离病犬，专人专具饲养护理。

用 5%～10%葡萄糖注射液 250～500 毫升和 5%碳酸氢钠注射液 10～50 毫升、头孢曲松钠注射液按犬每千克体重 0.05 克，静脉滴注，每天 1 次，连注 2～3 天，以防脱水自身酸中毒，引起死亡。为了纠正水、电解质失调，可用 0.9%氯化钠、林格氏液(复方氯化钠)等补液，同时采取对症治疗，抗血清治疗，可缓解症状，有较好的治疗作用。

### (五)犬副流感病毒病

犬副流感病毒感染是犬的主要的呼吸道疾病。

【临诊特征】 临诊表现为发热、流涕和咳嗽。一年四季均可发病，以冬季多发，与对低温有相对的抵抗力有关。过高的饲养密度、较差的饲养卫生条件、断奶、分窝、调运等饲养管理条件突然改变，气温骤变等都会提高感染和临诊发病的几率。

【防治要点】 接种副流感病毒疫苗是最好的预防措施。加强饲养管理,可减少本病的诱发因素。发现病犬要及时隔离。

治疗原则是防止继发感染和对症治疗。可采用利巴韦林50～100毫克/次口服,每天2次,连用5天。常合并使用头孢菌素50毫克/千克体重,地塞米松0.5～2毫克/千克体重皮下注射,氨茶碱10毫克/千克体重皮下注射。抗血清皮下注射。同时投入维生素C 2 000～4 000毫克/次。

### (六)狂犬病

狂犬病,又名恐水病,俗称疯狗病,是由狂犬病病毒引起的一种人兽共患的急性接触性传染病。其临诊特征是神经兴奋和意识障碍,继而局部或全身麻痹。由于它的高致死性而成为可怕的流行病。

【临诊特征】 本病主要通过咬伤、损伤的皮肤黏膜、消化道摄入、呼吸道吸入等途径传播,具有明显的连锁性。一年四季均可发生,但春、夏季发生较多,这与犬的活动期有一定关系。感染不分性别、年龄。病毒对神经和唾液腺有明显的亲嗜性。病毒由中枢沿神经向外周扩散,抵唾液腺,进入唾液。口腔上皮中也有病毒抗原。病毒在中枢神经系统繁殖,可损害神经细胞和血管壁,引起血管周围的细胞浸润。神经细胞受到刺激后引起神志紊乱和反射性兴奋性增高;后期神经细胞变性,逐渐引起麻痹症状,最后因呼吸中枢麻痹造成死亡。

【防治要点】 对犬大面积的预防免疫是控制和消灭狂犬病的根本措施。当人被可疑的狂犬病犬咬伤时,应尽量挤出伤口的血,用肥皂水彻底清洗,并用3%碘酊处理,接种狂犬病疫苗。最好同时注射免疫血清,可降低发病率。家畜被病犬或可疑病犬咬伤后,应尽量挤出伤口的血,然后用肥皂水或酒精、醋酸、3%石炭酸、碘酊等消毒防腐剂处理,并用狂犬病疫苗紧急接种,使被咬动物在疫病的潜伏期内就产生主动免疫,可免于发病。

### (七)犬传染性气管支气管炎

犬传染性气管支气管炎是由犬腺病毒Ⅱ型引起犬的传染性气管支气管炎及肺炎症状。

【临诊特征】 临诊特征表现持续性高热、咳嗽、浆液性至黏液性鼻液、扁桃体炎、喉气管炎和肺炎。从临诊发病情况统计,该病多见于4个月以下的幼犬,可以造成幼犬全窝或全群咳嗽。一年四季均可发病,以冬季多发,通过呼吸道分泌物散毒,经空气、尘埃传播,引起呼吸道局部感染。过高的饲养密度、较差的饲养卫生条件、断奶、分窝、调运等饲养管理条件突然改变,气候骤变等都会提高感染和发病的几率。

【防治要点】 发现病后应马上隔离。犬舍及环境用2%氢氧化钠液或3%来苏儿水消毒。目前多采用多价苗联合进行免疫,其免疫程序同犬瘟热。

目前我国还没有犬腺病毒Ⅱ型高免血清,所以发现本病一般均采用对症疗法,一般用镇咳药、祛痰药、补充电解质、葡萄糖及防止继发感染。

### (八)皮肤癣菌病

皮肤癣菌病是犬病临床最常见的真菌性皮肤传染病,本病在犬与人之间呈接触性传染,为人兽共患传染病。

【临诊特征】 皮肤癣菌病是由皮肤癣菌对毛发、趾爪及皮肤等角质组织引起的感染,皮肤癣菌侵入这些组织并在其中寄生,引起皮肤出现界限明显的脱毛圆斑、渗出及结痂等。由皮肤癣菌引起的上述这些部位的感染称为皮肤癣菌病,又称癣。

潮湿、温暖的气候,拥挤、不洁的环境以及缺乏阳光照射等是引起本病的主要诱因。

【防治要点】 犬皮肤癣菌病一般为自限性,病程一般为1～3个月,如感染不十分严重,不是全身感染,一般可自行消退。对患病犬进行及时有效的治疗，有助于犬尽早康复，消除隐形感染，防止复发，预防将病原传染给人类或其他犬。

对局限性病灶应于病灶周围广泛剪毛，清洁病变皮肤，局部使用抗菌药治疗。常见药有：克霉唑软膏，酮康唑软膏，达克宁软膏等。清洁病灶皮肤后，每天 2 次，涂于患处。

全身感染或慢性严重病例，应在坚持局部外用药治疗的同时口服微粒性灰黄霉素，日剂量为 50～120 毫克/千克体重，分 2 次间隔 10 小时，拌油腻食物口服。进食后给药，孕犬禁用。

发现患犬及时隔离，彻底清洁患犬接触过的场所、用具，可用 10％漂白粉溶液进行消毒。避免人犬交叉感染，治疗者和接触患犬者应随时洗手、换衣。对患犬的同群犬、邻舍犬应进行预防性治疗，可采用 0.5％洗必泰溶液每周 2 次进行药浴。

## 二、常见寄生虫病防治

### (一)蛔 虫 病

犬蛔虫病是由犬弓蛔虫、狮蛔虫寄生于犬的小肠和胃内引发的疾病，主要危害幼犬。犬蛔虫通过吸食患犬营养、破坏器官完整性而影响幼犬的生长发育，严重感染也可导致患犬死亡。此病为人兽共患病，其幼虫对人有很强的致病性。

【临诊特征】 人兽共患，所有年龄的犬均可感染，幼犬更易感。一年四季可发生，环境卫生条件差、流浪犬多、犬粪得不到及时处理的地方更为普遍。带虫幼犬、哺乳母犬、含幼虫包囊的肉类为本病的传染源。犬只主要通过食入感染性虫卵而发病。

本病多见于幼犬。患犬食欲不振或废绝、逐渐消瘦、全身被毛干枯无光泽，多有呕吐、腹泻症状，当犬严重感染或患其他传染病，抵抗力低下时可呕出成虫虫体。幼虫可移行进入肝脏、肺脏引发肝炎、肺炎，出现腹水、咳嗽等症状，虫体产生的毒素可引起犬兴奋、痉挛、发热。当犬的肠管被大量虫体占据时，可发生肠阻塞、穿孔进而导致死亡。

【防治要点】 驱虫幼犬可选用左旋咪唑每千克体重 10 毫克，口服，每天 1 次，连续 3 天。或丙硫咪唑每千克体重 20 毫克，口服。还可选用伊维菌素每千克体重 0.2～0.4 毫克，皮下注射，隔 7～9 天加强 1 次。

1. 肺炎型　可选用林可霉素每千克体重 10～20 毫克，肌内注射，每天 2 次，连用 3～5 天。

2. 肠炎型　硫酸小诺霉素口服液每千克体重 4 毫克，每天 2 次，连用 3 天。

根据机体的脱水情况，用 5%葡萄糖注射液按体重的 10%～20%补液，配以维生素 C、三磷腺苷(ATP)、辅酶 A、维生素 $B_6$，每天 1～2 次，连用 3 天。

**(二)钩 虫 病**

本病是由钩口科钩口属、弯口属的线虫寄生于犬的小肠、尤其是十二指肠中引起犬贫血、胃肠功能紊乱及营养不良的一种寄生虫病。

【临诊特征】 临床症状的轻重很大程度取决于感染程度。轻度感染时病犬表现贫血、消瘦、生长发育不良、异嗜、呕吐、腹泻等症状；严重感染时病犬表现食欲不振或废绝，消瘦，眼结膜苍白，贫血，弓背，排黏液性血便或带有腐臭味的焦油状便，最后因极度衰竭而死亡，一般多见于幼犬。

若幼虫大量经皮肤侵入，病犬可发生钩虫性皮炎，引起局部(以爪部、趾间为主)发红、瘙痒、脓疱、皮炎，并可能继发细菌感染，躯干呈棘皮症和过度角化。少数病犬因大量幼虫移行至肺部，可引起肺炎。

【防治要点】 选用左旋咪唑 5～10 毫克/千克体重，或丙硫咪唑 10～15 毫克/千克体重，或甲苯咪唑 22 毫克/千克体重口服，每天 1 次，连用 3 天，必要时 2 周后可重复用药 1 次。

用阿维菌素或伊维菌素制剂 0.2 毫克/千克体重，一次性皮下注射。对于重度感染病例，应结合采取对症治疗，如输血、补液、消炎、止血、止泻等。

对犬定期采取预防性驱虫，一般幼犬出生后 20 日龄开始驱虫，以后每月驱 1 次，1 月龄以后每季度驱 1 次，成犬每半年驱 1 次。另外因钩虫虫卵必须在适宜的体外环境中孵化成幼虫，再经 1 周左右蜕化成感染性幼虫，后经犬的口、皮肤或胎盘感染犬，故及时清洁环境，粪便无害化处理，可移动的犬用具经常移到户外暴晒，亦可用火焰喷灯或开水烧烫，以杀灭幼虫，也是预防该病的主要措施。

**(三)犬心丝虫病**

犬心丝虫，其成虫为乳白色或黄白色、细长粉丝状，头部钝圆。寄生于患犬右心室的成虫，雌、雄交配后的受精卵在雌虫的子宫内发育和孵化。成虫主要寄生于右心室和肺动脉中，其寿命 5～6 年，并不断产生微丝蚴。微丝蚴在犬体血液中可生存 2～2.5 年。

【临诊特征】 早期病犬不表现临床症状，随着病情的发展出现运动后突发性咳嗽、体重减轻、不耐运动。寄生虫虫体波及肺动脉内膜增生时，出现呼吸困难、腹水、四肢水肿、胸水、心包积液、肺水肿。并发急性腔静脉综合征时，突然出现血红蛋白尿、贫血、黄疸及尿毒症等症状。由于虫体寄生，吸取营养而导致贫血和血浆蛋白降低，心脏因长期负担过重而引起扩张，进而又引起肝、肾功能和其他组织器官功能障碍，患犬终因心脏衰竭而死亡。

【防治要点】 驱杀成虫，应用硫胂酰胺钠，剂量为 2.2 毫克/千克体重，静脉注射，每日 2 次，连用 2 天。静脉注射时应缓缓注入，药液不可漏出血管外，以免引起组织发炎及坏死。或用盐酸二氯苯胂，剂量为 2.5 毫克/千克体重，静脉注射，每隔 4～5 天 1 次，该药驱虫作用较强，毒性小。

驱微丝蚴，用左旋咪唑，用量为 10 毫克/千克体重，口服，连用 15 天，治疗第六天后检验血液，当血液中检不出微丝蚴时，停止治疗。或用伊维菌素，用量为 0.05～0.1 毫克/千克体重，一次皮内注射。或用倍硫磷，每千克体重皮下注射 7%溶液 0.2 毫升，必要时间隔 2 周重复 1～2 次。还应根据病情，进行对症治疗。

防止和消灭蚤、蚊是预防本病的重要措施。也可采用药物预防，枸橼酸乙胺嗪(海群生)内服剂量 6.6 毫克/千克体重，在蚊虫季节开始至蚊虫活动结束后 2 个月内用药，在蚊虫常年活动的地方常年给药，对已感染了心丝虫、在血液中检出微丝蚴的犬禁用本品。

**(四)绦虫病**

寄生于犬的常见绦虫种类主要有宽节双叶槽绦虫、曼氏迭宫绦虫、泡状带绦虫、豆状带绦虫、多头带绦虫、细粒棘球绦虫、犬复孔绦虫等。犬绦虫病的危害很大。

【临诊特征】　此病常呈慢性经过。犬轻度感染时常不呈现症状，严重感染时，病犬呈现慢性肠卡他，持续性或间歇性顽固性腹泻或便秘、腹泻交替发生。病犬精神沉郁，食欲反常(贪食或异嗜)，渐进性消瘦，营养不良，贫血，出现呕吐。有的呈现剧烈兴奋(假狂犬病)，病犬扑人，有的发生痉挛或四肢麻痹。重症病例，体温升高，剧烈腹泻，粪便稀软或呈水样，甚至混有大量血液、黏液和脱落的肠黏膜，粪便腥臭。心音变弱，可视黏膜发绀，眼球凹陷，皮肤失去弹性，甚至出现休克。濒死犬体温下降，四肢末梢厥冷，昏迷、抽搐死亡。听诊，肠蠕动音亢进，若病程延长，肠管松弛，则肠蠕动音减弱。腹壁触诊紧张，有压痛。当虫体成团时可堵塞肠管，导致肠梗阻、肠套叠、肠扭转和肠破裂等急腹症。病犬常肛门瘙痒，若发现病犬肛门常夹着尚未落到地面的孕卵节片，以及粪便中夹杂短的绦虫节片，有的可吐出绦虫或其节片，均可帮助确诊。

【防治要点】　症状轻者可以直接驱虫，病情严重的犬，应“对因对症，标本兼治"，加强护理，消除病因，保护胃肠黏膜，止吐止泻，防止脱水，纠正酸中毒。

病初应禁食 2～3 天，待病情好转不吐时，便可以投喂糊状、软和、营养丰富的食物；补充能量，强心保肝：维生素 C、肌苷、维生素 $B_6$ 或 ATP＋糖盐水静脉注射，若呕吐严重补钾是非常必要的，可在糖盐水中加入氯化钾一起静脉注射；消炎：用氨苄西林或头孢氨苄(先锋霉素 IV)、地塞米松＋糖盐水静注，也可以同时加入庆大霉素，有止泻的作用；止血：用止血敏、氨甲苯酸、维生素 C、5％葡萄糖注射液静脉注射，也可用止血效果好的立止血；防止脱水和电解质平衡失调，补充林格氏液是必需的；对于腹泻严重的犬为防止酸中毒，用碳酸氢钠＋糖盐水静脉注射，也有止泻的作用；对于血便严重、贫血的可输血浆＋生理盐水静脉注射，以扩充血容量，防止出血性休克；对于精神很差的可用黄芪＋5％葡萄糖注射液静脉注射；呕吐严重者可皮下注射爱茂尔。

乙酰胂胺槟榔碱合剂 4 毫克/千克体重，在主餐后 3 小时混入奶中给药。用药后可能出现的副作用有呕吐、流涎、不安、运动失调及气喘，解药可用阿托品。硫氯酚：0.2 克/千克体重，一次口服，投药前最好禁食 1 昼夜。吡喹酮：5 毫克/千克体重，一次口服。用药前后不用禁食，4 周龄以下的犬忌用。氯硝柳胺：0.1～0.15 毫克/千克体重，禁食 1 夜后一次口服，犬对治疗量很容易耐过。可用于妊娠所有阶段和衰弱病犬。

1. 控制和消灭传染源　犬 1 年应进行 4 次预防性驱虫(每季度 1 次)，幼犬在 1 月龄或打完预防针后便可以驱虫，驱虫应在犬交配前 3～4 周内进行。驱虫时要把犬固定在一定的范围内，以便收集排出带有虫卵的粪便，彻底销毁。

2. 切断传播途径　搞好环境卫生是减少或预防寄生虫感染的重要环节，尽量避免犬和中间宿主接触；不以肉类联合加工厂的废弃物(其中往往有各种绦虫蚴病)，特别是未经无害化处理的非正常肉及内脏食品喂犬；不能让犬吃生鱼和未煮透的鱼；不让犬出去漫游和狩猎；及时杀灭犬舍内和体表的蚤和虱，大力防鼠灭鼠，保持犬舍内外的清洁和干燥，对犬舍和周围环境要定期消毒。

3. *增强犬的抗病力*　加强饲养管理。饲料保持平衡全价，使犬能获得足够的氨基酸、维生素和矿物质，最好喂狗粮。减少应激因素，使犬能获得舒服而有利于健康的环境。对妊娠母犬和幼犬应给予精心的护理。

**(五)球 虫 病**

犬球虫病由艾美耳科等孢子球虫及二联等孢子球虫感染引起的一种大小肠和大肠黏膜出血性炎症的疾病。

【临诊特征】　临床表现主要以血便、贫血、全身衰弱、脱水为特征。广泛传播于犬群中，1～6 月龄的幼犬对球虫病特别易感。在环境卫生不好和饲养密度大的犬场可严重流行。病犬和带菌的成年犬是本病的主要传染源。

【防治要点】　治疗犬球虫病应以抵抗球虫、消炎、止血为主，维持电解质平衡，补充 B 族维生素为辅。

抗球虫用磺胺类药物进行口服。消炎用 5%糖盐水、氨苄西林、地塞米松，混合静脉滴注。止血用维生素 $K_3$、止血敏(酚磺乙胺)分别进行肌内注射。抗贫血使用维生素 $B_{12}$ 肌内注射或口服右旋糖酐铁注射液(也可同时使用)。维持电解质平衡采用林格氏液进行静脉滴注。当病程后期患犬出现食欲减退的症状时可使用复合维生素 B，口服或肌内注射。

**(六)弓形虫病**

弓形虫病曾用名弓形体病和弓浆虫病，是由孢子虫纲、肉孢子虫科、弓形虫属的龚地弓形虫引起的人兽共患的寄生在细胞内的一种原虫病。

【临诊特征】　多发生于幼犬，自然感染多呈隐性经过，但近年来暴发或呈急性型经过有增多的趋势。由于其临床表现与犬瘟热等症状相似，故往往做出误诊。

健康的成犬即使感染了弓形虫也不发病，或者呈一过性而耐过。发病和死亡的多是幼犬。但当成犬营养不良、寒冷、捕获、监禁和妊娠等时，机体抵抗力下降，也可能发生本病。

弓形虫单独感染的急性病例，多为不满 1 岁的幼犬，幼犬精神沉郁，食欲减退，发热、消瘦、黏膜苍白、咳嗽、流鼻液、呼吸困难，甚至发生肺炎。患犬有时出现剧烈的呕吐，水样出血性腹泻，里急后重，随后出现中枢神经系统障碍，麻痹、运动失调、脑炎等症状。成犬与幼犬相比，慢性经过的较多，精神沉郁，发热、消瘦、胃肠功能障碍，有的出现癫痫、痉挛、运动失调、后肢麻痹等。妊娠母犬流产或早产。犬的弓形虫性眼病，主要侵害网膜，有时也侵害脉络膜、睫状体、虹膜等。患犬出现网膜出血、网膜炎及白内障等。

【防治要点】 对急性感染病例，可用磺胺嘧啶(SD)，每千克体重用 70 毫克，或甲氧苄氨嘧啶(TMP)，每千克体重 14 毫克，每天 2 次口服，连用 3～4 天。由于磺胺嘧啶溶解度较低，较易在尿中析出结晶，内服时应配合等量碳酸氢钠，并增加饮水。此外，可应用磺胺-6-甲氧嘧啶(磺胺间甲氧嘧啶、制菌磺、SMM)或磺酰胺苯砜(SDDS)。

弓形虫病是一种典型的多宿主寄生虫病，猫是弓形虫的终末宿主，因此应禁止犬与猫接触，妥善处理猫的粪便，防止犬采食猫粪中的感染性卵囊。同时，采取灭鼠措施，切断鼠、猫、犬等之间的传播。禁止给犬喂生肉、生奶、生蛋或含有弓形虫包囊的动物组织，以防健康犬感染弓形虫。人、犬感染弓形虫现象很普遍，但发病率不高，且流行也没有严格的季节性。以秋、冬季和早春发病率较高。加强犬的饲养管理，改善其机体的抵抗力。

### (七)犬巴贝斯虫病

犬巴贝斯虫为巴贝斯科，巴贝斯属的虫体。引起犬的巴贝斯虫病的病原体有 3 种，即犬巴贝斯虫、韦氏巴贝斯虫和吉氏巴贝斯虫。

【临诊特征】 临床表现为发热、贫血、黄疸、血红蛋白尿，病程短，死亡率高。常呈慢性经过。病初精神沉郁，不愿活动，运动时四肢无力，身躯摇晃。体温升高至 40℃～41℃，持续 3～5 天后，有 5～10 天体温正常期，呈不规则间歇热型。食欲减少或废绝，营养不良，明显消瘦。出现渐进性贫血，结膜和黏膜苍白，触诊脾脏肿大，肾(单侧或双侧)肿大且疼痛。尿呈黄色至暗紫色，少数病犬有血尿。轻度黄疸。部分病犬呈现呕吐症状，鼻流清液，眼有分泌物等。

剖检发病较严重的犬，常见犬的血液稀薄、色淡、凝固不全。黏膜和皮下组织黄染。脾脏肿大呈黄红色。肝脏肿大、质脆、黄染。心冠状沟和心内膜点状出血。膀胱内积有血尿。胃、肠黏膜潮红出血，胸、腹腔、肠系膜均呈黄染。

【防治要点】 用特效药治疗，包括贝尼尔(三氮脒，血虫净)、阿卡普林(硫酸喹啉脲)、咪唑苯脲、黄色素等。

1. 硫酸喹啉脲 剂量为 0.5 毫克/千克体重，皮下或肌内注射，有时需隔天重复注射 1 次。对早期急性病例疗效显著。用药后，如出现兴奋、流涎、呕吐等副作用，可持续 1～2 小时，此后精神沉郁，个别病犬可保持数天。可以将剂量减为 0.3 毫克/千克体重，多次低剂量给药。

2. 三氮脒 剂量为 11 毫克/千克体重，制成 1%注射液皮下注射或肌内注射，间隔 5 天再用药 1 次。

3. 咪唑苯脲 剂量为 5 毫克/千克体重，制成 10%注射液，皮下或肌内注射，间隔 24 小时重复 1 次。

针对严重贫血情况进行大量输血，同时肌内注射维生素 $B_{12}$ 0.2 毫克，每天 2 次；或口服人造血浆 10 毫升，每天 3 次。使用广谱抗生素防止继发或并发感染。补充大量体液、糖类及维生素，预防严重脱水及衰竭。若出现黄疸和并发肝损伤时，要使用保肝药物和能量合剂。

### (八)疥 螨 病

犬疥螨病是由疥螨虫引起的犬的一种慢性寄生性皮肤病。俗称癞皮病。

【临诊特征】 疥螨病多发于冬季、秋末和春初。因为这些季节光线照射不足，犬毛密而长，特别是犬舍环境卫生不好、潮湿的情况下，最适合螨虫的发育和繁殖，犬最易发病。

犬疥螨对幼犬较严重，多先起于头部、鼻梁，眼眶、耳部及胸部，然后发展到躯干和四肢。病初皮肤发红有疹状小结，表面有大量麸皮状皮屑，进而皮肤增厚、被毛脱落、表面覆盖痂皮、龟裂。病犬剧痒，不时用后肢搔抓、摩擦，当皮肤被抓破或痂皮破裂后可出血，有感染时患部可有脓性分泌物，并有臭味。由于患犬皮肤被螨虫长期慢性刺激，犬终日不停啃咬、搔抓、摩擦患部，使犬烦躁不安，影响休息和正常进食，临床可见病犬日见消瘦、营养不良，重者可导致死亡。

用消毒好的手术刀片在患处与健康皮肤交界处刮取皮屑，刮至快要出血为止，将病料置于载玻片上，加上 1 滴甘油或甘油生理盐水，覆以盖玻片镜检，如见到活的疥螨虫体，即可确诊为犬疥螨病。

【防治要点】 首先将患部及周围剪毛，除去污垢和痂皮，用温肥皂水或 2%来苏儿溶液清洗患部再用药物治疗。伊维菌素按每千克体重 0.2 毫克皮下注射，间隔 7～10 天，连用 2～3 次或用 5%氯氢碘柳胺钠注射液按每千克体重 0.1～0.15 毫升皮下或肌内注射，每周 1 次，连用 2～3 次均可收到良好的治疗效果。局部配合杀螨剂，如癣螨净 886、10%的硫黄软膏、5%溴氰菊酯乳油，用清水 1 000 倍稀释，局部涂擦。

同时配合抗生素、抗过敏药物进行全身治疗，以防止继发感染。还要加强营养，补充蛋白质、微量元素和多种维生素。

经常保持犬舍清洁、干燥、通风，并搞好定期消毒工作，常给犬梳刷洗浴，以保持犬体卫生。发病期间，忌喂辛辣食品，如鸭肉、牛肉、羊肉等防止复发。同时要加强营养，补充蛋白质、微量元素和维生素。

**（九）犬蠕形螨病**

蠕形螨病亦称毛囊虫病或脂螨病，是由蠕形螨寄生于犬的皮脂腺、淋巴组织或毛囊内而引起的一种常见而又较顽固的皮肤病，且危害严重。典型的蠕形螨生长在动物毛囊内，但有时也可以在毗邻的皮脂腺与皮肤分泌物中找到。螨虫以毛囊碎屑、细胞以及少量皮脂为食。在淋巴细胞受到抑制或受到细菌继发感染的时候，则为螨虫扩散创造了条件。

【临诊特征】　本病发生于 5～6 月龄幼犬。犬蠕形螨病的感染途径主要为直接接触传播，也可间接传播，如通过地毯、犬窝垫料和胎盘等传播。如机体免疫功能低下，饲养管理不当或环境卫生条件恶劣，营养不良，缺乏维生素、微量元素，也可促使该病的发生。

蠕形螨症状可分为两型。

鳞屑型：主要是在眼睑及其周围、额部、嘴唇、颈下部、肘部、趾间等处发生脱毛、秃斑，界线明显，并伴有皮肤轻度潮红和麸皮状屑皮，皮肤可有粗糙和龟裂，有的可见有小结节。皮肤可变成灰白色，患部不痒。有的可长时间保持原型。

脓疱型：感染蠕形螨后，首先多在股内侧下腹部见有红色小丘疹。几天后变为小的脓肿，重者可见有腹下股内侧大面积红白相间的小突起，并散发特有的臭味。病犬可表现不安，并有痒感。大量蠕形螨寄生时，可导致全身皮肤感染，被毛脱落，脓疱破溃后形成溃疡，并可继发细菌感染，出现全身症状，重者可导致死亡。

【防治要点】　治疗时先清洗患部，有脓疱的要刺破后用 3％过氧化氢溶液清洗，皮下有化脓孔道的用 1％蛋白银液冲洗，再用下列杀螨药物：伊维菌素皮下注射，0.2 毫克/千克体重，7 天 1 次，连用3～5次。治疗过程中应注意，要早期治疗，若严重蔓延后则难治愈；易复发，故治疗时间要足；对脓疱型重症病例除应用杀螨剂外，还应同时选用高效抗菌药物。

注意犬舍卫生，保持垫料干燥，定期消毒。注意犬粮营养均衡，增强机体抵抗力。为防止垂直传播，患犬不宜用于繁殖。勿让健康犬与患犬接触，以防止直接接触传播。

**（十）耳痒螨病**

犬耳痒螨病是由耳痒螨属犬耳痒螨引起的高度接触性传染病。耳痒螨寄生于犬外耳道，引起大量的耳脂分泌和淋巴液外溢。耳道内常见棕黑色的分泌物和表皮增殖症状。若有细菌继发感染，病变深入中耳、内耳及脑膜，可造成化脓性外耳炎和中耳炎，深部侵害时可引起脑炎，出现神经症状。

【临诊特征】 该病多为成年犬与幼年犬接触感染，且一年四季都有发生。犬耳痒螨寄生于犬外耳道皮肤表面，以刺吸式口器吸取渗出液为食。临床表现为耳部奇痒，皮肤损伤，耳血肿，耳道内出现棕黑色的分泌物，表皮增厚。病犬不停地摇头、抓耳、鸣叫，摩擦耳部，有时向病变较重的一侧做旋转运动。若不及时治疗，后期病变可蔓延至中、内耳及脑膜等处，引起脑炎及神经症状。

【防治要点】 首先清除耳道内渗出物，向耳道内滴加液状石蜡，软化溶解痂皮，再用棉签轻轻除去耳垢和痂皮，尽量减少刺激，否则易使病情加重甚至引发细菌感染。耳内滴注杀螨药，最好用专门的杀螨耳剂，同时配以抗生素滴耳液辅助治疗，可采用复方多黏菌素滴耳液滴耳。

全身用杀螨剂，可选用伊维菌素注射液进行治疗，按每千克体重皮下或肌内注射0.2毫克，共注射2次，每次间隔10天，对细菌感染严重的患犬或猫，要结合抗生素进行治疗。

## (十一)犬虱病

引起犬虱病的主要有犬毛虱和犬长颚虱两种。犬毛虱也是犬复孔绦虫的传播者。患犬剧痒，搔抓，被毛脱落，皮肤脱屑，有时皮肤上出现小结节、小出血点，甚至坏死灶，严重时可引起化脓性皮炎，脱毛，被毛上沾有白色虱卵。

【临诊特征】　患犬剧痒，搔抓，被毛脱落，皮肤脱屑，有时皮肤上出现小结节、小出血点，甚至坏死灶，严重时可引起化脓性皮炎，脱毛，被毛上沾有白色虱卵。病程较长的，则出现食欲不振，精神委靡，体质衰弱。

【防治要点】　预防虱子感染可用相应的浴液定期洗澡。治疗时应隔离病犬，皮下注射伊维菌素 0.2 毫克/千克体重，患部皮肤涂擦 0.1%林丹或 0.5%甲萘威溶液。

## (十二)蚤　病

侵害犬和猫的跳蚤主要是犬栉首蚤和猫栉首蚤。它们引起犬、猫的皮炎，也是犬绦虫的传播者。猫栉首蚤主要寄生于猫和犬，犬栉首蚤只限于犬和野生犬科动物，有时可寄生于人。

【临诊特征】　最易发现跳蚤的部位是犬腹下部和腹股沟。临床症状主要是瘙痒。跳蚤刺激皮肤，病犬表现为搔抓、摩擦和啃咬被毛，引起脱毛、断毛和擦伤，患部皮肤上有粟粒大小的结痂，重症的皮肤磨损处有液体渗出，甚至形成化脓创。有时可引起过敏反应，形成湿疹。长期跳蚤感染可造成贫血，还可能出现跳蚤过敏性皮炎。

【防治要点】　治疗跳蚤感染，可选用杀虫剂，但多数杀虫剂均有一定的毒性，因猫对杀虫剂比犬敏感，用时更应注意。应用“福来恩”喷剂或者滴剂，既方便又有较好的效果，药效长达 4 个月。佩戴可驱蚤的犬项圈(主要成分是增效除虫菊酯、拟降虫菊酯、氨基甲酸酯、有机磷酸酯或者阿尔多息中的一种)，方法简单、牢靠，药效可持续 3～4 个月,但幼年犬、猫不能使用。注射伊维菌素或阿维菌素是目前较好的杀蚤药,因该药毒性小,使用方便。用洗发剂洗犬、猫被毛,可将跳蚤洗掉或将其杀死,但无持续效果,单独用洗发剂不能控制跳蚤的感染。用药粉(如“百虫灵”等)逆毛撒入,再顺毛理顺,药浴也有效,并可持续 1 周。

## 三、内 科 病

### (一)胃 肠 炎

胃肠炎是犬、猫常发生的一种疾病,慢性胃肠炎多见于老龄动物或急性胃肠炎未能及时治疗发展而来。

【临诊特征】 临床上以精神沉郁、呕吐、腹痛和腹泻为主要症状。病犬体温升高,有渴感,但饮水后易发呕吐。呕吐物中可含有血液和黏膜碎片。拒食或偶有异嗜现象。腹痛,抗拒触诊前腹部,喜欢蹲坐或趴卧于凉地上。病犬粪便稀软,水样或胶冻样,并带有难闻的臭味,体重减轻,急剧消瘦,机体脱水,电解质紊乱和碱中毒等症状。

【防治要点】 除去刺激性因素,保护胃肠黏膜,抑制呕吐和防止机体脱水等。

对持续性、顽固性呕吐犬只,应投予镇静、止吐并具有抗胆碱能药物,如氯丙嗪、阿托品等可减少胃逆蠕动和痉挛,还有止吐作用。也可以应用甲氧氯普胺(胃复安)、溴米那普鲁卡因(爱茂尔)等止吐药物口服。此外,注意防止机体脱水和碱中毒,应给予 5% 糖盐水,每天剂量为 40～60 毫升/千克体重,分 2 次静脉注射;给予口服补液盐溶液(任其自由饮用)。止泻可用收敛剂,如白陶土、鞣酸蛋白、思密达等。

当胃肠炎较重的,可给予抗生素,如卡那霉素、庆大霉素、阿莫西林、普康素等。必要时肌内注射地塞米松，剂量每只犬 2～10 毫克，以增强机体抗炎、抗毒素等作用。

对严重胃出血或溃疡病例，应用维生素 $K_1$ 和止血敏等止血药物，同时给予止酸药物西咪替丁，剂量为 4 毫升/千克体重，每天 2～3 次肌内注射，以减少胃酸分泌。

急性胃肠炎，首先绝食 24 小时以上，为了防止一次大量饮水后引起呕吐，可给予少量饮水或让其舔食冰块，以缓解口腔干燥。病情好转后，多次少量给予流食。应尽可能不经口投药，以避免对胃黏膜刺激，诱发反射性呕吐。

**（二）肛门腺炎**

肛门腺炎是由于肛门囊内的腺体分泌物积聚于囊内，刺激黏膜引起发炎和脓肿。犬特有的两个肛门腺，位于内、外肛门括约肌之间，左右各一，其导管开口于肛门黏膜与皮肤交界部。将犬尾巴上举，腺体开口部突出于肛门。肛门囊腺的分泌物呈灰色或褐色油脂状，被细菌分解而产生大量的吲哚及粪臭素而呈恶臭。当腺体的排泄管道被堵塞或犬为脂溢性体质时，腺体分泌物发生储积，即可发生本病。

【临诊特征】　病犬肛门腺体肿胀，由于局部发痒而常用尾巴擦肛，并试图舌舔和啃咬肛门，排粪困难，拒绝抚拍臀部，走近犬体有腥臭味。当排泄管长期阻塞时，腺体膨胀，向肛门周围隆起，触之有弹性，走路时两后肢向外不自然摆动。严重时，肛门腺化脓，肛门囊破溃，流出大量黄色稀薄分泌液，有些进一步发展成瘘管。

【防治要点】　单纯肛门腺排泄管阻塞时，可进行局部治疗，用手指挤出囊内容物，再涂以消炎软膏。当症状较重有脓肿时，在局部处理后，配合全身抗生素治疗。若肛门腺已破溃或形成瘘管时，应手术切除，手术时注意不要损伤肛门括约肌和提举肌。手术 4 天内喂流食，减少排便。

加强平时的饲养管理，定期挤压肛门腺，可防止本病的发生。

### (三)感　冒

感冒是一种急性上呼吸道黏膜炎症的总称。临床上以流涕、打喷嚏、畏光流泪、体温升高为主要特征。多因气温骤变,寒冷侵袭,淋雨或洗澡后未能及时吹干,导致上呼吸道黏膜防御功能下降,病毒感染或呼吸道常在细菌大量繁殖而引发本病。多发生于早春、晚秋和寒冷的冬季。

【临诊特征】　根据受到寒冷侵袭后突然发病,咳嗽,流涕和发热等全身症状可做出初步诊断,但要与传染病引起的呼吸道症状鉴别。

【防治要点】　本病以解热镇痛和控制继发感染为主,可选用氨基比林、氨苄西林、病毒唑、清开灵或双黄连进行治疗。对于幼犬可采用阿莫西林颗粒和板蓝根冲剂口服。

### (四)贫　血

贫血是指单位容积的外周循环血液中红细胞数、血红蛋白含量及红细胞压积容量(比容)低于正常值以下。临床表现以黏膜苍白、心率和呼吸加快、全身无力等特征。

【临诊特征】　出血性贫血:可视黏膜、皮肤苍白,心跳加快,全身肌肉无力。症状根据出血量的多少成正比。出血量多可表现虚脱、不安、血压下降,四肢和耳、鼻部发凉、步态不稳、肌肉震颤,后期可见有嗜睡、昏迷、休克状态。出血量少及慢性出血的犬,初期症状不明显。但病犬可见逐渐消瘦,可视黏膜由淡红色逐步发展到白色,精神不振,全身无力、嗜睡、不爱活动、脉搏快而弱,呼吸浅表。经常可见下颌、四肢末梢水肿。重者可导致休克、心力衰竭死亡。

1. 溶血性贫血　可视黏膜黄染、皮肤口角发黄、精神沉郁、运动无力、体重减轻,后期可视黏膜白黄、昏睡、血红蛋白尿。

2. 营养性贫血　发展较慢、主要表现进行性消瘦、营养不良。

体质衰弱无力、腹部卷缩、被毛粗糙、可视黏膜苍白、后期运动高度无力、摇晃、倒地起立困难、直至卧地不起、全身衰竭。

3. 再生障碍性贫血　临床症状的发展比较缓慢，除有以上3种的贫血症状外，主要表现在血象变化，红细胞及白蛋白、血红蛋白含量低，血液中网状红细胞消失。

4. 出血性贫血　一般为外伤性出血。

【防治要点】

1. 溶血性贫血　除去病因，扩充血容量，对症治疗。补液、输血疗法。中毒性疾病，给予解毒药；寄生虫感染，给予杀虫药治疗。同时结合激素疗法，如可的松、泼尼松、地塞米松。

2. 营养性贫血　加强饲养，补充造血物质，给予蛋白质、维生素丰富的食物。硫酸亚铁50毫克/千克体重，口服，每天2～3次。氯化钴0.3%溶液，口服，每天3～5毫升。维生素$B_1$5～10毫克/千克体重，维生素$B_{12}$5～10毫升/千克体重，混合肌内注射，每天1次。叶酸1～3毫克/千克体重，口服，每天1次。另外，可补充葡萄糖和多种氨基酸制剂，有助于机体功能恢复。

3. 再生障碍性贫血　提高造血功能，补充血量。输血疗法，经配血试验后进行输血，输血速度要缓慢，一般为每小时10～15毫升/千克体重。可根据病犬的比容给予输血量。同化激素疗法，如睾酮（可刺激红细胞生成）1～2毫克/千克体重，肌内注射，每周1～3次；康力龙0.4～0.6毫克/千克体重，口服，2～3天1次。

4. 出血性贫血　止血、恢复血容量。外伤性出血，可结扎止血、压迫止血、止血带止血。对于四肢末端出血，主人可用止血带止血后立即送往宠物医院治疗。注射止血药，止血敏25毫克/次；维生素$K_3$ 30毫克/次；维生素$K_1$ 2毫克/千克体重·次；凝血质1.5毫克/千克体重。补充血容量，可静脉滴注右旋糖酐、葡萄糖、复方氯化钠注射液、氨基酸制剂。有条件的可输血疗法。

## (五)尿 石 症

尿石症是由尿中的矿物质类析出形成结石,引起尿路黏膜发炎、出血和尿路阻塞的疾病。临床上以排尿障碍,肾性腹痛和血尿为特征。根据尿结石形成和阻塞部位不同,可分为肾盂结石,输尿管结石、膀胱结石和尿道结石,不同部位的结石临诊表现完全不同,应注意鉴别。

该病多发生于老龄犬。公犬以尿道结石多见,母犬以膀胱结石多见。

【临诊特征】

当尿结石的体积细小而数量较少时,一般无任何症状。当结石体积较大或阻塞尿路时,则出现明显的临床症状。

1. *肾结石* 结石位于肾盂时,称为肾结石。多呈现肾盂肾炎的症状,并有血尿、脓尿及肾区敏感现象。当结石移动时,引起短时间的急性疼痛,此时犬拱背缩腹,拉弓伸腰,运步强拘、步态紧张,大声悲叫,同时患犬常做排尿姿势。触摸肾区发现肾肿大并有疼痛感。

2. *输尿管结石* 临床不常见。出现急剧腹痛,呕吐,患病犬不愿走动,表现痛苦,步行拱背,腹部触诊疼痛。输尿管部分阻塞时可见尿频尿痛,血尿、蛋白尿;若两侧输尿管阻塞,无尿进入膀胱,呈现无尿或尿闭,腹部触诊发现膀胱空虚,往往导致肾盂肾炎。

3. *膀胱结石* 临床最常见,结石位于膀胱腔时,有时并不出现任何症状,但多有频尿、血尿,膀胱敏感性增高,类似膀胱炎的症状。当结石位于膀胱颈部时,可出现明显的疼痛和排尿障碍,犬频频做排尿姿势,强力努责,但尿量很少或无尿,腹部触诊膀胱轮廓十分明显,压迫不见尿液排出。腹壁触诊可摸到膀胱内结石。

4. *尿道结石* 犬的尿道结石多发生于阴茎骨的后端。当尿道不完全阻塞时,犬排尿疼痛且排尿时间延长,尿液呈断续或点滴状流出,多排出血尿。当尿道完全阻塞时,则出现尿闭或肾性腹痛现象。拱背缩腹，屡做排尿姿势而无尿液排出。尿道探诊时，可触及结石部位，尿道外部触诊有疼痛感。腹壁触诊膀胱时，感到膀胱膨满，体积增大，按压也不能使尿液排出。当长期尿闭时，可引起尿毒症或发生膀胱破裂。

【防治要点】　加强护理，及时排除结石，控制感染。保守治疗可采取各种排石的药物，亦可采取手术方法取石。

**(六)低钙血症**

由于维生素 D 和钙的缺乏或食物中钙、磷比例的失调所引起的病症。在幼犬主要表现为佝偻病，临床上以异嗜，生长缓慢，骨骼关节变形为特征；在成年犬主要表现为骨软症，临床上以骨骼变形为特征；在母犬主要表现为产后瘫痫，临床上以痉挛，意识障碍为特征。

【临诊特征】

1. *佝偻病*　四肢关节肿胀，肋骨和肋软骨结合部肿胀呈念珠状。四肢骨骼弯曲，表现为内弧呈“O”形或外弧呈“X”形的肢势。头骨、鼻骨肿胀。硬腭突出，口裂常闭合不全。肋骨扁平，胸廓狭窄，胸骨舟状突起而呈鸡胸状。脊柱弯曲变形。

此外，患犬精神沉郁，异嗜，喜卧，不愿站立和运动。运步时，步样强拘。发育停滞，消瘦，出牙障碍，齿面不整。有的出现腹泻和咳嗽。严重的可发生贫血。

2. *骨软症*　病初发生消化功能紊乱，喜食泥土、破布、塑料等，有的甚至因异嗜而发生胃肠阻塞。随后出现运动障碍，运步强拘，腰腿僵硬，拱背、跛行，喜卧，不愿起立。继而出现骨骼肿胀变形，四肢关节肿大，易发生骨折和肌腱附着部的撕脱。

【防治要点】　加强管理，经常带犬户外活动，多晒太阳，加喂高钙性食物(鸡，鸭骨架等)。

10％葡萄糖酸钙 10 毫升，静脉注射，每天 1 次；口服钙胃能(宠物专用)，每天 2 次，每次 1 汤匙；维丁胶性钙 1～5 毫升，腿部肌内注射，每天 1 次，连用 3 天；维生素 $D_3$ 注射液，40 万单位/次，每周 1 次；口服鱼肝油，每天 2 次，每次 5～10 毫升。

### （七）糖 尿 病

糖尿病是由于胰岛素相对或绝对缺乏，致使糖代谢发生紊乱的一种内分泌疾病，是犬最常见的内分泌疾病。以 8～9 岁为多见。母犬的发病率为公犬的 2～4 倍。

【临诊特征】 食欲亢进，大量饮水；尿量大增，比重高，尿色淡黄，有甘臭，含糖分；精神不振，倦怠易疲劳，消瘦甚速；血糖增高，伴发酮酸酸中毒时，食欲减退或废绝，精神沉郁，体温可能升高，中度乃至重度脱水，呕吐，腹泻，少尿或无尿；末期引发角膜溃疡，白内障，玻璃体混浊，视网膜剥离，失明，皮肤溃疡，掉毛，心衰弱，甚至引起昏迷。

【防治要点】 本病的治疗原则是降低血糖，纠正水、电解质及酸碱平衡紊乱。

1. *口服降糖药* 常用的药物有乙酸苯磺酰环已脲、氯磺丙脲、甲苯磺丁脲、优降糖等。一般仅限于血糖不超过 200 毫克/100 毫升，且不伴有酮血症的病犬。

2. *胰岛素疗法* 早晨饲喂前 0.5 小时皮下注射中效胰岛素每千克体重 0.5 微克，每天 1 次。对伴发酮症酸中毒的病犬，可选用结晶胰岛素或半慢胰岛素锌悬液，采用小剂量连续静脉滴注或小剂量肌内注射，静脉注射剂量为每千克体重 0.1 微克，肌内注射剂量为体重 3 千克以上 1 微克，10 千克以上 2 微克。

3. *液体疗法* 可选用乳酸林格氏液、0.9%氯化钠注射液和 5%葡萄糖注射液。静脉注射液体的量一般不应超过每千克体重 90 毫升，可先注入每千克体重 20～30 毫升，然后缓慢注射，并适时补充钾盐。如发生酸中毒，可静脉注射碳酸氢钠等碱性物质控制。

**(八)雌激素过剩症**

犬雌激素过剩症是由于卵泡囊肿、卵巢肿瘤以及投入过量雌激素所致的一种内分泌紊乱性疾病。

【临诊特征】　多发生于 5 岁以上的未绝育的母犬,公犬偶有发生,无传染性,无季节性,无地域性,无品种特异性。患犬一般呈对称性脱毛,皮肤色素沉着。有的病犬阴门肿胀,流血样分泌物,表现为持续发情症状。有的犬上述一种症状较明显,有的犬两种症状均有。

【防治要点】

1. *保守治疗*　给病犬肌内注射地塞米松,每天 10 毫克,连用 3 天,再肌内注射丙酸睾酮 0.5 毫克/千克体重,每周 1 次,治疗 3 周后,停药观察,若再发现症状,按先前用药治疗。

2. *手术疗法*　手术摘除卵巢和子宫。

**(九)有机磷杀虫药中毒**

犬有机磷中毒就是犬对有机磷类农药的中毒,有机磷类农药是应用最广泛,用量最多的一类高效杀虫剂,能杀灭多种害虫,在犬体内、外寄生虫病防治及环境灭虫方面也较常应用。往往因保管不善、使用不当及环境污染等引起中毒。病情危急,如抢救不及时,多以死亡为转归。

【临诊特征】　病犬有接触或误食有机磷的情况。

1. *轻度中毒*　精神委靡,食欲不振,流涎,恶心呕吐,腹泻,轻度不安等。

2. *中度中毒*　异常兴奋,食欲不振或废绝,呕吐,流涎严重,弓背收腹,疼痛不安,瞳孔缩小,视力减退,呼吸促迫,心跳加快,体温升高,肠音亢进,腹泻严重,尿频或淋漓。

3. *严重中毒*　精神高度狂躁,全身剧烈抽搐,大量流涎、流泪,腹痛、腹泻、呼吸困难,心跳加快,心律失常,大小便失禁,瞳孔缩小，全身发热，倒地昏迷不醒，癫痫样发作，最后呼吸肌麻痹致呼吸停止。

【防治要点】

1. 药物治疗　严重中毒犬，应用特效解毒药：立即用乙酰胆碱拮抗剂硫酸阿托品。要做到早期、足量、快捷、反复用药，直到病情缓解，再改用维持量，一般治疗剂量为 0.1 毫克/千克体重静脉注射，并以相同剂量做皮下注射，每 0.5～1 小时注射 1 次。待瞳孔能散大至正常，流涎停止，呼吸平稳，清醒后，逐渐减少用药量和用药次数，到病情完全稳定为止。

同时应用胆碱酯酶复活剂，最常用的为氯解磷定和碘解磷定，按 15～30 毫克/千克体重加入 5%糖盐水 500 毫升，缓慢静脉注射。必要时 2～3 小时重复 1 次，剂量减半。如同时应用阿托品，则疗效更好，但阿托品用量应相对减少。

2. 洗胃　经口服中毒者，立即洗胃。经皮肤中毒者，可用冷肥皂水或 3%碳酸氢钠水仔细清洗，再用温水洗干净。敌百虫中毒时，禁用碱性水溶液，只可用清水冲洗。

3. 对症治疗　及早输糖补液，以增加肝脏解毒功能和肾脏排毒功能；呼吸极度困难时，可输氧和注射呼吸兴奋剂，如 25%尼可刹米或樟脑。严重缺氧和呼吸功能不全时，需进行气管插管和人工呼吸；狂躁不安或惊厥的犬，可用镇静、解痉药，如氯丙嗪、苯巴比妥钠等；纠正水、电解质和酸碱平衡失调。

### (十)灭鼠灵中毒

犬灭鼠灵中毒主要是因犬误食灭鼠灵毒饵或被灭鼠灵污染的饲料和饮水，以及因吞食被灭鼠灵毒死的老鼠或其他动物尸体而发生的中毒性疾病。灭鼠灵又名华法林，属于慢性灭鼠药，毒性中等，能使犬的器官出现广泛的致死性出血。

【临诊特征】　急性中毒者，很快死亡，尤其是脑血管、心包、纵隔和胸腔发生大量出血时，死亡更快。亚急性中毒者，黏膜苍白，呼吸困难，鼻出血及肠道便血为常见症状。此外，亦可见巩膜和眼内出血。严重失血时，犬非常虚弱，并有共济失调、心律失常、关节肿胀等症状。如果出血发生在脑脊髓硬膜下，则表现轻瘫，共济失调，痉挛或急性死亡，病程较长者，可出现黄疸。

【防治要点】　保持安静，排除毒物，止血、输血，抗休克与对症治疗。

对于急性中毒病例，应保持安静，避免受伤。立即进行1%硫酸铜溶液催吐，生理盐水洗胃，4%硫酸钠溶液导泻，以排除毒物。

及时应用止血药，肌内注射或静脉注射维生素$K_3$，犬10～30毫克，猫5～10毫克，辅以足量的维生素C。对严重病例可给予输血，每千克体重20～30毫升，以增加血容量，改善病情。

预防应保管好灭鼠灵，防止被犬、猫误食。

### (十一)洋葱、大葱中毒

洋葱和大葱都属百合科，葱属。犬采食后易引起中毒，主要表现为排红色或红棕色尿液。

【临诊特征】　犬、猫采食洋葱或大葱中毒1～2天后，最特征性表现为排红色或红棕色尿液。中毒轻者，症状不明显，有时精神欠佳，食欲差，排淡红色尿液。中毒较严重犬，表现精神沉郁，食欲减退或废绝，走路蹒跚，不愿活动、喜卧，眼结膜或口腔黏膜发黄，心搏增快，气喘，虚弱，排深红色或红棕色尿液，体温正常或降低，严重中毒的可导致死亡。

【防治要点】　立即停止饲喂洋葱或大葱性食物；应用抗氧化剂维生素E；支持疗法，进行输液，补充营养；给以适量利尿剂，促进体内血红蛋白排出；溶血引起贫血严重的犬可进行输血治疗，每千克体重10～20毫升。

### (十二)中　暑

中暑是指犬在炎热季节，头部受到日光直射，引起脑膜充血和脑实质急性病变，导致中枢神经系统功能严重障碍的现象。

【临诊特征】 中暑初期，精神沉郁，四肢无力，步态不稳，共济失调，突然倒地，四肢做游泳样划动。随病情发展，出现心血管运动中枢、呼吸中枢、体温调节中枢功能紊乱，心力衰竭，静脉怒张，脉微欲绝；呼吸急促，有的体温升高，皮肤干燥。兴奋发作，狂躁不安，常常发生剧烈的痉挛或抽搐，迅速死亡。

【防治要点】 加强护理，防暑降温，维持心肺功能，纠正水盐代谢和酸碱平衡紊乱。

将病犬放置阴凉通风的地方。促进体温散发，首先用冷水浇头或冷敷，头部放置冰袋，冰盐水灌肠。药物降温可用氯丙嗪 0.8 毫克/千克体重，肌内注射或混于生理盐水中静脉注射。

防止肺水肿，在行降温疗法之前或之后，静脉注射地塞米松每千克体重 1～2 毫克。对心功能不全的，可用强心剂，如安钠咖，洋地黄制剂等。

对脱水严重或循环衰竭的病犬，可静脉注射生理盐水和 5% 葡萄糖注射液。若出现自体中毒现象，可用 5% 碳酸氢钠注射液 10～50 毫升，静脉注射。

## 四、外科感染性疾病

### (一)脓　肿

在任何组织或器官内形成，外有脓肿膜包裹，内有脓汁潴留的局限性脓腔，称为脓肿，它是致病菌感染后所引起的局限性炎症过程。如果在解剖腔内（胸膜腔、喉囊、关节腔、鼻窦）有脓汁潴留时则称之为蓄脓，如关节蓄脓、上颌窦蓄脓、子宫蓄脓等。

【临诊特征】

1. 浅在急性脓肿　初期局部肿胀，无明显的界限。触诊局温增高、坚实有疼痛反应。以后肿胀的界限逐渐清晰或局限性，最后形成坚实样的分界线；在肿胀的中央部开始软化并出现波动，并可自溃排脓。但常因皮肤溃口过小，脓汁不易排尽。

2. *浅在慢性脓肿* 一般发展缓慢，虽有明显的肿胀和波动感，但缺乏温热和疼痛反应或非常轻微。

3. *深在急性脓肿* 由于部位深，加之被覆较厚的组织，局部增温不易触及。常出现皮肤及皮下结缔组织的炎性水肿，触诊时有疼痛反应并常有指压痕。在压痕和水肿明显处穿刺，抽出脓汁即可确诊。

内脏器官的脓肿常常是转移性脓肿或败血症的结果，会严重妨碍发病器官的功能。

【防治要点】

1. *消炎、止痛及促进炎症产物消散吸收* 当局部肿胀正处于急性炎性细胞浸润阶段，可局部涂擦樟脑软膏，或用复方醋酸铅溶液、20％鱼石脂酒精、栀子酒精。当炎性渗出停止后，可用温热疗法、短波透热疗法、超短波疗法以促进炎症产物的消散吸收。局部治疗的同时，可根据病犬的情况配合应用抗生素、磺胺类药物并采用对症疗法。

2. *促进脓肿的成熟* 当局部炎症产物已无消散吸收的可能时，局部可用鱼石脂软膏、鱼石脂樟脑软膏、超短波疗法、温热疗法等以促进脓肿的成熟，待局部出现明显的波动时，应立即进行手术治疗。

3. *手术疗法* 常用的手术疗法有脓汁抽出法、脓肿切开法和脓肿摘除法。

### （二）脓 皮 病

脓皮病是化脓菌感染引起的皮肤化脓性疾病。

【临诊特征】 幼犬的脓皮病病变主要出现在前后肢内侧的无毛处，常被误认为是螨虫感染。成年犬的脓皮病根据病损的深浅，可以分为表层脓皮病、浅层脓皮病和深层脓皮病。发病部位不确定，以口唇部、眼睑和鼻部为主，因跳蚤或者螨虫感染引起细菌性继发感染的病犬，其病变部位以背部、腹下部最多，大型犬的四肢外侧（深部脓皮病）脓痂多、比较顽固。病变处皮肤上出现脓疱疹、小脓疱和脓性分泌物，多数病例为继发的，临床上表现为脓疱疹、皮肤皲裂、毛囊炎和干性脓皮病等症状。

【防治要点】 局部用药配合全身用药是脓皮病治疗的基本原则。对于继发性脓皮病感染的病例，治疗原发病是必需的。全身和局部应用抗生素时，应当注意抗生素的使用顺序、剂量和次数，红霉素、林可霉素、三甲氧苄氨嘧啶（TMP）、头孢菌素、利福平和恩诺沙星等药物可以用于治疗。

对于犬的浅层脓皮病，使用抗菌香波有助于确保药效，外用洗液可以选择甲硝唑溶液、洗必泰溶液、聚维酮碘溶液等。全身应用抗生素可以选择先锋Ⅳ、克拉维酸-阿莫西林、克林霉素、红霉素、林可霉素、苯唑西林钠、磺胺增效剂等。

深部脓皮病的治疗用药疗程长，药物剂量大一些，对于顽固性病例应当根据药敏试验结果选择抗生素。在治疗再发性脓皮病时，可使用抗菌性香波、免疫调节治疗和扩大抗菌范畴。

由于长期应用广谱抗生素导致机体正常菌群的紊乱，所以补充复合维生素 B 是必要的。注意监控体内条件性真菌致病的情况。

### （三）结膜炎

结膜炎是指眼结膜受外界刺激和感染而引起的炎症，是最常见的一种眼病，各种动物都可发生。有卡他性、化脓性、滤泡性、伪膜性及水疱性结膜炎等型。

【临诊特征】 结膜炎按炎症的性质分为卡他性结膜炎和化脓性结膜炎。共同的症状是畏光、流泪、结膜充血、结膜水肿、眼睑痉挛、渗出物及白细胞浸润。

1. 卡他性结膜炎　结膜潮红、肿胀、充血、流浆液、黏液或黏液脓性分泌物。轻时结膜及穹窿部稍肿胀，呈鲜红色，分泌物较少，初似水，继则变为黏液性。重度时，眼睑肿胀、热痛、畏光、充血明显，甚至见出血斑。炎症可波及球结膜，有时角膜面也见轻微的浑浊。若炎症侵及结膜下时，则结膜高度肿胀，疼痛剧烈。

2. 化脓性结膜炎　因感染化脓菌或在某种传染病（特别是犬瘟热）经过中发生，也可以是卡他性结膜炎的并发症。一般症状都较重，常由眼内流出多量纯脓性分泌物，上、下眼睑常被粘在一起。化脓性结膜炎常波及角膜而形成溃疡，且常带有传染性。

【防治要点】　若是症候性结膜炎，则应以治疗原发病为主。应将患犬放在暗室内或装眼绷带。当分泌物量多时，以不装眼绷带为宜。用3%硼酸溶液清洗患眼。

对症疗法：充血显著时，初期冷敷；分泌物变为黏液时，则改为温敷，再用0.5%～1%硝酸银溶液点眼（每天1～2次）。用药后经30分钟，就可将结膜表层的细菌杀灭，同时还能在结膜表面上形成一层很薄的膜，从而对结膜面呈现保护作用。但用过本品后10分钟，要用生理盐水冲洗，避免过剩的硝酸银的分解刺激，且可预防银沉着。

某些病例可能与机体的全身营养或维生素缺乏有关，因此应改善病犬的营养并给予维生素。

### （四）瞬膜腺突出

瞬膜腺突出又称樱桃眼，是腺体肥大越过第三眼睑（瞬膜）缘而脱出于眼球表面，多发生于犬。缅甸猫也有发病的报道。

【临诊特征】　本病发生在两个部位，多数增生物位于内侧眼角，增生物长有薄的纤维膜状蒂与第三眼睑相连。有的发生在下眼睑结膜的正中央，纤维膜状蒂与下眼睑结膜相连，增生物为粉红色椭圆形肿物，外有包膜，呈游离状，大小为0.8～1厘米×0.8厘米，厚度为0.3～0.4厘米，多为单侧性，也有先发生于一侧，间隔

3～7 天另一侧也同样发生而成为双侧性。有的病例在一侧手术切除后的 3～5 天，另一侧也同样发生。

发生该病的一侧眼睑结膜潮红，部分球结膜充血，眼分泌物增加，有的流泪，病犬不安，常因眼揉触笼栏或家具而引起继发感染，造成不同程度的角膜炎症、损伤，甚至化脓。

【防治要点】 外科手术切除增生物是最简便的治疗方法。以加有青霉素溶液的注射用水（每 10 毫升加青霉素 10 万单位）冲洗眼结膜，再以组织钳夹住增生物包膜外缘使充分暴露，以小型弯止血钳钳夹蒂部，再以小剪刀或外科刀剪除或切除。手术中尽量不损伤结膜及瞬膜，再以青霉素溶液冲洗伤口，3～5 分钟后去除夹钳，以灭菌干棉球压迫局部止血。也可剪除增生物后立即烧烙止血，但要用湿灭菌纱布保护眼球，以免烧伤。以青霉素 40 万单位肌内注射抗感染。术后也可用氯霉素眼药水点眼 2～3 天。

### （五）耳 血 肿

犬耳血肿是耳郭内侧皮下出血引起的肿胀。由于耳溢血，导致耳组织分离，形成充满液体的固定血肿。临床上以耳壳内侧凹面上出现坚实的、充满液体的固定团块为主要特征。

【临诊特征】 患耳局部肿胀，时不时用爪抓耳患部，患部较为坚实，局部患处有热感、有疼痛反应，触之富有弹性和波动感，穿刺排出褐色脓血。

【防治要点】

1. 保守疗法 对于小血肿初起时，可用注射器抽出耳血肿渗出液。先保定好患犬，耳朵常规消毒后用一次性注射器尽可能完全抽干里面渗血，血肿抽干后，注入 1%甲醛酒精混合液 2～4 毫升，静待 5～10 分钟后抽出。第二天再次抽干血肿，注入 1%甲醛酒精混合液 2～4 毫升，静待抽出。如此反复，每天 1 次，连用 3～4 天，以抑制耳内渗血，外配合加压耳绷带维持 1 周左右。

2. 手术疗法 对于大血肿多采用此法。犬发生大血肿时，一般不宜在血肿发生时立即手术切开，而要在耳内出血停止，耳血肿腔内血液凝固时进行手术。

**(六)中 耳 炎**

中耳炎是指鼓室及耳咽管的炎症。各种动物均可发生。

【临诊特征】　单侧性中耳炎时，犬将头倾向患侧，患耳下垂，有时出现回转运动；两侧性中耳炎时，犬头颈伸长，以鼻触地；化脓性中耳炎时，犬体温升高，食欲不振，精神沉郁，有时横卧或出现阵发性痉挛等症状。

炎症蔓延至内耳时，犬表现耳聋和平衡失调、转圈、头颈倾斜而倒地。

【防治要点】　采取局部和全身应用抗生素治疗，充分清洗外耳道后滴入抗生素药液，并配合全身应用抗生素，以便药物进入中耳腔，用药前最好能对耳分泌物作细菌培养和药敏试验。如果临床症状未能改善，可采用中耳腔冲洗治疗。犬全身麻醉用耳镜检查鼓膜，若鼓膜已穿孔或无鼓膜，可将细吸管插入中耳深部冲洗，若鼓膜未破，用细长的灭菌穿刺针穿通鼓膜，放出中耳内积液，用0.5%普鲁卡因青霉素溶液反复洗涤，直至排出液清亮透明。

**(七)直 肠 脱**

直肠和肛门脱垂是指直肠末端的黏膜层脱出肛门(脱肛)或直肠一部分、甚至大部分向外翻转脱出肛门称直肠脱。

【临诊特征】　轻者直肠在病犬卧地或排粪后部分脱出，即直肠部分性或黏膜性脱垂。临床诊断可在肛门口处见到圆球形，颜色淡红或暗红的肿胀。随着炎症和水肿的发展，则直肠壁全层脱出，即直肠完全脱垂。病犬常伴有全身症状，体温升高，食欲减退，精神沉郁，并且频频努责，做排粪姿势。

【防治要点】　病初及时治疗便秘、腹泻、阴道脱等，充分饮水。对脱出的直肠，则根据具体情况，参照下述方法及早进行治疗。

1. 整复 目的是使脱出的肠管恢复到原位，适用于发病初期或黏膜性脱垂的病例。方法是先用温热的0.25%高锰酸钾溶液或1%明矾溶液清洗患部，然后用手指谨慎地将脱出的肠管还纳原位。最好给病犬施行荐尾硬膜外腔麻醉或直肠后神经传导麻醉。在肠管还纳复原后，可在肛门处给予温敷以防再脱。

2. 直肠部分截除术 手术切除用于脱出过多、整复有困难、脱出的直肠发生坏死、穿孔或有套叠而不能复位的病例。

### (八)脐 疝

脐疝指腹腔脏器经脐孔脱至脐部皮下所形成的局限性突起，其内容物多为网膜、镰状韧带或小肠等。主要与遗传有关，先天性脐部发育缺陷，胎儿出生后脐孔闭合不全，以至腹腔脏器脱出，是犬发生脐疝的主要原因。在临床上，主要呈现脐部出现大小不等的局限性球形突起，触摸柔软，无热无痛。本病是幼龄犬的常发病。

【临诊特征】 脐部出现局限性突起，触诊柔软，无热无痛，压挤突起部明显缩小，并可触摸到脐孔，疝孔大小约为25毫米×20毫米，犬仰卧保定后，用手指按压尚能将内容物还纳腹腔。

【防治要点】 犬的小脐疝多无临床症状，一般不用治疗。母犬的小脐疝可在施行卵巢摘除术时一并整复。较大的脐疝因不能自愈且随病程延长，疝内容物往往发生粘连，必须尽快施行手术，术后7～10天内减少饮食，限制剧烈活动，以防腹压过大导致脐孔缝线过早断开，复发本病。

### (九)腹股沟疝

腹股沟疝指腹腔脏器经腹股沟环脱出至腹股沟处形成局限性隆起。疝内容物多为网膜或小肠，也可能是子宫、膀胱等脏器，母犬多发。公犬的腹股沟疝比较少见。主要表现为疝内容物沿腹股沟管下降至阴囊鞘膜腔内，称之为腹股沟阴囊疝，以幼年公犬多见。

【临诊特征】 腹股沟部有肿胀物，触诊波动感，肿胀物硬且富有弹性，按压及改变动物体位并不能使肿胀物消失。

【防治要点】 本病一经确诊，宜尽早施行手术修复。术前最好先对皮肤切口进行定位，提举动物两后肢并压挤内容物观察其是否可复，如疝内容物可完全还纳入腹腔，切口选在腹中线旁侧倒数第一对乳头附近腹股沟外环处，切口长度 2～3 厘米；如疝内容物不可复，切口则应自腹股沟外环向后延伸，切口长度约为疝囊长度的 1/2～2/3，以便于在切开疝囊后对粘连部分进行剥离。

**(十)膈　疝**

膈疝指腹腔内脏器官通过天然或外伤性横膈裂孔突入胸腔，是一种对犬生命具有潜在威胁的疝病，疝内容物以胃、小肠和肝脏多见。

【临诊特征】 视诊见该犬呼吸极度困难，表现为张口呼吸，头颈伸直，烦躁不安，腹部膨大。口腔黏膜及眼结膜无明显变化。触诊脐孔尚未完全闭合，轻拍腹部呈鼓音。必要时可进行 X 线造影检查。

【防治要点】 本病一经确诊，宜尽早施行手术修复。术前应重视改善呼吸状态，稳定病情，提高犬对手术的耐受性。术后胸膜腔引流一般维持 2～3 天，全身应用抗生素 5 天。此外，还需根据犬精神、食欲的恢复情况采用适宜的液体支持疗法。

**(十一)会 阴 疝**

会阴疝指腹腔或盆腔脏器经盆腔后直肠侧面结缔组织间隙脱至会阴部皮下所形成的局限性突起。疝内容物多为直肠，也见膀胱、前列腺或腹膜后脂肪。本病多发生于 7～9 岁公犬，10 岁以上公犬虽也有发生，但发病率明显降低；母犬发生本病甚少。

【临诊特征】 会阴部有外突出的隆起物。触摸突出物较硬，手指直肠检查可通过直肠壁感觉到疝内容物，有的直肠扩张，积有多量粪便。

【防治要点】 本病有保守疗法和手术疗法两种。

1. 保守疗法 适用于前列腺增生肿大和直肠偏移积粪的病犬。可应用醋酸氯地黄体酮每千克体重2.2毫克口服，每天1次，连用7天，以减轻前列腺增生；应用甲基纤维素或羧甲基纤维素钠0.5～5克/次，口服，具有保持粪便水分，刺激肠壁蠕动的轻泻作用。

2. 手术疗法 是根治本病的可靠方法，但有一定的难度。需要熟悉骨盆腔后部直肠附近复杂的局部解剖，并具备熟练的手术操作技术。

(十二)骨　折

当外力超过了骨所能承受的极限时，在外力作用部位骨的完整性或连续性遭受机械破坏，发生骨折。骨折的同时常伴有周围软组织不同程度的损伤。

【临诊特征】 自动或被动运动时，犬不安、痛叫、局部敏感及顽抗。畸形和角度改变：骨折肢体形状改变或呈异常角度。异常活动：全骨折时，不该活动部位出现异常活动。局部肿胀：骨折发生1天或数小时后局部肿胀，一般肿胀7～10天。功能障碍：伴有软组织损伤，肌肉失去固定支架作用，活动能力部分和全部丧失。骨摩擦音：移动骨折两断端，有摩擦感，发出碰击音。

【防治要点】 根据骨折治疗要求，骨折可划分为3种损伤程度。重度骨折包括头颅、脊椎骨折和开放性骨折，应立即整复，保护受伤组织和正常生理功能；中度骨折包括关节面或骨骺、臂骨、骨盆及阴茎骨骨折，应尽早治疗，否则病情加重，功能异常；轻度骨折包括长骨干闭合性骨折、肩胛骨骨折、柳条枝骨折等，不要求早整复。

1. 急救 首先止血，防止出血性休克。若发现其他危及生命的损伤，如膈疝、气胸、颅骨和脊柱损伤，应采取相应急救措施。

2. 整复与固定

(1)闭合性整复与固定法　用于新鲜较稳定的四肢闭合性骨折。术者手持近侧骨折端，助手纵轴牵引远侧端，保持一定的对抗牵引力。根据其变形或 X 线诊断，旋转、屈伸使骨折矫正复位。用铝条、硬质塑料板、竹片或树枝等材料做小夹板固定，或用石膏绷带，以保证骨折端不再移位，促进其愈合。

(2)开放性整复与固定法　包括开放性骨折或某些复杂闭合性骨折的切开整复。以内固定为主，并配合外固定。切开整复与固定是在直视下进行，确保骨折达到解剖复位和固定。为防止感染，术前局部剃毛消毒，术中严格按无菌要求操作。由于骨折可发生于不同位置，故手术径路及固定方法各不相同。术者必须熟悉局部解剖及各种内固定技术。徒手或借助骨科器械整复骨折后，根据骨折性质及其不同部位，选用髓内针、接骨板、螺钉、钢丝等将其内固定。严重粉碎性骨折及骨缺损大，需从自身其他部位移植骨组织，填充缺陷，促进骨组织增生。如果是肢体骨折，术后患肢外加卷轴绷带，悬吊于颈、胸、腹及臀部，限制其活动，必要时装置夹板、石膏绷带，以加强固定。

### (十三)关节脱位

关节脱位是指关节骨间关节面失去正常的对合关系。多因外伤所致，也见于某些先天性关节疾病所致的关节脱位。临床以关节变形、异常固定、肿胀、肢势改变和功能障碍为特征。

遇到该情况应立即送往宠物医院进行专业治疗。

### (十四)髋关节发育不良

髋关节发育不良是以髋臼变浅、股骨头不全脱位、跛行、疼痛、肌萎缩为特征的一种疾病。本病不是一种独立的疾病，是多种病因所致的复合性疾病。本病多发生于大型品种的幼犬。

【临诊特征】 病犬后肢步幅异常，往往一后肢或两后肢突然跛行，起立困难，站立时患肢不敢负重。行走时拱背或身体左右摇摆。他动运动时，可听到或感觉到“咔嚓”声。关节松弛，多数病例疼痛明显，尤其运动时，动物呻吟或反抗咬人。一侧或两侧髋关节周围组织萎缩、被毛粗乱。有些因关节疼痛明显而出现食欲减退、精神不振等全身症状。个别犬体温升高，呼吸、脉搏、大小便及常规化验均无异常。

【防治要点】 本病无特殊的预防方法。早期髋关节发育异常的犬只可强制休息，关在笼内让其蹲着，两后肢屈曲外展，减少髋关节压力和磨损，防止不全脱位进一步发展。也可用阿司匹林、保泰松等镇痛消炎药减轻疼痛。本病保守疗法难持久见效，临床上可用手术疗法。

手术疗法有3类。一类为矫正骨畸形，进而矫正了关节的吻合性。这类手术有骨盆切开术，髋臼固定术，股骨旋转切开术，股骨内翻切开术；一类为髋关节切除术或置换术，手术有股骨颈切除术，髋关节全置换术；另一类为解除疼痛的手术，有耻骨肌切开和切除术两种。

**（十五）肿　瘤**

肿瘤是犬机体受各种内外因素的作用，部分细胞不受机体的调控而异常增生和分化所形成的新生物。肿瘤种类繁多，病因也不尽相同。

【临诊特征】 临床上出现肿胀或膨大、不能愈合的溃疡、异常的血样分泌物和区域淋巴结的肿大均为诊断上重要的症候。这些都可以通过视、触诊来进行，不仅可显示其特征，且可从犬主那里得知肿块生长之快慢，了解其全过程。

【防治要点】

1. *手术疗法* 对于良性肿瘤，易发生恶变倾向者，或已发生恶变者，应尽早手术，连同部分正常组织整块切除；良性肿瘤并发感染者，应择期手术治疗；生长缓慢、无症状，如肿瘤增大妨碍功能，影响外观，均宜手术切除。良性肿瘤切除时，应连同包膜完整切除，并做病理检查。部分良性肿瘤可采用放射、冷冻、激光等方法治疗。对于恶性肿瘤，早期或原位癌，可做局部疗法消除瘤组织，绝大多数可行切除术；有的可用放射治疗、电灼或冷冻等方法；肿瘤已有转移，但仅局限于近区淋巴结时，以手术切除为主，辅以放射线和抗癌药物治疗；肿瘤已有广泛转移或有其他原因不能切除者，可行姑息性手术，综合应用抗癌药物及其他疗法。

2. *放射疗法*　利用射线对组织细胞中 DNA 促使变化，染色体畸变或断裂，液体电离产生化学自由基，最终会引起细胞或其子代失去活力达到破裂或抑制肿瘤生长。

3. *化学疗法*　又称抗癌药治疗，主要适用于中、晚期肿瘤的综合治疗。

4. *免疫学疗法*　通过机体内部防御系统，经调节功能达到遏制肿瘤生长的目的。肿瘤免疫治疗的方法很多，可分为主动、被动和过继免疫，并进一步分为特异性和非特异性两类。

**(十六)皮肤及其衍生物疾病**

从临床上分析，可以将犬的皮肤病分成 16 种，包括：寄生虫性皮肤病，细菌性皮肤病，真菌性皮肤病，病毒性皮肤病，与物理性因素有关的皮肤病，与化学性因素有关的皮肤病，皮肤过敏与药疹，自体免疫性皮肤病，激素性皮肤病，皮脂溢，中毒性皮炎，代谢性皮肤病，与遗传因素有关的皮肤病，皮肤肿瘤，猫的嗜酸性肉芽肿和其他皮肤病。

【临诊特征】

1. *湿疹*　是皮肤的表皮和真皮的轻型过敏性炎症。广义上讲，是指皮肤的急性或慢性炎症状态。通常指除接触性皮炎、脂溢性皮炎、特异性皮炎等以外的皮炎。临床上以皮肤红斑、血疹、水疱、糜烂及鳞屑等为特征。急性湿疹主要表现为患部呈点状或多形性界限不明显的皮肤丘疹或红疹。病变常开始于面、背部，尤其是鼻梁、眼及面颊部，且易向周围扩散，形成小水疱。小水疱破溃后，局部糜烂。由于瘙痒和患部湿润，病犬不安，舔咬、摩擦患部，使皮肤丘疹症状加重。慢性湿疹，皮肤增厚、稍有湿润和苔藓化。皮肤形成明显的皱襞，伴有血色素沉着和脱屑。患部界限明显，瘙痒加重。

2. 皮炎　是指皮肤真皮和表皮的炎症。临床上以红斑、水疱、浸润、结痂、瘙痒等为特征。皮肤损伤轻者局部呈红斑、丘疹并有时肿胀，重则发生水疱、糜烂和坏死等。早期皮损与接触物的部位较一致，呈局限性、潮红、轻度肿胀、增温、发痒和疼痛等。由于搔抓、摩擦，皮肤可继发感染，使病情加重。

3. 趾间囊肿　是犬趾间一种慢性炎症损害，临床上并不表现囊肿，实际以肉芽肿为特征的多形性小结节，故又称趾间脓皮病、趾间肉芽肿等。发病初期表现为小丘疹，后来逐渐发展为结节，直径均为1～2厘米，呈现紫红色，闪亮和波动。挤压可破溃，流出血样渗出物。在1个或几个脚上，可发生1个或多个结节。由异物引起的通常在1个前脚单个发生，而细菌感染的结节常多个发生。局部疼痛，行走跛行，并常舔咬患脚。

【防治要点】

1. 内服药治疗　抗组胺药物、抗真菌药物、糖皮质激素、免疫抑制剂及维A酸类（包括维A酸、异维A酸、阿维A等）等。外用药治疗有软膏、乳膏等。

2. 物理治疗　电疗、光疗、水疗、冷冻疗法、放射疗法及激光治疗。

皮肤与营养的关系很重要，食物中不饱和脂肪酸、必需脂肪酸、维生素、某些矿物质、蛋白质等都与皮肤的功能关系密切。地理环境、微生态环境对不同病因的皮肤病影响很大。不同个体对湿度、温度感受性也有差异。

做好皮肤护理可促进皮肤血液循环，加快皮肤代谢过程，有利于保护皮肤的正常屏障功能。治疗皮肤病时的用药梯队、药物剂量、用药时间、给药途径及药物剂型等十分重要。临床上忽视局部用药和全身用药结合的现象非常普遍，为了消除皮肤病的瘙痒，滥用皮质类固醇制剂，尽管药效确实，但容易产生依赖性。无论多大面积的皮肤病，注射给药应该说只是一种辅助方法。患病期间洗澡过勤或大量饲喂动物内脏及含不饱和脂肪酸高的食物，都会影响皮肤病的治疗效果。

## 五、产科病

### (一)流　产

由于胎儿或母体的生理功能紊乱而使妊娠中断，可能表现为胚胎完全被吸收或排出不足月胎儿、排出死胎(包括腐败胎儿)称为流产。流产不仅使胎儿夭折，也危害母犬健康，甚至导致不孕。

【临诊特征】 临床诊断一般比较容易，如发现妊娠母犬不足月即发生腹部努责，排出活的或死的胎儿即可确诊。要注意的是大部分病例并不一定能看到流产的过程及排出的胎儿，而只是看到阴道流出分泌物；在妊娠早期发生的隐性流产；由于胚胎已被子宫吸收，阴道也无异常改变。遇有这些情况就要对母犬做全面的检查，先看看营养状况如何，有无其他疾病，然后仔细地触诊腹壁，以确定子宫内是否还存有胎儿。有时母犬所怀胎儿只有1个或几个流产，剩余胎儿仍可能继续生长到足月时娩出，称之为部分流产。

【防治要点】 母犬出现流产征兆时，要采取保胎措施。可给病犬肌内注射黄体酮，剂量为2～5毫克/次，连用3～5天。并进行对症治疗。如病犬体质虚弱，要及时输液、补糖。体温升高，血象呈炎症变化时，要注射抗生素；对胎儿排出困难、胎衣不下或子宫出血等症状，应注射催产素等催产药物（用量为 2～10 单位/次）；对胎儿已腐败的病例，除注射抗生素外，还应用 0.1%高锰酸钾液冲洗生殖道。为防止流产，配种前应检查母犬有无布鲁氏菌病等传染性疾病。妊娠期间应加强饲养管理，对有流产病史的母犬，可在妊娠期间注射黄体酮，预防流产。

### （二）假　孕

犬假孕是犬在繁殖季节常见的一种疾病，多发于 3～5 岁母犬。假孕症是指母犬发情后在未交配或交配后没有受孕的情况下，出现一系列妊娠母犬所特有变化的一种综合征，是母犬较为常见现象。假孕症虽然不会引起生殖道疾病，但会影响母犬的正常繁殖，造成经济损失。犬假孕有时伴有子宫疾病，会引起严重的后果，轻则不孕，重则引起死亡。

【临诊特征】 本病多发生于发情后 1～2 个月，临床表现与正常妊娠非常相似。患犬腹部逐渐膨大，触诊腹壁可感觉到子宫增长变粗，但触不到胎囊、胎体。乳腺发育胀大并能挤出乳汁，但体重变化较小。行为发生变化，如设法搭窝、母性增强、厌食、呕吐、表现不安、急躁等。假孕症的临床表现程度不一，严重者可出现临近分娩时的症状。部分母犬在配种 45 天后，增大的腹围逐渐缩小。发生假孕的母犬有时会伴随生殖道疾病，如子宫蓄脓症等。根据配种史、腹部触诊、X 线摄片及超声波诊断，即可确定诊断。

【防治要点】 对于症状较轻的母犬可不给予治疗，临床症状明显或严重时才进行治疗。

抗促乳素药物可降低血中促乳素浓度。溴隐亭 0.5～4 毫克/千克体重，每天 1～2 次，连用 3～5 天。

雄性激素，如甲睾酮，主要是通过对抗雌激素，抑制促性腺激素分泌，从而起到回乳的作用，1～2 毫克/千克体重肌内注射或内服，连用 2～3 天。

孕激素,如醋酸甲地孕酮和醋酸甲羟孕酮,能抑制促乳素的释放或降低组织对促乳素的敏感性,可用于减轻症状,但停药后假孕症状可以复发。用量 2 毫克/千克体重,口服。

利用前列腺素加速黄体的溶解作用,可以终止犬的假孕。每次用量 1～2 毫克,连用 2～3 次。

对不用于繁殖而且常发生假孕的母犬,可以考虑进行绝育,摘除卵巢是唯一的一项永久的预防措施。

**(三)难 产**

随着人们养犬数量的日益增加,临床发现难产病例也不断增加,据不完全统计,该病的发生大约占母犬的 3.3%。犬的妊娠期为 58～63 天,如果母犬妊娠期超过预产期 5～8 天,同时出现食欲急剧减少,郁郁寡欢,焦躁不安,常曲颈垂首顾腹,痛苦哀鸣,阴部流出带绿色的黏液仍不产仔或者产两仔间隔超过 3 小时,可视为难产。

【临诊特征】 从配种的当天开始计算,母犬妊娠的天数大于 72 天。阴道检查发现盆腔阻塞。腹部强烈收缩持续 30 分钟以上而未产出胎儿。

腹部次数很少的无力收缩,2 小时以上没有分娩出胎儿。X 线检查发现胎儿胎位不正,胎儿未被送达产道。B 超检查发现胎儿心跳弱,处于应激状态分娩乏力时阴道有绿色排出物。

先用消毒水洗净手和犬的会阴部,然后用一手食指及中指伸入产道,另一手触摸按压腹部,力求查明产道扩张程度,有无先天或后天异常,确定难产的种类。是产力性难产、产道性难产,还是胎儿性难产,检查有无胎儿及胎儿的位置及死活。判定胎儿是否存活的方法是,手指头插入胎儿的口腔(前产式)或肛门(后产式),是否有吮吸动作及收缩反应。

【防治要点】 难产正确处理的原则有 2 个,一个是既保母又保仔,使胎儿产出并成活,母仔平安。另一个是弃仔保母,当胎儿死亡或截胎术后，尽力保证母犬安全。

当母犬表现阵缩无力，而子宫颈已开放时，可注射催产素，每头犬注射 3～5 个单位，增强子宫的收缩力。若子宫颈没开放，或开放得很小时，可先注射雌激素，促进子宫颈开放，待开放后再用催产素。体况较差，娩力不足者，可进行强心补液，提高机体的抵抗力。

当胎儿进入骨盆而软产道狭窄，如阴门过小，可在阴门上方扩创，待胎儿产出后再缝合好扩创部位，进行外科处理。骨盆腔硬产道狭窄，致使胎儿不能进入骨盆腔的，采用剖宫产。

胎位是纵向，只是前肢或后肢某关节屈曲引起的难产，可在人工矫正好胎体的位置后，再牵引胎儿产出。如果胎儿是横向或者肢体过度扭曲无法矫正时，为保母犬安全，可进行截胎术。

经人工助产仍无法解决难产时，需立即剖腹取胎。可采用腹中线切口，中线左、右旁切口，乳腺外侧左、右切口，避免刀口感染。常规切开腹壁各层组织。腹白线切口时注意勿伤及切口两侧增大的乳腺。

**(四)产后无乳或少乳**

产后或泌乳期乳腺功能异常，可引起泌乳不足，甚至无乳。犬均可发生。

【临诊特征】 临床可见乳房松软、缩小、乳汁逐渐减少，或无乳，或突然无乳汁排出。仔犬吮乳次数增加，经常用头撞乳房，并且常因饥饿而鸣叫。母犬有时因为疼痛而拒绝哺乳。

【防治要点】 改善饲养管理，喂以富含营养的食物或汤类食饵催乳。让病犬在安静、熟悉的环境中生活。温敷及按摩乳房是一项重要的刺激乳腺功能的方法，每天进行 2～3 次。母犬分娩后即喂催乳糖浆或催乳糖片，也可试用中药催乳，常用补气、行血、通经为主的中药治疗。

### （五）新生仔窒息

仔犬刚出生后，呼吸发生障碍或完全停止，而心脏尚在跳动，称为新生仔犬窒息或假死。

【临诊特征】　轻度窒息时表现呼吸微弱而短促，吸气时张口并强烈扩张胸壁，两次呼吸间隔延长，舌脱垂于口外，口、鼻内充满黏液，听诊肺部有湿性啰音，心跳及脉搏快而无力，四肢活动能力很弱。

重度窒息时表现呼吸停止，全身松软，反射消失，听诊心跳微弱，触诊脉搏不明显。

【防治要点】　一是兴奋仔犬呼吸中枢，二是使仔犬呼吸道畅通。

1. 清理呼吸道　速将仔犬倒提。或高抬后躯，用纱布或毛巾揩净口鼻内的黏液，再用空注射器或橡皮吸管将口、鼻、喉中的黏液吸出，使呼吸道畅通。

2. 人工呼吸　呼吸道畅通后，立即做人工呼吸。方法主要有：有节律地按压仔犬腹部；从两侧捏住季肋部，交替地扩张和压迫胸壁，同时助手在扩张胸壁时将舌拉出口外，在压迫胸壁时，将舌送回口内；握住两前肢，前后拉动，以交替扩张和压迫胸壁。

人工呼吸使仔犬呼吸恢复后，常在短时间内又复停止，故应坚持一段时间，直至出现正常呼吸。

3. 刺激　可倒提仔犬抖动，甩动；或拍击颈部及臀部；冷水突然喷击仔犬头部；用浸有氨溶液的棉球置于仔犬鼻孔旁边；将头以下部位浸泡于 45℃左右温水中；徐徐向犬鼻吹入空气；针刺人中、耳尖及尾根等穴都有刺激呼吸反射而诱发呼吸的作用。

4. 药物治疗　选用尼可刹米、山梗碱、肾上腺素、咖啡因等药物经脐血管注射。

# 第五章　家庭环境消毒

家庭环境消毒是减少宠物传染病发生的主要途径之一。所谓消毒是指用物理或化学方法消灭停留在不同的传播媒介物上的病原体，借以切断传播途径，阻止和控制传染的发生。其目的有 3 方面：防止病原体播散到社会中，引起流行发生；防止患病犬再被其他病原体感染，出现并发症，发生交叉感染；保护家庭成员免受感染，尤其是儿童、老人、孕妇等免疫力低下的人群。

## 一、消毒药的选用原则

在保持爱犬环境卫生健康中，合理使用消毒药是很重要的，针对不同的消毒物体，应选择理想的消毒药物。理想的消毒药应是杀菌性能好，作用迅速，对人、犬都无损害，性质稳定，可溶于水，无易燃性和爆炸性，价格低廉。

但是，现有的消毒药都存在一定的缺点，还没有一种消毒药是完全理想的。也就是说，还没有一种消毒药在任何条件下能够杀死所有的病原微生物。所以，尽量选用复合成分的消毒药以求达到最大的消毒效果。消毒药的作用受许多因素的影响，在实际操作中，为了充分发挥消毒药的效力，对这些因素应该很好地了解和应用。

影响消毒效果的主要因素有以下几种。

一是微生物的敏感性。不同的病原微生物，对消毒药的敏感性有很明显的不同。例如，病毒对碱和甲醛很敏感，而对酚类的抵抗力却很大。大多数的消毒药对细菌有作用，但对细菌的芽胞和病毒作用很小。因此，在消毒时应根据病原的特点选用消毒药。

二是环境中有机物质的影响。当环境中存在大量的有机物，如犬的粪、尿、血、炎性渗出物等，能阻碍消毒药直接与病原微生物接触，而影响消毒药效力的发挥。另一方面，由于这些有机物往往能中和、吸附部分药物，也使消毒作用减弱。因此，在消毒药物使用前，应进行充分的机械性清扫，清除消毒物品表面的有机物，使消毒药能充分发挥作用。

三是消毒药的浓度。一般来说，消毒药的浓度愈高，杀菌力也就越强，但随着药物浓度的增高，对活组织的毒性也就相应地增大了。另一方面，当浓度达到一定程度后，消毒药的效力就不再增高。因此，在使用中应选择有效和安全的杀菌浓度。

四是消毒药的温度。消毒药的杀菌力与温度成正比，温度增高，杀菌力增强，因而夏季消毒作用比冬季要强。

五是药物作用的时间。一般情况下，消毒药的效力与作用时间成正比，时间越长，效力越高。

## 二、犬的生活用品消毒方法

食盆、美容用品等是狗狗日常经常接触的物品，如果没有坚持做好清洁消毒工作，便会成为细菌、病毒的栖息之所，给爱犬的健康带来威胁。

食盆是爱犬每天吃饭的用具，一定要使用固定的盆具，避免多只狗混用。不锈钢材质的最好，既耐用又便于清洗。每天使用完，用洗涤剂把残留的食物碎渣和爱犬的唾液清洁干净，每周用消毒液浸泡消毒。

美容用品，如梳子、剪刀、推子，是很容易被遗忘的用品，表面看着不脏也就容易被疏于清理。因它们是直接接触爱犬皮肤的，所以很容易机械性的传播皮肤病。剪刀、电推子的刀头每次使用完后，需要在消毒液中浸泡，以免爱犬在美容中感染皮肤病。

此外，消毒液对爱犬或多或少都有刺激作用，尤其是不能接触皮肤，更不能误食。但有时难免会有意外发生，万一遇到这种情况，可以按照如下方法处理。

一是大量吸入。要迅速从有害环境中撤到空气清新处，把爱犬放在一个空气流通良好的场所，如大量接触或有明显不适的要尽快送到附近的宠物医院就诊。

二是皮肤接触。接触高浓度消毒剂后及时用大量流动清水冲洗，用淡肥皂水清洗。如爱犬皮肤出现震颤或疼痛表现，要在冲洗后就近去宠物医院就诊。

三是眼部接触。溅入犬眼睛后立即用流动清水持续冲洗不少于15分钟，如仍有严重的眼部疼痛、畏光、流泪等症状，要尽快到附近宠物医院就诊。冲洗中可能会遇到爱犬反抗，要用嘴套套住爱犬的嘴部，以免误伤。

四是误服中毒。可口服牛奶或服用生蛋清，一般不要催吐、洗胃。含碘消毒剂中毒可立即服用大量米汤、淀粉浆等。然后立即到附近宠物医院就诊。

任何消毒液都有毒，应放置在爱犬无法接触到的地方。

## 三、犬常用消毒液

来苏儿（煤酚皂液），本品以47.5%甲酚和钾肥皂配成。红褐色，易溶于水，有去污作用，杀菌力较石炭酸强2～5倍。常用2%～5%水溶液，可用于喷洒、擦拭、浸泡容器及洗手消毒等。细菌繁殖型10～15分钟可杀灭，对芽胞效果较差。3%～5%的溶液用于浸泡用具、器械及犬舍、场地、病犬排泄物的消毒。

戊二醛作用似甲醛。在酸性溶液中较稳定，但杀菌效果差，在碱性液中能保持2周，但能提高杀菌效果，故通常2%戊二醛内加0.3%碳酸氢钠，校正pH值后使化合物杀菌效果增强，可保持稳定性18个月。无腐蚀性，有广谱、速效、高热、低毒等优点，可广泛用于杀灭细菌、芽胞和病毒。不宜用作皮肤、黏膜消毒。

氢氧化钠（苛性钠）白色结晶，易溶于水，杀菌力强，2%～4%溶液能杀灭病毒及细菌繁殖型，10%溶液能杀灭结核杆菌，30%溶液能于10分钟杀灭芽胞，因腐蚀性强，故极少使用，仅用于消灭炭疽菌芽胞。

石灰（氧化钙）遇水可产生高温并溶解蛋白质，杀灭病原体。常用10%～20%石灰乳消毒排泄物，用量须2倍于排泄物，搅拌后作用4～5小时。20%石灰乳用于消毒炭疽菌污染场所，每4～6小时喷洒1次，连续2～3次。刷墙2次可杀灭结核芽胞杆菌。因性质不稳定，故应用时应新鲜配制。

过氧乙酸又名过氧醋酸，为无色透明液体，易挥发，有刺激性酸味，是一种同效速效消毒剂，易溶于水和乙醇等有机溶剂，具有漂白的腐蚀作用，性能不稳定，遇热、有机物、重金属离子、强碱等易分解。

双链季铵盐为浅黄色透明液体，可产生远超过一般消毒剂分子的吸引力和渗透力，能透入有机物内杀灭病原，在低浓度下具有超强的灭毒杀菌能力。快速持久，高效杀灭饲养场内的细菌、病毒、真菌等致病微生物，且气味刺激性小。广泛用于各类型养殖场、宠物诊所内环境、场地、道路等的消毒。